软件开发源码精讲系列

Spring Data Access
源码精讲

王 涛◎著

清華大學出版社
北京

内 容 简 介

本书围绕Spring Data Access相关技术，着重强调方法的流程分析和成员变量的分析，测试用例的数量相对较少。

本书内容包含Spring Data Access中的四大核心模块的使用及其源码分析，四大模块分别是spring-jdbc、spring-tx、spring-orm和spring-oxm。本书可以帮助读者快速掌握这四大模块的基本使用方法以及Spring Data Access中常见接口的处理流程。

本书的源码分析大部分情况下遵循测试用例优先，尽可能保证源码可复现。

本书适合作为具有一定Java编程基础的读者、对Spring框架有基础开发能力的读者和对Spring Data Access开发有一定实践经验的读者的参考用书。

图书在版编目（CIP）数据

Spring Data Access源码精讲 / 王涛著. —北京：清华大学出版社，2022.10
（软件开发源码精讲系列）
ISBN 978-7-302-61384-8

Ⅰ. ①S… Ⅱ. ①王… Ⅲ. ①JAVA语言－程序设计 Ⅳ. ①TP312.8

中国版本图书馆CIP数据核字（2022）第124660号

责任编辑：安 妮 张爱华
封面设计：刘 键
责任校对：李建庄
责任印制：沈 露

出版发行：清华大学出版社
网 址：http://www.tup.com.cn，http://www.wqbook.com
地 址：北京清华大学学研大厦A座 邮 编：100084
社 总 机：010-83470000 邮 购：010-62786544
投稿与读者服务：010-62776969，c-service@tup.tsinghua.edu.cn
质 量 反 馈：010-62772015，zhiliang@tup.tsinghua.edu.cn
课 件 下 载：http://www.tup.com.cn，010-83470236
印 装 者：三河市天利华印刷装订有限公司
经 销：全国新华书店
开 本：185mm×260mm 印 张：22 字 数：532千字
版 次：2022年11月第1版 印 次：2022年11月第1次印刷
印 数：1～2000
定 价：88.00元

产品编号：094730-01

前 言

在 Spring 框架中 Spring Data Access 相关模块负责进行数据访问。

初识 Spring Data Access 是在 2015 年的一个项目中，当时项目中使用的是 Spring 4.1 版本，该版本的功能虽然已经比较强大，但是对各类配置文件的处理比较烦琐。笔者对于 Spring Data Access 中的一些实现细节十分感兴趣，并付诸实践，记录了一些源码的流程，同时想把这些经验分享给更多的人，便有了本书。

本书的组织结构和主要内容

本书共 20 章。

第 1～7 章主要围绕 spring-jdbc 模块中的技术进行分析，主要包含常见的 spring-jdbc 的使用以及核心类的分析，内容如下。

第 1 章对 Spring Data Access 框架的使用进行说明，对 spring-jdbc 项目中核心类进行介绍，并介绍了 spring-orm 测试环境的搭建，对 spring-jdbc 与 spring-orm 都采用了两套搭建模式，分别是 Spring XML 和 Spring 注解。

第 2 章对 spring-jdbc 模块中的 JdbcTemplate 类进行全面分析，包含 JdbcTemplate 类的基础构造（接口及类继承关系）分析，并对 JdbcTemplate 类中的执行方法、查询方法、更新方法做了细节分析。

第 3 章对 spring-jdbc 模块中的 SimpleJdbc 类进行全面分析，包含 SimpleJdbc 的测试环境搭建，主要对 SimpleJdbcInsert 类和 SimpleJdbcCall 类的使用进行说明，同时对这两个类的处理流程做出相关分析。

第 4 章对 spring-jdbc 模块中的 RdbmsOperation 类进行全面分析，包含 RdbmsOperation 的测试环境搭建，主要对 SqlQuery 类和 SqlUpdate 类的使用进行说明，同时对 SqlQuery、SqlUpdate 和 RdbmsOperation 类进行分析。

第 5 章对 spring-jdbc 模块中的数据源对象进行全面分析，主要围绕数据源 DataSource 进行说明，介绍了 spring-jdbc 中关于委派模式下数据源的种类以及处理方式。

第 6 章对 spring-jdbc 模块中的异常相关内容进行分析，主要包含 spring-jdbc 中 SQL 异常状态码的初始化以及 SQL 异常状态码转换的相关内容。

第 7 章对 spring-jdbc 模块中的嵌入式数据库进行分析，包含嵌入式数据库相关测试环境搭建以及嵌入式数据库实例化相关流程分析。

第 8～15 章主要围绕 spring-tx 模块中的技术进行分析，主要内容包含 spring-tx 中核心类以及事务处理相关内容的分析，内容如下。

第 8 章对 spring-tx 模块中的三个核心类进行分析，主要对 spring-tx 中 AbstractPlatform-TransactionManager、DataSourceTransactionManager 和 TransactionTemplate 三个类进行分析，并对周边相关接口进行说明。

第 9 章对 spring-tx 模块中的 EnableTransactionManagement 注解进行分析，包含 EnableTransactionManagement 注解的使用以及注解的实现底层处理，该注解的分析入口是 TransactionManagementConfigurationSelector，围绕 TransactionManagementConfigurationSelector 类引出 spring-tx 中的关于事务配置的处理。

第 10 章对 spring-tx 模块中的事务切面相关内容进行分析，包含 TransactionAspectSupport 类的分析和 TransactionInterceptor 类的分析。

第 11 章对 spring-tx 模块中的事务定义及事务属性源对象进行分析，包含事务的定义和事务属性的介绍，关于它们的介绍主要与接口方法相关，除此之外还对其中比较关键的实现类进行了相关说明。

第 12 章对 spring-tx 模块中的事务注解解析接口进行分析，包含 TransactionAnnotationParser 接口的三个子类的分析。

第 13 章对 spring-tx 模块中的事务工厂和事务执行器进行分析，包含 SavepointManager 接口和 TransactionFactory 接口在 spring-tx 中的具体实现过程。

第 14 章对 spring-tx 模块中的 AbstractPlatformTransactionManager 子类进行分析，包含 CciLocalTransactionManager、JpaTransactionManager、HibernateTransactionManager 类的分析，着重对 CciLocalTransactionManager 类中的各实现细节方法进行分析。

第 15 章对整体的 Spring 事务处理流程进行说明。

第 16～19 章主要围绕 spring-orm 模块中的技术进行分析，内容如下。

第 16 章对 spring-orm 与 Hibernate 框架的整合进行了环境搭建并且对 Spring ORM 中 Hibernate 的两个基础类进行分析，这两个基础类是 LocalSessionFactoryBean 和 HibernateTemplate。

第 17 章对 spring-orm 模块中关于 Hibernate 的一些核心类进行分析。

第 18 章对 spring-orm 模块中关于 JPA 的 persistenceunit 和 support 相关包进行分析。

第 19 章对 spring-orm 模块中关于 JPA 的核心类进行分析，主要围绕 AbstractEntityManager-FactoryBean 类、JpaVendorAdapter 接口、ExtendedEntityManagerCreator 类和 EntityManager-FactoryUtils 类进行说明。

第 20 章主要围绕 spring-oxm 相关的技术进行分析。

本书源码可以扫描下方二维码下载。

源代码

读者对象

本书适合作为具有一定 Java 编程基础的读者、对 Spring 框架有基础开发能力的读者和对 Spring Data Access 开发有一定实践经验的读者的参考用书。

致谢

在此，非常诚挚地感谢所有 SpringFramework 项目的创建者和开发者，感谢他们所做的工作和对开源项目的热情，没有他们就没有本书的诞生。

由于作者水平有限，书中不当之处在所难免，欢迎广大同行和读者批评指正。

王涛

2022 年 6 月

目录

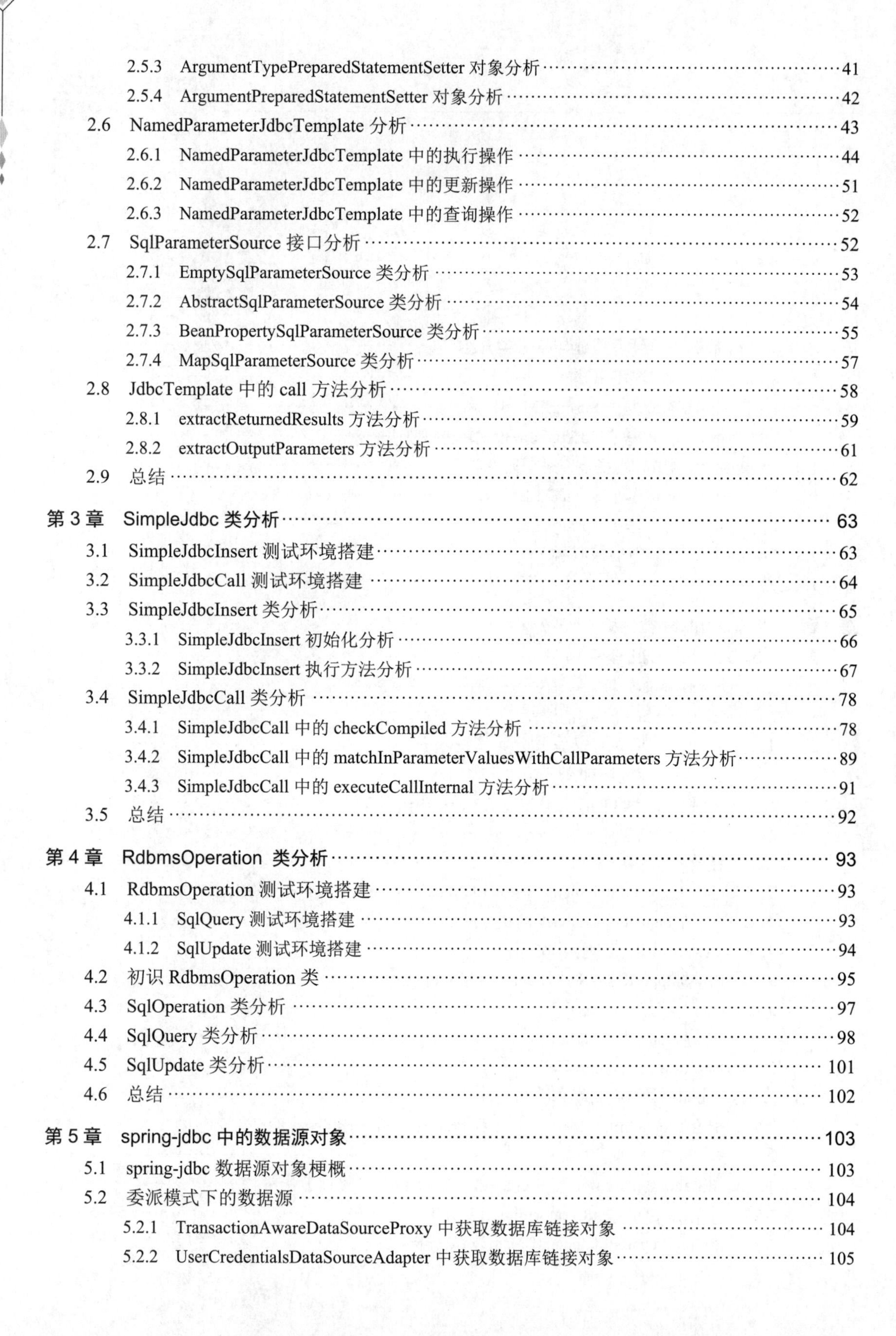

第1章

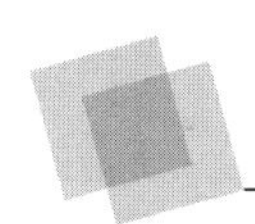

Spring数据源码环境搭建与核心类介绍

本章将讲解对 Spring 与数据源码环境搭建相关操作，包含 Spring Data Access 中的 spring-jdbc 模块和 spring-orm 模块的基础操作内容。

1.1 spring-jdbc 测试环境搭建

本节将对 spring-jdbc 测试环境的搭建进行说明，通过本节的操作将会得到一个 spring-jdbc 源码分析的测试环境。在本节中会对 spring-jdbc 的两种环境搭建进行说明：第一种是 SpringXML 模式；第二种是 Spring 注解模式。

1.1.1 spring-jdbc 基于 SpringXML 环境搭建

本节将搭建基于 SpringXML 模式的 spring-jdbc 环境，首先在 IDEA 中右击项目顶层，选择 New→Module 选项，如图 1.1 所示。

图 1.1　选择 Module 工程

选择 Module 选项后会弹出如图 1.2 所示的对话框，单击 Gradle 选项，勾选 Java 复选框，再单击 Next 按钮进入下一步。

单击 Next 按钮后弹出如图 1.3 所示的对话框，输入 Name、GroupId、ArtifactId 和 Version 这四项数据内容。

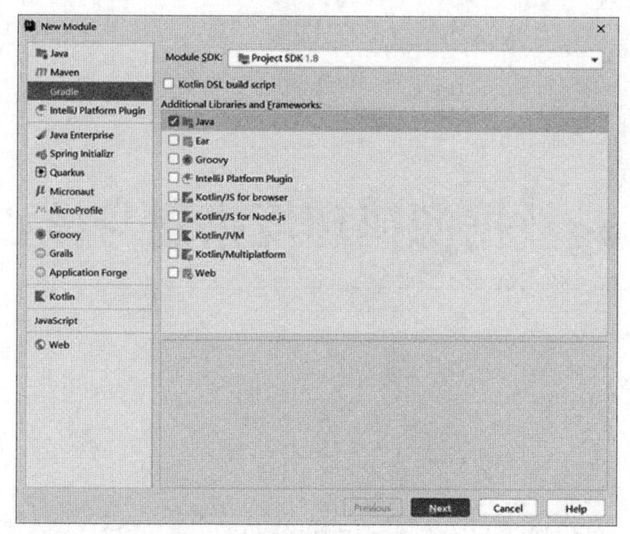

图 1.2 选择 Gradle 和 Java 工程

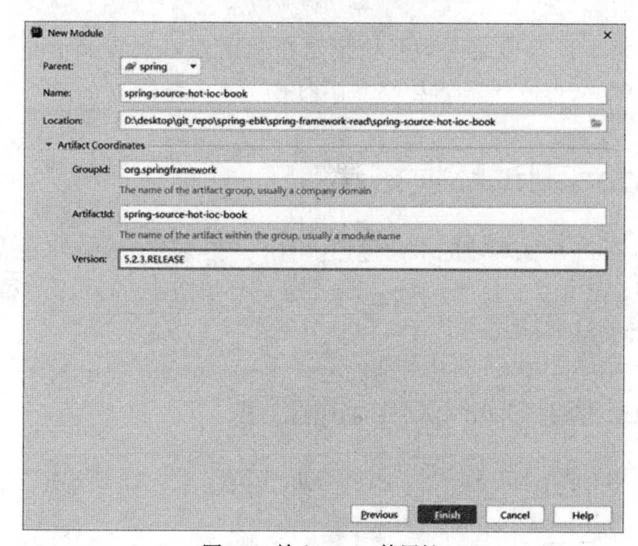

图 1.3 输入 Name 等属性

输入完成后单击 Finish 按钮完成工程创建。在工程创建完成以后需要对 build.gradle 文件进行修改，主要修改的是 dependencies 节点相关数据，向 dependencies 节点添加如下数据内容。

```
dependencies {
    compile(project(":spring-tx"))
    compile(project(":spring-jdbc"))
    compile(project(":spring-context"))
    compile(project(":spring-orm"))
    implementation 'mysql:mysql-connector-java:5.1.46'
    implementation 'org.apache.tomcat:tomcat-dbcp:9.0.1'
    implementation 'org.hibernate:hibernate-core:5.4.2.Final'
    testImplementation 'org.junit.jupiter:junit-jupiter-api:5.7.0'
    testRuntimeOnly 'org.junit.jupiter:junit-jupiter-engine:5.7.0'
}
```

在本章中所涉及的 spring-jdbc 和 spring-orm 环境都将基于该工程进行。在本节使用的是

SpringXML 模式搭建 spring-jdbc 测试环境，在 resources 文件夹下创建 jdbcTemplateConfiguration .xml 文件，并且向该文件中添加如下内容。

```
<?xml version="1.0" encoding="UTF-8"?>
<beans xmlns="http://www.springframework.org/schema/beans"
     xmlns:xsi="http://www.w3.org/2001/XMLSchema-instance"
     xsi:schemaLocation="http://www.springframework.org/schema/beans http://www.
springframework.org/schema/beans/spring-beans.xsd">
   <bean id="dataSource"
       class="org.apache.tomcat.dbcp.dbcp2.BasicDataSource">
     <property name="driverClassName" value=""/>
     <property name="url"
           value=""/>
     <property name="username" value=""/>
     <property name="password" value=""/>
   </bean>
   <bean id="jdbcTemplate" class="org.springframework.jdbc.core.JdbcTemplate">
     <property name="dataSource" ref="dataSource"/>
   </bean>

</beans>
```

在上述 SpringXML 配置文件中对 dataSource 和 jdbcTemplate 进行了自定义，当填写完上述内容之后需要填写一些自定义的配置，需要填写的内容有如下 4 项。

（1）driverClassName：表示数据库驱动名称。

（2）url：表示 JDBC 链接地址。

（3）username：表示数据库用户名。

（4）password：表示数据库密码。

读者根据自身环境配置完成上述四项参数信息后就可以编写具体的测试代码。创建一个 Java 类，类名为 TUserEntity，具体代码如下。

```
@Entity
@Table(name = "t_user")
public class TUserEntity {
  private Long id;

  private String name;
  @Id
  @GeneratedValue(strategy=GenerationType.IDENTITY)
  @Column(name = "id", nullable = false)
  public Long getId() {
    return id;
  }

  @Basic
  @Column(name = "name", nullable = true, length = 255)
  public String getName() {
    return name;
  }
}
```

在完成 TUserEntity 类的编写操作后需要新建数据库表，关于 t_user 的建表语句如下。

```
CREATE TABLE t_user (
    id bigint(20) NOT NULL AUTO_INCREMENT,
    name varchar(255) DEFAULT NULL,
    PRIMARY KEY (id)
) ENGINE=MyISAM AUTO_INCREMENT=3 DEFAULT CHARSET=utf8mb4;
```

在完成 t_user 建表语句的编写后需要将其放在数据库中执行，本例中采用的是 MySQL 数据库，直接将其复制到 MySQL 命令行中执行即可。完成数据表的创建后需要向该表中添加数据，添加数据的 SQL 语句代码如下。

```
INSERT INTO t_user(id, name) VALUES (1, 'ac');
```

在完成数据表数据初始化后需要进行最后的 JdbcTemplate 使用，创建一个 Java 类，类名为 JdbcTemplateWithXmlDemo，该类具体代码如下。

```
public class JdbcTemplateWithXmlDemo {
    public static void main(String[] args) {
        ClassPathXmlApplicationContext context =
new ClassPathXmlApplicationContext("jdbcTemplateConfiguration.xml");
        JdbcTemplate bean = context.getBean(JdbcTemplate.class);
        List<TUserEntity> query = bean.query("select * from t_user", new
RowMapper<TUserEntity>() {
            @Override
            public TUserEntity mapRow(ResultSet rs, int rowNum) throws SQLException {
                long id = rs.getLong("id");
                String name = rs.getString("name");
                TUserEntity tUserEntity = new TUserEntity();
                tUserEntity.setId(id);
                tUserEntity.setName(name);
                return tUserEntity;
            }
        });
        System.out.println();
    }
}
```

完成 JdbcTemplateWithXmlDemo 类的编写后需要将这个类启动，将断点放在 System.out .println()这一行，查看 query 的数据信息，具体信息如图 1.4 所示。

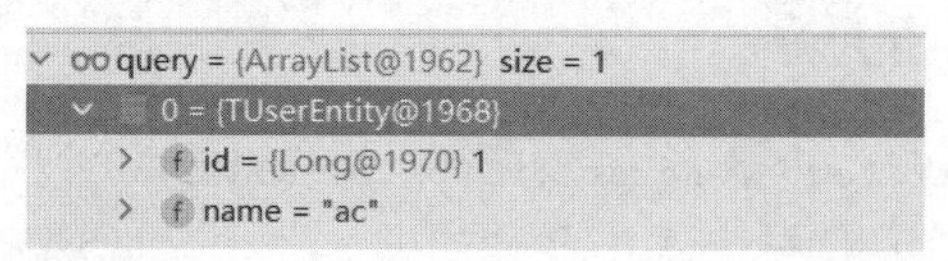

图 1.4　查询结果 1

从图 1.4 中可以发现，query 的数据信息和数据库中的数据信息相同，此时完成了 spring-jdbc 基于 SpringXML 模式的测试环境搭建全过程。

1.1.2　spring-jdbc 基于 Spring 注解模式环境搭建

本节将介绍 spring-jdbc 基于 Spring 注解模式的测试环境。首先创建一个 Spring 配置类，类名为 SpringJdbcConfig，向该类中添加如下代码。

```
@Configuration
@ComponentScan("com.github.source.hot.data.jdbc")
public class SpringJdbcConfig {
  @Bean
  public DataSource mysqlDataSource() {
    DriverManagerDataSource dataSource = new DriverManagerDataSource();
    dataSource.setDriverClassName("");
    dataSource.setUrl("");
    dataSource.setUsername("");
    dataSource.setPassword("");

    return dataSource;
  }

  @Bean
  public JdbcTemplate jdbcTemplate(
      DataSource mysqlDataSource
  ) {
    JdbcTemplate jdbcTemplate = new JdbcTemplate();
    jdbcTemplate.setDataSource(mysqlDataSource);
    return jdbcTemplate;
  }

}
```

在完成 SpringJdbcConfig 类的编写后需要根据当前所在环境修改下面 4 个方法的参数。

（1）方法 setDriverClassName：设置数据库驱动名称。

（2）方法 setUrl：设置数据库链接地址。

（3）方法 setUsername：设置数据库用户名。

（4）方法 setPassword：设置数据库密码。

读者根据自身环境配置完成上述 4 个方法的参数信息后就可以编写具体的测试代码。创建一个 Java 类，类名为 JdbcTemplateWithAnnotationDemo，具体代码如下。

```
public class JdbcTemplateWithAnnotationDemo {
  public static void main(String[] args) {
    AnnotationConfigApplicationContext context =
new AnnotationConfigApplicationContext(SpringJdbcConfig.class);
    JdbcTemplate bean = context.getBean(JdbcTemplate.class);
    List<TUserEntity> query = bean.query("select * from t_user",
new RowMapper<TUserEntity>() {
      @Override
      public TUserEntity mapRow(ResultSet rs, int rowNum) throws SQLException {
        long id = rs.getLong("id");
        String name = rs.getString("name");
        TUserEntity tUserEntity = new TUserEntity();
        tUserEntity.setId(id);
        tUserEntity.setName(name);
        return tUserEntity;
      }
    });
    System.out.println();
  }
```

```
}
```

完成 JdbcTemplateWithAnnotationDemo 类的编写后需要将这个类启动，将断点放在 System .out.println()这一行，查看 query 的数据信息，具体信息如图 1.5 所示。

```
∨ oo query = {ArrayList@1962} size = 1
    ∨ 0 = {TUserEntity@1968}
        > f id = {Long@1969} 1
        > f name = "ac"
```

图 1.5 查询结果 2

从图 1.5 中可以发现，query 的数据信息和数据库中的数据信息相同，此时完成了 spring-jdbc 基于 Spring 注解模式的测试环境搭建全过程。

1.2 spring-orm 测试环境搭建

在本节将对 spring-orm 测试环境的搭建进行说明，通过本节将会得到一个 spring-orm 源码分析的测试环境。在本节中会对 spring-orm 的两种环境搭建进行说明：第一种是 Spring XML 模式；第二种是 Spring 注解模式。

1.2.1 spring-orm 基于 SpringXML 环境搭建

本节将介绍 spring-orm 基于 SpringXML 模式的测试环境。首先需要在 resources 文件夹下创建 hibernate5Configuration.xml 文件，并且向该文件中添加如下内容。

```
<?xml version="1.0" encoding="UTF-8"?>
<beans xmlns:xsi="http://www.w3.org/2001/XMLSchema-instance"
    xmlns="http://www.springframework.org/schema/beans"
    xsi:schemaLocation="http://www.springframework.org/schema/beans http://www.
springframework.org/schema/beans/spring-beans.xsd">

  <bean id="sessionFactory"
      class="org.springframework.orm.hibernate5.LocalSessionFactoryBean">
    <property name="dataSource" ref="dataSource"/>
    <property name="packagesToScan" value="com.github.source.hot.data.model"/>
    <property name="hibernateProperties">
      <props>
        <prop key="hibernate.hbm2ddl.auto">
          update
        </prop>
        <prop key="hibernate.dialect">
          org.hibernate.dialect.MySQL5Dialect
        </prop>
        <prop key="hibernate.hibernate.hbm2ddl.auto">
          update
        </prop>
      </props>
    </property>
  </bean>
```

```
<bean id="dataSource"
      class="org.apache.tomcat.dbcp.dbcp2.BasicDataSource">
   <property name="driverClassName" value=""/>
   <property name="url"
         value=""/>
   <property name="username" value=""/>
   <property name="password" value=""/>
</bean>

<bean id="txManager"
      class="org.springframework.orm.hibernate5.HibernateTransactionManager">
   <property name="sessionFactory" ref="sessionFactory"/>
</bean>
</beans>
```

在本节中使用的是 Hibernate 框架作为 ORM 框架，在 hibernate5Configuration.xml 文件中关于 sessionFactory 的配置信息有如下内容。

（1）packagesToScan：表示实体对象的扫描路径。

（2）hibernateProperties：表示 hibernate 的属性值。

在 hibernate5Configuration.xml 文件中关于 hibernateProperties 属性做出了 3 个数据的设置。

（1）hibernate.hbm2ddl.auto：表示启动时的操作。

（2）hibernate.dialect：表示数据库方言，在本例中采用的是 MySQL5。数据库方言是指各个数据库厂商提供的 SQL。使用数据库方言的意义在于让 ORM 框架适应不同的厂商数据库，属于一个转译模块。

（3）hibernate.hibernate.hbm2ddl.auto：表示启动时应该进行的操作。

上述第 1 个属性和第 3 个属性都表示启动时的操作，具体操作符有 4 种。

（1）create：表示启动的时候先进行删除操作，再进行创建操作。

（2）create-drop：表示创建，只不过在系统关闭前执行删除操作。

（3）update：这个操作在启动时会检查 schema 是否一致，如果不一致会做 scheme 更新。

（4）validate：在启动时验证现有 schema 与用户配置的 hibernate 是否一致，如果不一致就抛出异常，并不做更新。

本例中使用的是 update 操作，在按需填写完成 packagesToScan 属性和 hibernateProperties 属性后还需要对 dataSource 中的相关信息进行配置，需要进行配置的内容有如下 4 项。

（1）driverClassName：表示数据库驱动名称。

（2）url：表示 JDBC 链接地址。

（3）username：表示数据库用户名。

（4）password：表示数据库密码。

按需填写完成上述 4 项配置后需要编写主体测试类，创建类名为 SpringOrmXMLDemo 的 Java 文件，向 SpringOrmXMLDemo 类中添加如下代码。

```
public class SpringOrmXMLDemo {
   public static void main(String[] args) {
      ClassPathXmlApplicationContext context =
new ClassPathXmlApplicationContext("hibernate5Configuration.xml");
      SessionFactory bean = context.getBean(SessionFactory.class);
      Session session = bean.openSession();
      TUserEntity tUserEntity = session.get(TUserEntity.class, 1L);
```

```
        System.out.println();
    }
}
```

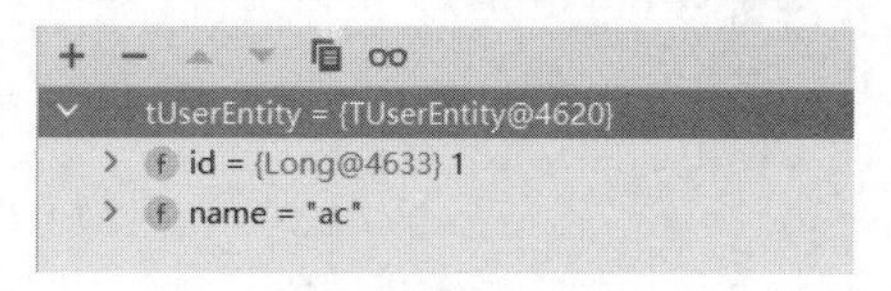

图 1.6 查询结果 3

编写完成 SpringOrmXMLDemo 类后将断点放在 System.out.println()这一行，调试该项目查看 tUserEntity 变量的数据信息，具体信息如图 1.6 所示。

从图 1.6 中可以发现，tUserEntity 和数据库中的数据信息相同，至此 spring-orm 基于 SpringXML 模式环境搭建完成。

1.2.2 spring-orm 基于 Spring 注解模式环境搭建

本节将介绍 spring-orm 基于 Spring 注解模式的测试环境。首先需要编写一个 Spring 配置类，创建一个类，类名为 HibernateConf，具体代码如下。

```
@Configuration
@EnableTransactionManagement
public class HibernateConf {

    @Bean
    public LocalSessionFactoryBean sessionFactory() {
        LocalSessionFactoryBean sessionFactory = new LocalSessionFactoryBean();
        sessionFactory.setDataSource(dataSource());
        sessionFactory.setPackagesToScan(
                "");
        sessionFactory.setHibernateProperties(hibernateProperties());

        return sessionFactory;
    }

    @Bean
    public DataSource dataSource() {
        BasicDataSource dataSource = new BasicDataSource();
        dataSource.setDriverClassName("");
        dataSource.setUrl("");
        dataSource.setUsername("");
        dataSource.setPassword("");
        return dataSource;
    }

    @Bean
    public PlatformTransactionManager hibernateTransactionManager() {
        HibernateTransactionManager transactionManager
                = new HibernateTransactionManager();
        transactionManager.setSessionFactory(sessionFactory().getObject());
        return transactionManager;
    }

    private Properties hibernateProperties() {
```

```
        Properties hibernateProperties = new Properties();
        hibernateProperties.setProperty(
             "hibernate.hbm2ddl.auto", "update");
        hibernateProperties.setProperty(
             "hibernate.dialect", "org.hibernate.dialect.H2Dialect");
        hibernateProperties.setProperty(
             "hibernate.hibernate.hbm2ddl.auto", "update");
        return hibernateProperties;
    }
}
```

在编写完成 HibernateConf 类后还需要进行自定义配置填写，需要修改的信息如下。

（1）修改方法 setPackagesToScan 的参数，将其设置为实体类所在的包路径。

（2）修改方法 setDriverClassName 的参数，将其设置为数据库驱动名称。

（3）修改方法 setUrl 的参数，将其设置为数据库链接地址。

（4）修改方法 setUsername 的参数，将其设置为数据库用户名。

（5）修改方法 setPassword 的参数，将其设置为数据库密码。

（6）修改 hibernateProperties 方法中的数据。

完成 HibernateConf 类中的自定义配置修改后需要进行启动类的编写，创建一个 Java 类，类名为 SpringOrmAnnotationDemo，具体代码如下。

```
@Configuration
@EnableTransactionManagement
@Import(HibernateConf.class)
public class SpringOrmAnnotationDemo {
    public static void main(String[] args) {
        AnnotationConfigApplicationContext context =
new AnnotationConfigApplicationContext(SpringOrmAnnotationDemo.class);
        SessionFactory bean = context.getBean(SessionFactory.class);
        Session session = bean.openSession();
        TUserEntity tUserEntity = session.get(TUserEntity.class, 1L);
        System.out.println();
    }
}
```

编写完 SpringOrmAnnotationDemo 类后将断点放在 System.out.println()这一行，调试该项目查看 tUserEntity 变量的数据信息，具体信息如图 1.7 所示。

从图 1.7 中可以发现，tUserEntity 和数据库中的数据信息相同，至此 spring-orm 基于 Spring 注解模式环境搭建完成。

tUserEntity = {TUserEntity@4617}
id = {Long@4623} 1
name = "ac"

图 1.7　查询结果 4

1.3　Spring 数据操作中的核心类

本节将介绍 Spring 数据操作中的核心类。在前面关于测试环境搭建过程中所使用的类都可以视作核心类，例如在 spring-jdbc 环境搭建过程中使用的 DriverManagerDataSource 类和

JdbcTemplate 类等，下面将列出作者认为的核心类。

（1）DriverManagerDataSource，它是一个基于 JDBC 的标准实现，作用是进行数据源管理。

（2）JdbcTemplate，它是一个基于 JDBC 的实现，作用是简化传统 JDBC 的操作流程。

（3）JdbcOperations，封装了 JDBC 的数据操作。

（4）ResultSetExtractor，它是 JdbcTemplate 查询方法使用时的回调接口，此接口的实现从 ResultSet 中获取实际数据。接口的作用是提取数据。

（5）RowCallbackHandler，它用于一行一行地处理 ResultSet 数据。

（6）RowMapper，用于按行进行映射处理，通过 ResultSet 进行实际类转换。

（7）SqlProvider，用于提取 SQL 语句。

（8）HibernateOperations，基于 Hibernate 进行封装的操作 API 接口，定义了数据库操作接口。

（9）SessionHolder，用于持有 Hibernate 中的 session 对象的对象。

（10）TransactionManager 事务管理器接口，子类有 PlatformTransactionManager 和 ReactiveTransactionManager，在非响应式编程的情况下常用的是 PlatformTransactionManager。

（11）TransactionExecution 事务状态接口，子类有 TransactionStatus 和 ReactiveTransaction，前者适用于非响应式编程，后者适用于响应式编程。

1.4 总结

在本章讲述了 spring-jdbc 和 spring-orm 的基本环境搭建，主要围绕 SpringXML 模式和 Spring 注解模式进行，此外介绍了 Spring 数据操作中的核心类。

第2章

JdbcTemplate类分析

本章将对 JdbcTemplate 类进行分析。JdbcTemplate 类是一个基于 JDBC 进行封装的类，常见的 JDBC 操作有新增、修改、删除和查询，本章将围绕这 4 个操作进行分析。

2.1 初识 JdbcTemplate 类

在本节将对 JdbcTemplate 类做一个简单的介绍，首先需要查看 JdbcTemplate 的类图，详细信息如图 2.1 所示。

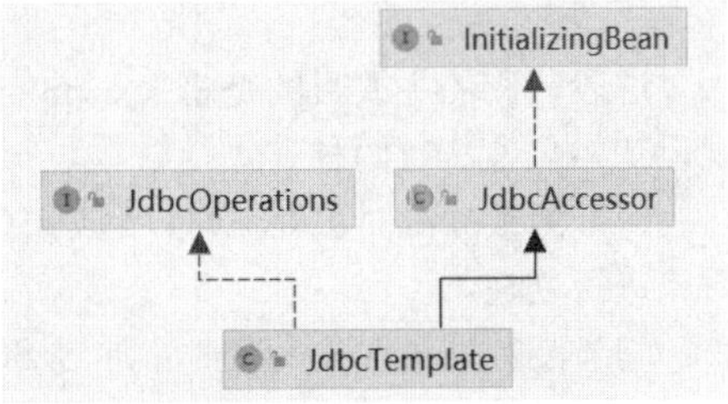

图 2.1 JdbcTemplate 类图

在图 2.1 中可以发现，JdbcTemplate 类实现了两个接口 JdbcOperations 和 InitializingBean，在 spring-jdbc 中 JdbcOperations 接口定义了 JDBC 相关操作，按照操作行为分类可以分为下面 3 类。

（1）执行类，以"execute"字符串开头的方法。

（2）查询类，以"query"字符串开头的方法。

（3）更新类，包含"update"字符串的方法，在 JdbcOperations 中有批量提交的方法 batchUpdate。

关于 JdbcOperations 接口的实现会在本章的后续部分进行分析，在 JdbcTemplate 类中还实现了 InitializingBean，需要在 JdbcTemplate 的类图中找到具体的实现方法，实现方法在 JdbcAccessor 中，具体代码如下。

```
@Override
public void afterPropertiesSet() {
   if (getDataSource() == null) {
      throw new IllegalArgumentException("Property 'dataSource' is required");
   }
   if (!isLazyInit()) {
      getExceptionTranslator();
   }
}
```

在上述代码中主要处理流程如下。

（1）判断数据源（DataSource）对象是否为空，如果数据源对象为空则会抛出异常。

（2）判断是不是懒加载的，如果不是懒加载的会获取 SQLExceptionTranslator 对象。

在上述两个操作流程中，需要关注 getExceptionTranslator 方法，具体处理代码如下。

```
public SQLExceptionTranslator getExceptionTranslator() {
   SQLExceptionTranslator exceptionTranslator = this.exceptionTranslator;
   if (exceptionTranslator != null) {
      return exceptionTranslator;
   }
   synchronized(this) {
      exceptionTranslator = this.exceptionTranslator;
      if (exceptionTranslator == null) {
         DataSource dataSource = getDataSource();
         if (dataSource != null) {
            exceptionTranslator =
new SQLErrorCodeSQLExceptionTranslator(dataSource);
         }
         else {
            exceptionTranslator = new SQLStateSQLExceptionTranslator();
         }
         this.exceptionTranslator = exceptionTranslator;
      }
      return exceptionTranslator;
   }
}
```

这段代码的主要目的是将 exceptionTranslator 成员变量进行初始化，从上述代码中可以发现，初始化方法有两种方式。

（1）当数据源对象存在时，通过 SQLErrorCodeSQLExceptionTranslator 的构造方法+数据源对象进行创建。

（2）当数据源对象为空时，通过 SQLStateSQLExceptionTranslator 的构造方法进行创建。

2.1.1 DataSource 分析

在 afterPropertiesSet 处理方法中提到了一个接口 DataSource，DataSource 是 Java 提供的接口，具体包路径是 javax.sql.DataSource，在 spring-jdbc 中由 DriverManagerDataSource 实现，关于数据源可以简单地理解为存储了数据库账号、数据库密码和数据库地址的存储对象。在前面搭建的测试用例中关于数据源的定义代码如下。

```
@Bean
public DataSource mysqlDataSource() {
   DriverManagerDataSource dataSource = new DriverManagerDataSource();
   dataSource.setDriverClassName("com.mysql.jdbc.Driver");
   dataSource.setUrl("");
   dataSource.setUsername("");
   dataSource.setPassword("");

   return dataSource;
}
```

在这段代码中定义的 DataSource 对象信息如图 2.2 所示。

```
dataSource = {DriverManagerDataSource@1605}
  url = "jdbc:mysql://...useUnicode=true&amp;characterEncoding=...
  username = "..."
  password = "...00"
  catalog = null
  schema = null
  connectionProperties = null
  logger = {LogAdapter$JavaUtilLog@1625}
```

注：在实际开发过程中，链接地址、账户和密码会因开发者的配置不同而不同，具体由开发者配置决定。由于作者采用的是一个线上环境的数据库，因此书中将链接地址、账户和密码信息隐藏。

图 2.2　DataSource 对象信息

通过图 2.2 可以发现，通过 set 方法进行设置的数据已经完成设置。在 mysqlDataSource 方法中所使用的 DataSource 实现类是 spring-jdbc 自带的，在第 1 章中搭建的测试用例还引入了 tomcat-dbcp 相关依赖，并对其进行了使用，关于 tomcat-dbcp 中的数据源配置代码如下。

```
@Bean
public DataSource dataSource() {
   BasicDataSource dataSource = new BasicDataSource();
   dataSource.setDriverClassName("com.mysql.jdbc.Driver");
   dataSource.setUrl("");
   dataSource.setUsername("");
   dataSource.setPassword("");
   return dataSource;
}
```

在这个方法中所得到的数据源对象信息如图 2.3 所示。

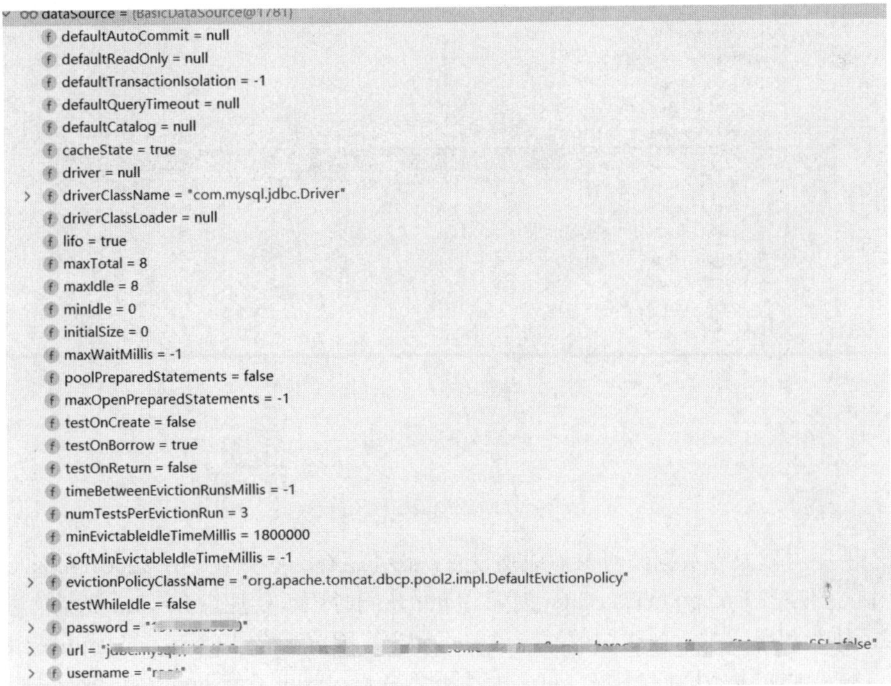

```
dataSource = {BasicDataSource@1781}
  defaultAutoCommit = null
  defaultReadOnly = null
  defaultTransactionIsolation = -1
  defaultQueryTimeout = null
  defaultCatalog = null
  cacheState = true
  driver = null
  driverClassName = "com.mysql.jdbc.Driver"
  driverClassLoader = null
  lifo = true
  maxTotal = 8
  maxIdle = 8
  minIdle = 0
  initialSize = 0
  maxWaitMillis = -1
  poolPreparedStatements = false
  maxOpenPreparedStatements = -1
  testOnCreate = false
  testOnBorrow = true
  testOnReturn = false
  timeBetweenEvictionRunsMillis = -1
  numTestsPerEvictionRun = 3
  minEvictableIdleTimeMillis = 1800000
  softMinEvictableIdleTimeMillis = -1
  evictionPolicyClassName = "org.apache.tomcat.dbcp.pool2.impl.DefaultEvictionPolicy"
  testWhileIdle = false
  password = "..."
  url = "jdbc:mysql...SSL=false"
  username = "r..."
```

图 2.3　BasicDataSource 对象信息

从图 2.3 中可以发现，基本的四个元素（数据库链接、数据库账号、数据库密码和数据库驱动）都是存在的，相比 spring-jdbc 提供的数据源对象，tomcat-dbcp 提供的数据源对象有更多属性，有兴趣的读者可以进入源码查看具体作用。

2.1.2 JdbcTemplate 的初始化

在前面对 DataSource 进行了相关分析，接下来将进入 JdbcTemplate 的初始化分析。通常对于 JdbcTemplate 初始化是指进行数据源对象的设置，在第 1 章的测试用例中可以看到两种设置方式。

（1）通过 JavaBean 进行设置。

（2）通过 SpringXML 配置进行设置。

下面以通过 JavaBean 进行设置作为分析目标，具体处理代码如下。

```
@Bean
public JdbcTemplate jdbcTemplate(
      DataSource mysqlDataSource
) {
   JdbcTemplate jdbcTemplate = new JdbcTemplate();
   jdbcTemplate.setDataSource(mysqlDataSource);
   return jdbcTemplate;
}
```

在这段代码中所得到的 JdbcTemplate 对象信息如图 2.4 所示。

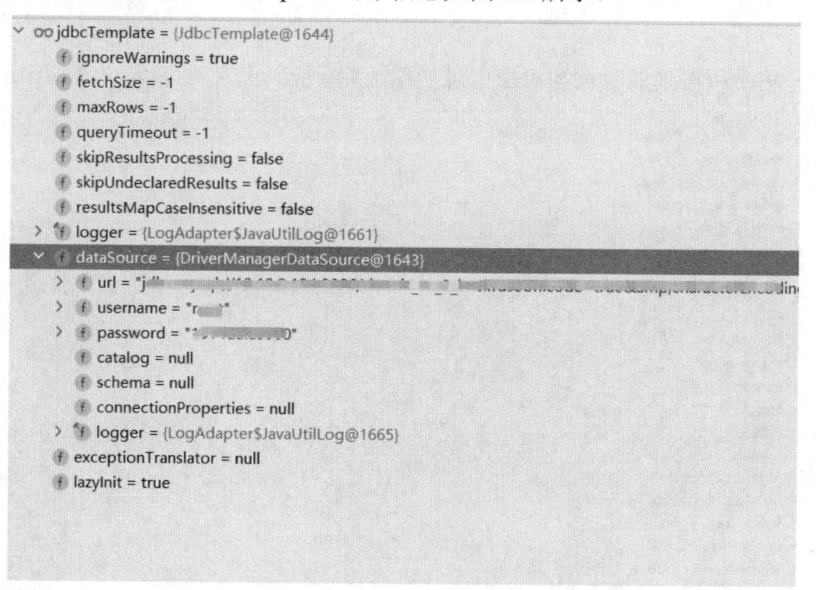

图 2.4 JdbcTemplate 对象信息

在图 2.4 中可以发现数据源对象被成功设置，此外还有一些默认值在 JdbcTemplate 对象中。在图 2.4 中需要注意 exceptionTranslator 对象为 null，同时还需要注意 lazyInit 变量信息为 true。再继续向下执行代码，由于此时的数据源对象不为空，因此不会出现 IllegalArgumentException 异常信息。由于此时 lazyInit 变量为 true，因此不会将 exceptionTranslator 变量信息进行初始化。如果需要查看 exceptionTranslator 变量的初始化操作，则需要将代码进行修改，修改后代码如下。

```
@Bean
public JdbcTemplate jdbcTemplate(
      DataSource mysqlDataSource
) {
   JdbcTemplate jdbcTemplate = new JdbcTemplate();
   jdbcTemplate.setDataSource(mysqlDataSource);
   jdbcTemplate.setLazyInit(false);
   return jdbcTemplate;
}
```

经过修改后将断点放在 JdbcAccessor 对象中的 afterPropertiesSet 方法上就可以查看到 exceptionTranslator 的数据信息，具体信息如图 2.5 所示。

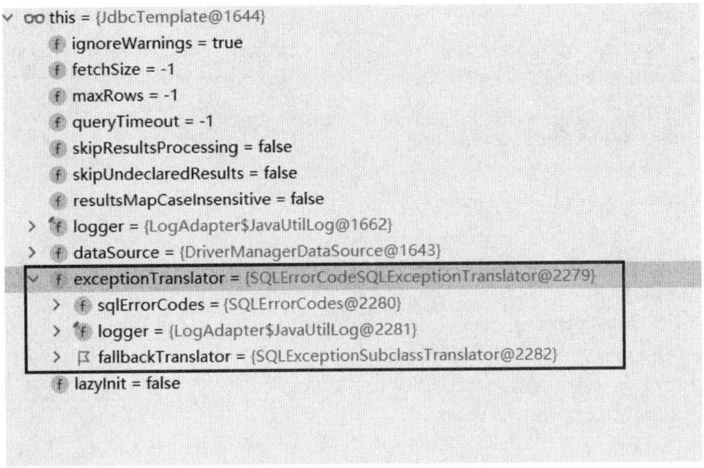

```
this = {JdbcTemplate@1644}
   ignoreWarnings = true
   fetchSize = -1
   maxRows = -1
   queryTimeout = -1
   skipResultsProcessing = false
   skipUndeclaredResults = false
   resultsMapCaseInsensitive = false
 > logger = {LogAdapter$JavaUtilLog@1662}
 > dataSource = {DriverManagerDataSource@1643}
 v exceptionTranslator = {SQLErrorCodeSQLExceptionTranslator@2279}
    > sqlErrorCodes = {SQLErrorCodes@2280}
    > logger = {LogAdapter$JavaUtilLog@2281}
    > fallbackTranslator = {SQLExceptionSubclassTranslator@2282}
   lazyInit = false
```

图 2.5　修改后 exceptionTranslator 的数据信息

2.2　JdbcTemplate 中的执行操作分析

本节将对 JdbcTemplate 中的执行操作进行分析。在 JdbcTemplate 中关于执行操作可以使用 execute 方法，比如可以使用“jdbcTemplate.execute("select * from t_user");”，在 JdbcTemplate 类中使用 execute 方法是最常见的，这段代码对应的源码内容如下。

```
@Override
public void execute(final String sql) throws DataAccessException {
   class ExecuteStatementCallback implements StatementCallback<Object>, SqlProvider {
      @Override
      @Nullable
      public Object doInStatement(Statement stmt) throws SQLException {
         stmt.execute(sql);
         return null;
      }
      @Override
      public String getSql() {
         return sql;
      }
   }

   execute(new ExecuteStatementCallback());
```

```
}
```

在这段代码中可以看到关于执行的方法调用会寻找另一个 execute 方法，在分析最终的 execute 方法前需要先对 ExecuteStatementCallback 对象进行分析。从上述代码中可以发现 ExecuteStatementCallback 实现了两个接口：StatementCallback 接口和 SqlProvider 接口。StatementCallback 接口的作用是通过 Statement 调用 execute 方法执行 SQL 语句，SqlProvider 接口的作用是获取当前的 SQL 语句。下面查看最终的 execute 方法，具体代码如下。

```
@Override
@Nullable
public <T> T execute(StatementCallback<T> action) throws DataAccessException {

   // 获取链接对象
   Connection con = DataSourceUtils.getConnection(obtainDataSource());
   Statement stmt = null;
   try {
      stmt = con.createStatement();
      // 应用 Statement 配置
      applyStatementSettings(stmt);
      // 执行
      T result = action.doInStatement(stmt);
      // 处理警告信息
      handleWarnings(stmt);
      return result;
   }
   catch (SQLException ex) {
      // 获取 SQL 语句
      String sql = getSql(action);
      // 关闭 Statement 对象
      JdbcUtils.closeStatement(stmt);
      stmt = null;
      // 释放链接
      DataSourceUtils.releaseConnection(con, getDataSource());
      con = null;
      // 抛出异常
      throw translateException("StatementCallback", sql, ex);
   }
   finally {
      // 关闭 Statement 对象
      JdbcUtils.closeStatement(stmt);
      // 释放链接
      DataSourceUtils.releaseConnection(con, getDataSource());
   }
}
```

上述代码中主要处理逻辑如下。

（1）获取数据库链接对象。

（2）从数据库链接对象中获取 Statement 对象。

（3）应用 Statement 的配置数据。

（4）执行 Statement 中的 SQL 语句。

（5）处理警告信息。

（6）将第（4）步中得到的结果返回。

（7）关闭 Statement 对象。

（8）释放链接对象。

上述 8 个操作步骤是正常处理过程中需要进行的操作，其中操作步骤（4）就是和数据库进行直接交互的操作（执行 SQL 语句）。当遇到异常时会进行下面 4 个步骤的操作。

（1）获取 SQL 语句。

（2）关闭 Statement 对象。

（3）释放链接对象。

（4）抛出异常。

下面将对上述提到的一些操作流程进行细节分析。

2.2.1　获取数据库链接对象

本节将对获取数据库链接对象进行分析，处理代码如下。

```
Connection con = DataSourceUtils.getConnection(obtainDataSource());
```

在这段代码中可以看到具体负责获取数据库链接对象的类是 DataSourceUtils，在获取数据库链接对象时需要传递参数，参数为数据源对象（DataSource），数据源对象的获取要依靠 obtainDataSource 方法，具体代码如下。

```
protected DataSource obtainDataSource() {
   DataSource dataSource = getDataSource();
   Assert.state(dataSource != null, "No DataSource set");
   return dataSource;
}
```

在这段代码中会从成员变量中获取数据源对象，如果数据源对象为空将抛出异常。在得到数据源对象后就会直接调用 getConnection 方法，具体处理代码如下。

```
public static Connection getConnection(DataSource dataSource)
      throws CannotGetJdbcConnectionException {
   try {
      // 执行获取链接的方法
      return doGetConnection(dataSource);
   } catch (SQLException ex) {
      throw new CannotGetJdbcConnectionException("Failed to obtain JDBC Connection", ex);
   } catch (IllegalStateException ex) {
      throw new CannotGetJdbcConnectionException(
            "Failed to obtain JDBC Connection: " + ex.getMessage());
   }
}
```

在这段代码中可以看到具体的获取方法是由 doGetConnection 提供的，该方法就是获取数据库链接对象的核心方法，具体代码如下。

```
public static Connection doGetConnection(DataSource dataSource) throws SQLException {
   Assert.notNull(dataSource, "No DataSource specified");

   // 事务同步管理器中获取链接持有器对象
```

```
    ConnectionHolder conHolder =
(ConnectionHolder) TransactionSynchronizationManager
        .getResource(dataSource);
    // 从链接持有器中获取链接对象
    if (conHolder != null && (conHolder.hasConnection() || conHolder
                            .isSynchronizedWithTransaction())) {
        conHolder.requested();
        if (!conHolder.hasConnection()) {
            logger.debug("Fetching resumed JDBC Connection from DataSource");
            conHolder.setConnection(fetchConnection(dataSource));
        }
        return conHolder.getConnection();
    }

    logger.debug("Fetching JDBC Connection from DataSource");
    // 从数据源中获取链接对象
    Connection con = fetchConnection(dataSource);

    // 判断是否处于同步状态
    if (TransactionSynchronizationManager.isSynchronizationActive()) {
        try {
            ConnectionHolder holderToUse = conHolder;
            // 如果 holderToUse 对象为空将进行初始化操作
            if (holderToUse == null) {
                holderToUse = new ConnectionHolder(con);
            }
            // 不为空将对其进行链接对象设置
            else {
                holderToUse.setConnection(con);
            }
            // 请求数量加 1
            holderToUse.requested();
            // 注册 ConnectionSynchronization 对象
            TransactionSynchronizationManager.registerSynchronization(
                new ConnectionSynchronization(holderToUse, dataSource));
            // 设置事务同步标记为 true
            holderToUse.setSynchronizedWithTransaction(true);
            if (holderToUse != conHolder) {
                // 资源绑定
                TransactionSynchronizationManager.bindResource(dataSource, holderToUse);
            }
        } catch (RuntimeException ex) {
        // Unexpected exception from external delegation call -> close Connection and rethrow
            // 释放链接
            releaseConnection(con, dataSource);
            throw ex;
        }
    }

    return con;
}
```

在上述代码中关于数据库链接对象的获取提供了两种方式。

（1）从链接持有器对象中获取数据库链接对象。

（2）从零开始创建一个数据库链接对象。

下面对第一种获取方式进行细节说明。在 TransactionSynchronizationManager 对象中通过数据源对象获取链接持有器（ConnectionHolder），当链接持有器不为空并且满足如下两种情况中的一种时就从链接持有器中获取数据库链接对象，两种情况具体如下。

（1）链接持有器中存在数据库链接对象。

（2）链接持有器中的 synchronizedWithTransaction 变量为 true。

变量 synchronizedWithTransaction 表示资源是否和事务是同步的，默认值为 false。在通过上述两个条件判断后在链接持有器中还可能没有数据库链接对象，此时需要进行手动创建，创建方法是 fetchConnection。通过 setConnection 方法和 fetchConnection 方法创建后，链接持有器就具备了数据库链接对象，最终可以通过 conHolder.getConnection()获取并返回数据库链接对象。接下来对第二种获取方式进行分析，第二种方式最开始会执行 fetchConnection(dataSource)方法将数据库链接对象提前准备好，在准备完成后会通过 TransactionSynchronizationManager.isSynchronizationActive 方法判断是否需要进行额外处理，该方法用于判断当前线程中的事务同步状态是否处于激活状态，如果该方法的判断结果为 false 则直接返回数据库链接对象，如果该方法的判断结果为 true 则需要进行下面的操作。

（1）判断从事务同步管理器中获取的链接持有器对象是否存在，如果不存在则需要通过 ConnectionHolder 构造方法和数据库链接对象进行创建，如果存在则需要将数据库链接对象设置给链接持有器。

（2）注册 ConnectionSynchronization 对象。

（3）将数据源对象和链接持有器进行绑定。

2.2.2　应用 Statement 的配置数据

本节将对应用 Statement 的配置数据进行源码分析，具体处理代码如下。

```
protected void applyStatementSettings(Statement stmt) throws SQLException {
  int fetchSize = getFetchSize();
  if (fetchSize != -1) {
    stmt.setFetchSize(fetchSize);
  }
  int maxRows = getMaxRows();
  if (maxRows != -1) {
    stmt.setMaxRows(maxRows);
  }
  DataSourceUtils.applyTimeout(stmt, getDataSource(), getQueryTimeout());
}
```

在上述代码中会涉及下面 3 个数据。

（1）fetchSize，该变量表示调用 rs.next 时，ResultSet 会一次性从数据库中取得多少行数据。

（2）maxRows，该变量表示 Statement 对象生成的所有 ResultSet 对象可以包含的最大行数，设置为给定数。

（3）queryTimeOut，该变量表示执行超时时间。

在上述 3 个变量设置中，关于 queryTimeOut 的数据设置需要通过 applyTimeout 方法进行处理，关于 applyTimeout 的代码如下。

```
public static void applyTimeout(Statement stmt, @Nullable DataSource dataSource, int
timeout)
    throws SQLException {
    Assert.notNull(stmt, "No Statement specified");
    ConnectionHolder holder = null;
    if (dataSource != null) {
       holder =
(ConnectionHolder) TransactionSynchronizationManager.getResource(dataSource);
    }
    if (holder != null && holder.hasTimeout()) {
       stmt.setQueryTimeout(holder.getTimeToLiveInSeconds());
    } else if (timeout >= 0) {
       stmt.setQueryTimeout(timeout);
    }
}
```

在 applyTimeout 方法中关于 queryTimeOut 数据的来源有两个。

（1）链接持有器中的 deadline 变量。

（2）方法参数 timeout。

2.2.3 处理警告信息

本节将对处理警告信息进行源码分析，负责处理警告信息的代码如下。

```
protected void handleWarnings(Statement stmt) throws SQLException {
   // 是否需要忽略警告信息
   if (isIgnoreWarnings()) {
      if (logger.isDebugEnabled()) {
         SQLWarning warningToLog = stmt.getWarnings();
         // 通过日志将警告信息输出
         while (warningToLog != null) {
            logger.debug("SQLWarning ignored: SQL state '" +
warningToLog.getSQLState() + "', error code '" +
                  warningToLog.getErrorCode() + "', message [" +
warningToLog.getMessage() + "]");
            warningToLog = warningToLog.getNextWarning();
         }
      }
   }
   else {
      // 抛出异常
      handleWarnings(stmt.getWarnings());
   }
}
```

在这段代码中会根据 ignoreWarnings 变量进行两种处理，变量 ignoreWarnings 表示是否忽略警告。当不忽略警告时会执行 handleWarnings 方法，具体处理代码如下。

```
protected void handleWarnings(@Nullable SQLWarning warning) throws
SQLWarningException {
   if (warning != null) {
      throw new SQLWarningException("Warning not ignored", warning);
   }
}
```

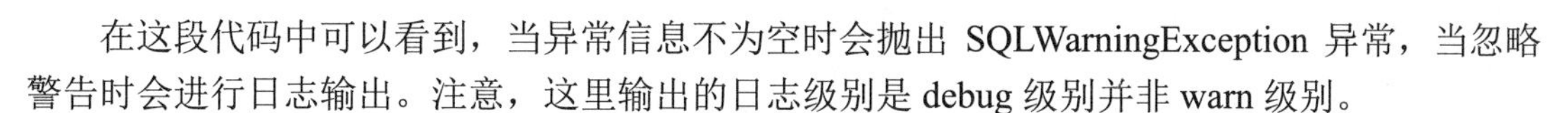

在这段代码中可以看到，当异常信息不为空时会抛出 SQLWarningException 异常，当忽略警告时会进行日志输出。注意，这里输出的日志级别是 debug 级别并非 warn 级别。

2.2.4 释放链接对象

本节将对释放链接对象进行源码分析，负责释放链接对象的代码如下。

```
public static void releaseConnection(@Nullable Connection con,
      @Nullable DataSource dataSource) {
   try {
      doReleaseConnection(con, dataSource);
   } catch (SQLException ex) {
      logger.debug("Could not close JDBC Connection", ex);
   } catch (Throwable ex) {
      logger.debug("Unexpected exception on closing JDBC Connection", ex);
   }
}
```

在上述代码中最终的调用方法是 doReleaseConnection，具体处理代码如下。

```
public static void doReleaseConnection(@Nullable Connection con,
      @Nullable DataSource dataSource) throws SQLException {
   if (con == null) {
      return;
   }
   if (dataSource != null) {
      ConnectionHolder conHolder = (ConnectionHolder)
TransactionSynchronizationManager
            .getResource(dataSource);
      if (conHolder != null && connectionEquals(conHolder, con)) {
         // 释放计数器减 1
         conHolder.released();
         return;
      }
   }
   // 关闭链接
   doCloseConnection(con, dataSource);
}
```

在上述代码的处理过程中会有 3 种处理情况。

（1）数据库链接对象为空，不做处理直接返回。

（2）数据源对象不为空，从 TransactionSynchronizationManager 对象中根据数据源对象获取链接持有器，通过链接持有器的 released 方法将链接数减 1 后结束操作。

（3）进行数据库链接对象关闭操作。

2.2.5 配合 PreparedStatementCreator 和 PreparedStatementCallback 的执行操作

本节将对 execute 方法族中 PreparedStatementCreator 和 PreparedStatementCallback 的执行操作进行分析，具体处理代码如下。

```
@Override
@Nullable
public <T> T execute(PreparedStatementCreator psc, PreparedStatementCallback<T>
action)
      throws DataAccessException {

   Assert.notNull(psc, "PreparedStatementCreator must not be null");
   Assert.notNull(action, "Callback object must not be null");
   if (logger.isDebugEnabled()) {
      String sql = getSql(psc);
      logger.debug("Executing prepared SQL statement" + (sql != null ? " [" + sql +
"]" : ""));
   }

   // 获取数据库链接对象
   Connection con = DataSourceUtils.getConnection(obtainDataSource());
   PreparedStatement ps = null;
   try {
      // 创建 PreparedStatement 对象
      ps = psc.createPreparedStatement(con);
      // 应用 PreparedStatement 属性
      applyStatementSettings(ps);
      // 通过 PreparedStatementCallback 执行 SQL 语句
      T result = action.doInPreparedStatement(ps);
      // 处理警告信息
      handleWarnings(ps);
      // 返回值处理
      return result;
   }
   catch (SQLException ex) {
      if (psc instanceof ParameterDisposer) {
         ((ParameterDisposer) psc).cleanupParameters();
      }
      // 获取 SQL 语句
      String sql = getSql(psc);
      psc = null;
      // 关闭 PrepareStatement 对象
      JdbcUtils.closeStatement(ps);
      ps = null;
      // 释放数据库链接
      DataSourceUtils.releaseConnection(con, getDataSource());
      con = null;
      // 抛出异常
      throw translateException("PreparedStatementCallback", sql, ex);
   }
   finally {
```

```
        if (psc instanceof ParameterDisposer) {
            // 清理参数
            ((ParameterDisposer) psc).cleanupParameters();
        }
        // 关闭 Statement
        JdbcUtils.closeStatement(ps);
        // 释放链接
        DataSourceUtils.releaseConnection(con, getDataSource());
    }
}
```

在这段代码中主要处理操作如下。

（1）对参数 PreparedStatementCreator 和 PreparedStatementCallback 进行非空判断，如果是空将抛出异常。

（2）获取数据库链接对象。

（3）通过参数 PreparedStatementCreator 创建 PreparedStatement 对象。

（4）应用 PreparedStatement 相关参数信息。共有 3 个参数信息需要初始化，分别是 fetchSize、maxRows 和 timeOut。

（5）执行 PreparedStatementCallback 中的处理方法。

（6）处理警告信息。

（7）将第（5）步中得到的数据作为返回值返回。

（8）如果 PreparedStatementCreator 类型是 ParameterDisposer 则需要进行参数清理操作。

（9）关闭 Statement。

（10）释放数据库链接对象。

上述 10 个操作为正常处理流程中的处理，但是在程序执行过程中难免出现异常，在这个方法中当出现 SQLException 异常时将会进行如下操作。

（1）如果 PreparedStatementCreator 类型是 ParameterDisposer 则需要进行参数清理操作。

（2）从 PreparedStatementCreator 中获取 SQL 语句。

（3）关闭 Statement。

（4）释放数据库链接对象。

（5）抛出异常。

在这个执行方法中可以发现，最终与数据库交互的对象是 PreparedStatementCallback 接口，具体是由 doInPreparedStatement 方法负责处理的。

2.2.6　配合 ConnectionCallback 的执行操作

本节将分析配合 ConnectionCallback 的执行操作代码，具体处理代码如下。

```
@Override
@Nullable
public <T> T execute(ConnectionCallback<T> action) throws DataAccessException {
    Assert.notNull(action, "Callback object must not be null");

    // 获取数据库链接对象
    Connection con = DataSourceUtils.getConnection(obtainDataSource());
```

```
    try {
       // 创建代理链接对象
       Connection conToUse = createConnectionProxy(con);
       // 通过 action 对象对数据进行处理
       return action.doInConnection(conToUse);
    }
    catch (SQLException ex) {
       // 获取 SQL 语句
       String sql = getSql(action);
       // 释放数据库链接对象
       DataSourceUtils.releaseConnection(con, getDataSource());
       con = null;
       // 抛出异常
       throw translateException("ConnectionCallback", sql, ex);
    }
    finally {
       // 释放数据库链接对象
       DataSourceUtils.releaseConnection(con, getDataSource());
    }
}
```

在这个方法中主要处理流程如下。

（1）对参数 ConnectionCallback 进行非空判断，如果为空则抛出异常。

（2）获取数据库链接对象。

（3）创建数据库链接对象的代理对象。

（4）通过参数 ConnectionCallback 和数据库代理链接对象进行数据库交互。

（5）释放数据库链接对象。

上述 5 个处理操作为基本操作，但是在实际处理过程中会出现异常，当出现异常时会进行如下操作。

（1）从参数 ConnectionCallback 中获取 SQL 语句。

（2）释放数据库链接对象。

（3）抛出异常。

2.3 JdbcTemplate 中的查询操作分析

本节将对 JdbcTemplate 中的查询操作进行分析，在第 1 章中所搭建的用例中有关于 JdbcTemplate 的查询使用例子，在当时所使用的方法签名为 org.springframework.jdbc.core.JdbcTemplate#query(java.lang.String, org.springframework.jdbc.core.RowMapper<T>)，本节将从该方法开始对 JdbcTemplate 中的一些查询操作进行源码分析，下面是 org.springframework.jdbc.core.JdbcTemplate#query(java.lang.String, org.springframework.jdbc.core.RowMapper<T>)的源码。

```
@Override
public <T> List<T> query(String sql, RowMapper<T> rowMapper) throws
DataAccessException {
   return result(query(sql, new RowMapperResultSetExtractor<>(rowMapper)));
}
```

在这段代码中需要分为 3 个方法进行分析：

（1）result 方法。

（2）query 方法。

（3）RowMapperResultSetExtractor 构造方法。

上述 3 个方法就是本节源码分析的主要目标对象。

2.3.1 RowMapperResultSetExtractor 对象分析

在 query 方法的代码中可以看到 RowMapperResultSetExtractor 对象的创建需要使用 RowMapper 对象，在 RowMapperResultSetExtractor 的成员变量中也存在该对象，下面关注 RowMapper 的作用，RowMapper 可以将 ResultSet 对象转换为一个实体对象，围绕这个功能在 RowMapperResultSetExtractor 对象中定义了 extractData 方法，具体代码如下。

```
@Override
public List<T> extractData(ResultSet rs) throws SQLException {
  List<T> results = (this.rowsExpected > 0 ? new ArrayList<>(this.rowsExpected) : new
ArrayList<>());
  int rowNum = 0;
  while (rs.next()) {
    results.add(this.rowMapper.mapRow(rs, rowNum++));
  }
  return results;
}
```

在上述代码中主要处理操作如下。

（1）创建存储容器。

（2）通过 ResultSet.next 方法判断 ResultSet 是否还有下一个数据，如果存在下一个数据则通过成员变量 rowMapper 进行转换，将转换后的数据放入第（1）步中的存储容器。

综上所述，RowMapperResultSetExtractor 的核心作用有如下两个。

（1）存储 RowMapper 对象。

（2）提供 extractData 方法，配合 RowMapper 从 ResultSet 对象中获取数据。

2.3.2 query 方法分析

下面将对 query 方法进行分析，query 方法的处理代码如下。

```
@Override
@Nullable
public <T> T query(final String sql, final ResultSetExtractor<T> rse) throws
DataAccessException {

  class QueryStatementCallback implements StatementCallback<T>, SqlProvider {
    @Override
    @Nullable
    public T doInStatement(Statement stmt) throws SQLException {
      ResultSet rs = null;
      try {
```

```
            rs = stmt.executeQuery(sql);
            return rse.extractData(rs);
         }
         finally {
            JdbcUtils.closeResultSet(rs);
         }
      }
      @Override
      public String getSql() {
         return sql;
      }
   }

   return execute(new QueryStatementCallback());
}
```

通过对 JdbcTemplate 执行操作的源码分析可以知道负责进行交互的方法是 execute，参数是 StatementCallback，在 query 方法中 StatementCallback 接口的实现类是 QueryStatementCallback 类，在 QueryStatementCallback 类中对 doInStatement 的实现逻辑如下。

（1）通过 Statement 对象将 SQL 语句提交，得到返回值 ResultSet 对象。

（2）将第（1）步中得到的 ResultSet 对象通过 ResultSetExtractor 接口提供的 extractData 方法进行处理得到返回值。

前面配合的是 RowMapperResultSetExtractor 对象，在该方法中参数 rse 就是 RowMapper-ResultSetExtractor 对象，具体的 extractData 方法就会执行 RowMapperResultSetExtractor 中的处理逻辑。

2.3.3 RowMapper 接口分析

在 query 方法中可以发现重度依赖参数 ResultSetExtractor，而参数 ResultSetExtractor 又需要依赖于 RowMapper 接口，因此对于 RowMapper 接口的分析很重要。RowMapper 接口的作用是从 ResultSet 对象中提取数据，这个提取数据操作需要通过实现 mapRow 方法来自定义。在 spring-jdbc 中提供的实现有如下 3 个。

（1）SingleColumnRowMapper。

（2）BeanPropertyRowMapper。

（3）ColumnMapRowMapper。

接下来将对 RowMapper 的上述 3 个实现进行说明。

1. SingleColumnRowMapper 对象分析

下面将对 SingleColumnRowMapper 对象进行分析，由于对象 SingleColumnRowMapper 是 RowMapper 接口的实现类，因此可以直接查看 mapRow 方法，具体代码如下。

```
@Override
@SuppressWarnings("unchecked")
@Nullable
public T mapRow(ResultSet rs, int rowNum) throws SQLException {
   // 获取 ResultSet 的元数据
   ResultSetMetaData rsmd = rs.getMetaData();
```

```
    // 获取总列数
    int nrOfColumns = rsmd.getColumnCount();
    // 如果列数不等于 1 就抛出异常
    if (nrOfColumns != 1) {
      throw new IncorrectResultSetColumnCountException(1, nrOfColumns);
    }

    // 将 rs 中的数据进行转换，转换目标是 requiredType 类型
    Object result = getColumnValue(rs, 1, this.requiredType);
    if (result != null && this.requiredType != null && !this.requiredType.isInstance
(result)) {
        try {
          return (T) convertValueToRequiredType(result, this.requiredType);
        }
        catch (IllegalArgumentException ex) {
          throw new TypeMismatchDataAccessException(
                "Type mismatch affecting row number " + rowNum + " and column type '" +
                rsmd.getColumnTypeName(1) + "': " + ex.getMessage());
        }
    }
    return (T) result;
}
```

在上述代码中主要处理流程如下。

（1）通过 ResultSet 从中获取 ResultSet 元数据。

（2）通过 ResultSet 元数据获取总列数，此时获取的总列数如果数量不等于 1 将抛出异常。

（3）将 ResultSet 中的数据进行转换，转换目标是成员变量 requiredType 的类型。当同时满足下面 3 个条件时则需要再次进行转换，如果不满足条件将直接返回。条件如下。

① 转换结果不为空。

② 转换类型（requiredType 变量）不为空。

③ 转换类型不是转换结果的接口类型。

在上述 3 个处理流程中需要关注两个方法。

（1）方法 getColumnValue，作用是从 ResultSet 中根据 requiredType 变量获取数据值。

（2）方法 convertValueToRequiredType，作用是进行进一步转换。

下面先对 getColumnValue 方法进行分析，主要处理代码如下。

```
@Nullable
protected Object getColumnValue(ResultSet rs, int index, @Nullable Class<?> requiredType)
throws SQLException {
    if (requiredType != null) {
      return JdbcUtils.getResultSetValue(rs, index, requiredType);
    }
    else {
      return getColumnValue(rs, index);
    }
}
```

在上述方法中有两个处理操作。

（1）根据索引和目标类型从 ResultSet 中获取数据结果。

（2）根据索引从 ResultSet 中获取数据结果。

上述两个操作的分支是判断 requiredType 是否为空，此处具体的获取方式为 ResultSet.getXXX，当 requiredType 不为空时 XXX 将转换为具体的数据类型，例如 requiredType 为 String 类型，getXXX 会转换为 getString，当 requiredType 为空时会变成 getObject。对此有兴趣的读者可以继续学习 JdbcUtils.getResultSetValue 方法和 getColumnValue 方法。

接下来对 convertValueToRequiredType 方法进行分析，主要处理代码如下。

```
@SuppressWarnings("unchecked")
@Nullable
protected Object convertValueToRequiredType(Object value, Class<?> requiredType) {
   if (String.class == requiredType) {
      return value.toString();
   }
   else if (Number.class.isAssignableFrom(requiredType)) {
      if (value instanceof Number) {
         return NumberUtils.convertNumberToTargetClass(((Number) value),
 (Class<Number>) requiredType);
      }
      else {
         return NumberUtils.parseNumber(value.toString(),(Class<Number>)
requiredType);
      }
   }
   else if (this.conversionService != null &&
this.conversionService.canConvert(value.getClass(), requiredType)) {
      return this.conversionService.convert(value, requiredType);
   }
   else {
      throw new IllegalArgumentException(
            "Value [" + value + "] is of type [" + value.getClass().getName() +
            "] and cannot be converted to required type [" + requiredType.getName() + "]");
   }
}
```

在上述代码中提到的转换方式有 3 种。

（1）当 requiredType 类型为 String 时的 toString 转换。

（2）当 requiredType 类型为 Number 的子类时的转换。

（3）当转换服务可以进行 value 类型和 requiredType 类型转换时的转换。

在上述 3 种转换方式中第 1 种方式的转换内容不多，主要关注后两种转换方式。在 Number 相关转换中提出了两种类型转换：第 1 种是 convertNumberToTargetClass；第 2 种是 parseNumber。两者的差异为前者不需要进行 value 转换为字符串，后者需要进行 value 先转换为字符串再进行目标类型的转换。最后是第 3 种转换方式，在第 3 种转换方式中需要使用转换服务（ConversionService），通过转换服务来进行对象转换。此处属于 SpringIoC 相关内容，本章不做描述。

2. BeanPropertyRowMapper 对象分析

下面将对 BeanPropertyRowMapper 对象进行分析，由于对象 BeanPropertyRowMapper 是 RowMapper 接口的实现类，因此可以直接查看 mapRow 方法，具体代码如下。

```
@Override
public T mapRow(ResultSet rs, int rowNumber) throws SQLException {
   Assert.state(this.mappedClass != null, "Mapped class was not specified");
   // 通过 BeanUtils 将 mappedClass 类型实例化
   T mappedObject = BeanUtils.instantiateClass(this.mappedClass);
   // 将 mappedObject 用 BeanWrapper 进行包装
   BeanWrapper bw = PropertyAccessorFactory.forBeanPropertyAccess(mappedObject);
   // 初始化 BeanWrapper
   initBeanWrapper(bw);

   // 获取 ResultSet 元数据
   ResultSetMetaData rsmd = rs.getMetaData();
   // 获取总列数
   int columnCount = rsmd.getColumnCount();
   Set<String> populatedProperties = (isCheckFullyPopulated() ? new HashSet<>() : null);

   for (int index = 1; index <= columnCount; index++) {
      // 列名
      String column = JdbcUtils.lookupColumnName(rsmd, index);
      // 字段名
      String field = lowerCaseName(StringUtils.delete(column, " "));
      // 属性描述对象
      PropertyDescriptor pd=(this.mappedFields!=null?this.mappedFields.get(field):null);
      if (pd != null) {
         try {
            // 获取数据值
            Object value = getColumnValue(rs, index, pd);
            if (rowNumber == 0 && logger.isDebugEnabled()) {
               logger.debug("Mapping column '" + column + "' to property '" + pd.getName()
+ "' of type '" + ClassUtils.getQualifiedName(pd.getPropertyType()) + "'");
            }
            try {
               // 通过 BeanWrapper 设置属性值
               bw.setPropertyValue(pd.getName(), value);
            }
            catch (TypeMismatchException ex) {
               if (value == null && this.primitivesDefaultedForNullValue) {
                  if (logger.isDebugEnabled()) {
                     logger.debug("Intercepted TypeMismatchException for row " +
rowNumber + " and column '" + column + "' with null value when setting property '" + pd.getName()
+ "' of type '" + ClassUtils.getQualifiedName(pd.getPropertyType()) +
                        "' on object: " + mappedObject, ex);
                  }
               }
               else {
```

```
                    throw ex;
                }
            }
            if (populatedProperties != null) {
                // 在属性值名称列表中添加数据
                populatedProperties.add(pd.getName());
            }
        }
        catch (NotWritablePropertyException ex) {
            throw new DataRetrievalFailureException(
                    "Unable to map column '" + column + "' to property '" + pd.getName()
+ "'", ex);
        }
    }
    else {
        if (rowNumber == 0 && logger.isDebugEnabled()) {
            logger.debug("No property found for column '" + column + "' mapped to field
'" + field + "'");
        }
    }
}

if (populatedProperties != null && !populatedProperties.equals(this.mappedProperties)) {
    throw new InvalidDataAccessApiUsageException("Given ResultSet does not contain
all fields " + "necessary to populate object of class [" + this.mappedClass.getName() +
"]: " + this.mappedProperties);
}

return mappedObject;
}
```

从上述代码中可以发现，BeanPropertyRowMapper 的 mapRow 方法主要围绕 BeanWrapper 进行处理，具体处理细节如下。

（1）通过 BeanUtils 将 mappedClass 对象的实际类型进行实例化。

（2）通过 PropertyAccessorFactory 将第（1）步中实例化的结果进行 BeanWrapper 包装。

（3）初始化 BeanWrapper 对象，主要目的是进行转换服务的设置。

（4）从 ResultSet 对象中获取 ResultSet 元数据和总列数。

在得到总列数后会进行如下操作。

（1）从 ResultSet 元数据中获取当前处理的列名。

（2）将得到的列名进行首字母小写处理并删除多余的空格。

（3）获取属性描述符对象，获取方式是从 mappedFields 对象中根据首字母小写的列名获取。

（4）根据索引和属性描述符从 ResultSet 中获取数据。

（5）通过 BeanWrapper 的 setPropertyValue 将第（4）步得到的数据进行属性设置。

（6）将 BeanWrapper 对象中的实际对象返回。

在 BeanPropertyRowMapper 的 mapRow 方法处理过程中主要依赖于 BeanWrapper，通过 BeanWrapper 对象来对属性进行赋值从而将数据对象包装完成，主要方法是 setPropertyValue，该方法可以理解为已知字段名称和数据通过反射进行字段赋值。

3. ColumnMapRowMapper 对象分析

下面将对 ColumnMapRowMapper 对象进行分析。由于对象 ColumnMapRowMapper 是 RowMapper 接口的实现类，因此可以直接查看 mapRow 方法，具体代码如下。

```
@Override
public Map<String, Object> mapRow(ResultSet rs, int rowNum) throws SQLException {
  ResultSetMetaData rsmd = rs.getMetaData();
  int columnCount = rsmd.getColumnCount();
  Map<String, Object> mapOfColumnValues = createColumnMap(columnCount);
  for (int i = 1; i <= columnCount; i++) {
    String column = JdbcUtils.lookupColumnName(rsmd, i);
    mapOfColumnValues.putIfAbsent(getColumnKey(column), getColumnValue(rs, i));
  }
  return mapOfColumnValues;
}
```

上述代码的主要操作流程如下。

（1）获取 ResultSet 元数据。

（2）获取总列数。

（3）创建返回值存储容器。

（4）循环处理每列数据，单列的处理逻辑如下。

① 通过 JdbcUtils 从 ResultSet 元数据中获取列名。

② 通过索引从 ResultSet 中获取数据值。

③ 将列名和数据值放入存储容器中。

2.3.4 ResultSetExtractor 对象分析

在分析 query 方法时可以看到第三个参数是 ResultSetExtractor，它是一个接口类型，在 spring-jdbc 中存在 4 个子类，分别如下。

（1）AbstractLobStreamingResultSetExtractor。

（2）SqlRowSetResultSetExtractor。

（3）RowCallbackHandlerResultSetExtractor。

（4）RowMapperResultSetExtractor。

在前面已经分析了 RowMapperResultSetExtractor，它是通过 RowMapper 接口从 ResultSet 中将数据进行转换并返回的。下面将对其他 3 个子类进行分析。

1. AbstractLobStreamingResultSetExtractor 对象分析

下面将对 AbstractLobStreamingResultSetExtractor 对象进行分析，由于对象 AbstractLobStreamingResultSetExtractor 是 ResultSetExtractor 接口的实现类，因此可以直接查看 extractData 方法，具体代码如下。

```
@Override
@Nullable
public final T extractData(ResultSet rs) throws SQLException, DataAccessException {
  if (!rs.next()) {
    handleNoRowFound();
  }
```

```
    else {
      try {
        streamData(rs);
        if (rs.next()) {
          handleMultipleRowsFound();
        }
      }
      catch (IOException ex) {
        throw new LobRetrievalFailureException("Could not stream LOB content", ex);
      }
    }
    return null;
  }
```

上述代码主要处理逻辑如下。

（1）判断 ResultSet 中是否还有数据需要处理，如果没有则抛出异常。

（2）如果 ResultSet 中有需要处理的数据将通过 streamData 方法进行处理。处理完毕后判断 ResultSet 中是否还有下一个数据需要处理，如果有则抛出异常。

在这个处理流程中需要注意两点。

（1）streamData 为抽象方法，在 spring-jdbc 项目中，目前 AbstractLobStreamingResultSetExtractor 类并未出现子类实现（非测试类）。

（2）返回值为 null。

2. SqlRowSetResultSetExtractor 对象分析

下面将对 SqlRowSetResultSetExtractor 对象进行分析，由于对象 SqlRowSetResultSetExtractor 是 ResultSetExtractor 接口的实现类，因此可以直接查看 extractData 方法，具体代码如下。

```
@Override
public SqlRowSet extractData(ResultSet rs) throws SQLException {
  return createSqlRowSet(rs);
}
```

在上述代码中主要处理流程是创建 SqlRowSet 接口的实现类，实现类具体类型是 ResultSetWrappingSqlRowSet，具体创建代码如下。

```
protected SqlRowSet createSqlRowSet(ResultSet rs) throws SQLException {
  CachedRowSet rowSet = newCachedRowSet();
  rowSet.populate(rs);
  return new ResultSetWrappingSqlRowSet(rowSet);
}
```

在这个创建过程中最终要的是 ResultSetWrappingSqlRowSet 对象的构造方法，具体代码如下。

```
public ResultSetWrappingSqlRowSet(ResultSet resultSet) throws
InvalidResultSetAccessException {
  this.resultSet = resultSet;
  try {
    this.rowSetMetaData = new
ResultSetWrappingSqlRowSetMetaData(resultSet.getMetaData());
  }
```

```
    catch (SQLException se) {
      throw new InvalidResultSetAccessException(se);
    }
    try {
      ResultSetMetaData rsmd = resultSet.getMetaData();
      if (rsmd != null) {
        int columnCount = rsmd.getColumnCount();
        this.columnLabelMap = new HashMap<>(columnCount);
        for (int i = 1; i <= columnCount; i++) {
          String key = rsmd.getColumnLabel(i);
          if (!this.columnLabelMap.containsKey(key)) {
            this.columnLabelMap.put(key, i);
          }
        }
      }
      else {
        this.columnLabelMap = Collections.emptyMap();
      }
    }
    catch (SQLException se) {
      throw new InvalidResultSetAccessException(se);
    }

}
```

在这个构造方法中，主要目的是完成 3 个成员变量的初始化。

（1）成员变量 resultSet，用于存储结果集合。

（2）成员变量 rowSetMetaData，用于存储 ResultSet 元数据。

（3）成员变量 columnLabelMap，用于存储列名和索引之间的映射关系。

3. RowCallbackHandlerResultSetExtractor 对象分析

下面将对 RowCallbackHandlerResultSetExtractor 对象进行分析，由于对象 RowCallback-HandlerResultSetExtractor 是 ResultSetExtractor 接口的实现类，因此可以直接查看 extractData 方法，具体代码如下。

```
@Override
@Nullable
public Object extractData(ResultSet rs) throws SQLException {
  while (rs.next()) {
    this.rch.processRow(rs);
  }
  return null;
}
```

在这段代码中，主要依赖 rch 进行 ResultSet 的处理，需要注意的是返回值为 null。

2.4　JdbcTemplate 中的更新操作分析

本节将对 JdbcTemplate 中的更新操作进行分析，下面先来看一个最为简单的 update 方法调用，该方法只需要将更新的 SQL 语句作为参数进行传递即可，具体处理代码如下。

```
@Override
public int update(final String sql) throws DataAccessException {

   class UpdateStatementCallback implements StatementCallback<Integer>, SqlProvider {
      @Override
      public Integer doInStatement(Statement stmt) throws SQLException {
         int rows = stmt.executeUpdate(sql);
         if (logger.isTraceEnabled()) {
            logger.trace("SQL update affected " + rows + " rows");
         }
         return rows;
      }
      @Override
      public String getSql() {
         return sql;
      }
   }

   return updateCount(execute(new UpdateStatementCallback()));
}
```

上述代码的主要处理流程如下。

（1）创建 UpdateStatementCallback 对象，该对象的 doInStatement 方法是通过 Statement 对象进行数据更新的。

（2）通过 execute 方法传递 UpdateStatementCallback 对象。

（3）通过 updateCount 返回处理数量。

在这个处理过程中，已经了解的方法有 execute，下面对 updateCount 方法进行分析，具体代码如下。

```
private static int updateCount(@Nullable Integer result) {
   Assert.state(result != null, "No update count");
   return result;
}
```

在上述代码中，主要处理操作为判断处理数量是否为空，如果不为空则返回，否则则抛出异常。

2.4.1 配合 PreparedStatementCreator 和 PreparedStatementSetter 的更新操作

本节将对 update 方法族中 PreparedStatementCreator 和 PreparedStatementCallback 的更新操作进行分析，具体处理代码如下。

```
protected int update(final PreparedStatementCreator psc, @Nullable final
PreparedStatementSetter pss)
      throws DataAccessException {

   logger.debug("Executing prepared SQL update");
```

```
    return updateCount(execute(psc, ps -> {
        try {
            if (pss != null) {
                pss.setValues(ps);
            }
            int rows = ps.executeUpdate();
            if (logger.isTraceEnabled()) {
                logger.trace("SQL update affected " + rows + " rows");
            }
            return rows;
        }
        finally {
            if (pss instanceof ParameterDisposer) {
                ((ParameterDisposer) pss).cleanupParameters();
            }
        }
    }));
}
```

在这段代码中可以发现，execute 方法使用的是 PreparedStatementCreator 参数和 PreparedStatementCallback 参数，在分析 execute 方法时可以确认核心处理是通过第二个参数 PreparedStatementCallback 进行处理的，在该方法中主要处理流程如下。

（1）参数 PreparedStatementSetter 不为空的情况下将 ps 设置为 PreparedStatementSetter。

（2）通过 ps 进行更新操作，更新完成后获取更新行号并将更新行号返回。

（3）当参数 PreparedStatementSetter 类型为 ParameterDisposer 时进行参数清理操作。

注意，上述提到的 ps 对象的实际类型是 PreparedStatement。

2.4.2　配合 SQL 的批量更新

本节将对配合 SQL 的批量更新进行源码分析，主要处理代码如下。

```
@Override
public int[] batchUpdate(final String... sql) throws DataAccessException {
    Assert.notEmpty(sql, "SQL array must not be empty");
    if (logger.isDebugEnabled()) {
        logger.debug("Executing SQL batch update of " + sql.length + " statements");
    }

    class BatchUpdateStatementCallback implements StatementCallback<int[]>, SqlProvider {

        @Nullable
        private String currSql;

        @Override
        public int[] doInStatement(Statement stmt) throws SQLException,
DataAccessException {
            int[] rowsAffected = new int[sql.length];
            if (JdbcUtils.supportsBatchUpdates(stmt.getConnection())) {
                // 循环需要处理的 SQL 语句列表
```

```
            for (String sqlStmt : sql) {
                // 进行 SQL 语句组合
                this.currSql = appendSql(this.currSql, sqlStmt);
                // 添加需要批量执行的 SQL 语句
                stmt.addBatch(sqlStmt);
            }
            try {
                // 执行 SQL 语句
                rowsAffected = stmt.executeBatch();
            }
            catch (BatchUpdateException ex) {
                String batchExceptionSql = null;
                for (int i = 0; i < ex.getUpdateCounts().length; i++) {
                    if (ex.getUpdateCounts()[i] == Statement.EXECUTE_FAILED) {
                        batchExceptionSql = appendSql(batchExceptionSql, sql[i]);
                    }
                }
                if (StringUtils.hasLength(batchExceptionSql)) {
                    this.currSql = batchExceptionSql;
                }
                throw ex;
            }
        }
        else {
            for (int i = 0; i < sql.length; i++) {
                this.currSql = sql[i];
                // 执行单条 SQL 语句
                if (!stmt.execute(sql[i])) {
                    rowsAffected[i] = stmt.getUpdateCount();
                }
                else {
                    throw new InvalidDataAccessApiUsageException("Invalid batch SQL
statement: " + sql[i]);
                }
            }
        }
        return rowsAffected;
    }

    private String appendSql(@Nullable String sql, String statement) {
        return (StringUtils.hasLength(sql) ? sql + "; " + statement : statement);
    }

    @Override
    @Nullable
    public String getSql() {
        return this.currSql;
    }
}
```

```
    int[] result = execute(new BatchUpdateStatementCallback());
    Assert.state(result != null, "No update counts");
    return result;
}
```

在这段代码中主要关注的是 BatchUpdateStatementCallback 对象的 doInStatement 方法，BatchUpdateStatementCallback 对象实现了 StatementCallback 接口，在这个基础上会调用 execute 和 StatementCallback 的方法进行处理。下面对 doInStatement 方法进行分析，在该方法中主要处理了两种批量更新模式。

（1）数据库支持批量更新通过 SQL 语句的组合放入 Statement 对象中，再一次性提交所有 SQL 语句。

（2）数据库不支持批量更新通过循环 SQL 语句列表一条一条执行 SQL 语句。

2.5　PreparedStatementCreator 和 PreparedStatementSetter 接口分析

在分析 JdbcTemplate 对象的更新操作和执行操作时遇到了 PreparedStatementCreator 接口和 PreparedStatementSetter 接口。

在 spring-jdbc 中，关于 PreparedStatementCreator 接口的实现类有如下两个。

（1）PreparedStatementCreatorImpl。

（2）SimplePreparedStatementCreator。

在 spring-jdbc 中，关于 PreparedStatementSetter 接口的实现类有如下 3 个。

（1）ArgumentTypePreparedStatementSetter。

（2）PreparedStatementCreatorImpl。

（3）ArgumentPreparedStatementSetter。

本节后续将会对上述 5 个类进行分析。

2.5.1　PreparedStatementCreatorImpl 对象分析

本节将分析 PreparedStatementCreatorImpl 对象，首先查看 PreparedStatementCreatorImpl 对象的成员变量，PreparedStatementCreatorImpl 中有如下两个成员变量。

（1）成员变量 actualSql，用于存储需要执行的 SQL 语句，类型是字符串。

（2）成员变量 parameters，用户存储的参数列表，类型是列表。

在 PreparedStatementCreatorImpl 对象中第一个需要关注的是构造方法，具体代码如下。

```
public PreparedStatementCreatorImpl(String actualSql, List<?> parameters) {
    this.actualSql = actualSql;
    Assert.notNull(parameters, "Parameters List must not be null");
    this.parameters = parameters;
    if (this.parameters.size() != declaredParameters.size()) {
        Set<String> names = new HashSet<>();
        for (int i = 0; i < parameters.size(); i++) {
            Object param = parameters.get(i);
            if (param instanceof SqlParameterValue) {
```

```
            names.add(((SqlParameterValue) param).getName());
         }
         else {
            names.add("Parameter #" + i);
         }
      }
      if (names.size() != declaredParameters.size()) {
         throw new InvalidDataAccessApiUsageException(
               "SQL [" + sql + "]: given " + names.size() +
               " parameters but expected " + declaredParameters.size());
      }
   }
}
```

在这个构造方法中，除了两个成员变量的赋值以外，还会进行一个额外的参数验证，执行验证的前提是当参数 parameters 列表中的元素数量和 declaredParameters 的元素数量不相同才需要处理，具体验证处理过程如下。

（1）提取参数 parameters 中的参数名称。当元素类型是 SqlParameterValue 时通过 getName 方法获取参数名称，反之则进行字符串拼接并放入 names 中。

（2）在处理完成所有的 parameters 元素后判断 names 列表中的元素数量是否和 declaredParameters 的元素数量相同，若不相同则抛出异常。

接下来对 createPreparedStatement 方法进行分析，该方法是 PreparedStatementCreator 的方法，具体实现代码如下。

```
@Override
public PreparedStatement createPreparedStatement(Connection con) throws SQLException
{
   PreparedStatement ps;
   if (generatedKeysColumnNames != null || returnGeneratedKeys) {
      if (generatedKeysColumnNames != null) {
         ps = con.prepareStatement(this.actualSql, generatedKeysColumnNames);
      }
      else {
         ps = con.prepareStatement(this.actualSql,
PreparedStatement.RETURN_GENERATED_KEYS);
      }
   }
   else if (resultSetType == ResultSet.TYPE_FORWARD_ONLY && !updatableResults) {
      ps = con.prepareStatement(this.actualSql);
   }
   else {
      ps = con.prepareStatement(this.actualSql, resultSetType,
         updatableResults ? ResultSet.CONCUR_UPDATABLE :
ResultSet.CONCUR_READ_ONLY);
   }
   setValues(ps);
   return ps;
}
```

在 createPreparedStatement 方法处理过程中，主要目的有如下两个。

（1）通过数据库链接对象创建 PreparedStatement 对象用于返回值。

（2）为 PreparedStatement 进行数据设置。

在第一个操作过程中，关于 PreparedStatement 对象的创建使用的是 prepareStatement 方法，prepareStatement 方法和 createPreparedStatement 方法的差异是不同的参数信息，具体差异参数如下。

（1）SQL 语句+列名。

（2）SQL 语句+autoGeneratedKeys。

（3）只有 SQL 语句。

（4）SQL 语句+返回值类型+resultSetConcurrency。

在这 4 个不同的参数列表中需要关注下面两个变量表，关于 autoGeneratedKeys 的数据可选项可以查看表 2.1 所示的 autoGeneratedKeys 数据说明，关于 resultSetConcurrency 的数据可选项可以查看表 2.2 所示的 resultSetConcurrency 说明。

表 2.1　autoGeneratedKeys 数据说明

变量名称	变量含义
java.sql.Statement#CLOSE_ALL_RESULTS	ResultSet 在调用时应关闭所有先前保持打开状态的常量 getMoreResults
java.sql.Statement#CLOSE_CURRENT_RESULT	ResultSet 在调用时应关闭当前对象的常数 getMoreResults
java.sql.Statement#EXECUTE_FAILED	执行批处理语句时发生错误的常量
java.sql.Statement#KEEP_CURRENT_RESULT	ResultSet 在调用时不应关闭当前对象的常数 getMoreResults
java.sql.Statement#NO_GENERATED_KEYS	生成的密钥不应用于检索的常量
java.sql.Statement#RETURN_GENERATED_KEYS	生成的密钥可应用于检索的常数
SUCCESS_NO_INFO	该常量指示批处理语句已成功执行，但没有影响到行数的计数

表 2.2　resultSetConcurrency 说明

变量名称	变量含义
CLOSE_CURSORS_AT_COMMIT	在提交事务后，ResultSet 将保存相关数据
CONCUR_READ_ONLY	只允许读取 ResultSet 对象，无法对其进行更新
CONCUR_UPDATABLE	允许更新 ResultSet 对象
FETCH_FORWARD	结果集中的行将向前处理的常数；从前向后处理
FETCH_REVERSE	结果集中的行将以相反方向处理的常数；从后向前处理
FETCH_UNKNOWN	结果集中的行将被处理的顺序的常数是未知的
HOLD_CURSORS_OVER_COMMIT	与 CLOSE_CURSORS_AT_COMMIT 不同的是，在提交事务后 ResultSet 可用
TYPE_FORWARD_ONLY	ResultSet 支持 forward 操作
TYPE_SCROLL_INSENSITIVE	ResultSet 支持 backforward、random、last 和 first 操作，对其他会话中的数据库做出的操作不敏感
TYPE_SCROLL_SENSITIVE	ResultSet 支持 backforward、random、last 和 first 操作，对其他会话中的数据库做出的操作敏感

下面将对 setValues 方法进行分析，具体处理代码如下。

```
@Override
public void setValues(PreparedStatement ps) throws SQLException {
   int sqlColIndx = 1;
   for (int i = 0; i < this.parameters.size(); i++) {
      Object in = this.parameters.get(i);
      SqlParameter declaredParameter;
      // 推论 SqlParameter 对象
      if (in instanceof SqlParameterValue) {
         SqlParameterValue paramValue = (SqlParameterValue) in;
         in = paramValue.getValue();
         declaredParameter = paramValue;
      }
      else {
         if (declaredParameters.size() <= i) {
            throw new InvalidDataAccessApiUsageException(
                  "SQL [" + sql + "]: unable to access parameter number " + (i + 1) +
                  " given only " + declaredParameters.size() + " parameters");

         }
         declaredParameter = declaredParameters.get(i);
      }
      // 进行 SqlStatement 对象赋值
      if (in instanceof Iterable && declaredParameter.getSqlType() != Types.ARRAY) {
         Iterable<?> entries = (Iterable<?>) in;
         for (Object entry : entries) {
            if (entry instanceof Object[]) {
               Object[] valueArray = (Object[]) entry;
               for (Object argValue : valueArray) {
                  StatementCreatorUtils.setParameterValue(ps, sqlColIndx++,
declaredParameter, argValue);
               }
            }
            else {
               StatementCreatorUtils.setParameterValue(ps, sqlColIndx++,
declaredParameter, entry);
            }
         }
      }
      else {
         StatementCreatorUtils.setParameterValue(ps, sqlColIndx++, declaredParameter, in);
      }
   }
}
```

在这个方法中，主要围绕 parameters 进行单个元素的处理，处理目标是为 SqlStatement 进行数据值的设置，具体单个元素的处理细节如下。

（1）推论需要进行设置的数据对象值。

（2）通过 StatementCreatorUtils 中提供的 setParameterValue 方法进行数据值设置。

下面对于推论数据值进行分析。这个推论流程为：从 parameters 集合中提取一个元素，判断该元素是不是 SqlParameterValue 类型，如果是 SqlParameterValue 类型则直接作为推论结果，如果不是则需要从 declaredParameters 对象的集合中获取。注意，declaredParameters 对象的集合数据可能存在也可能不存在，如果 declaredParameters 对象中集合元素数量少于当前处理的索引值将抛出异常。

在完成需要设置的数据值推论后就需要进行数据值设置，在进行设置前还需要进行一次判断，通过这个判断会进行 Iterable 相关的数据值设置操作，不通过这个判断将直接进行数据设置。具体判断内容有两个，需要同时满足才会进行 Iterable 相关的数据值设置操作。

（1）当前正在处理的对象是 Iterable 类型，当前正在处理的对象是指 parameters 中的元素。

（2）推论值 declaredParameter 的 SQL 类型不是 java.sql.Types#ARRAY。

在进行数据设置时都需要使用 StatementCreatorUtils.setParameterValue 方法，这个方法主要是进行 PreparedStatement 设置，具体方法可以有如下 3 种（不完全举例）。

（1）方法 setString，用于设置 String 类型的数据。

（2）方法 setBigDecimal，用于设置 BigDecimal 类型的数据。

（3）方法 setBoolean，用于设置 Boolean 类型的数据。

2.5.2　SimplePreparedStatementCreator 对象分析

本节将分析 SimplePreparedStatementCreator 对象，该对象是 CallableStatementCreator 的实现类，具体实现代码如下。

```
@Override
public CallableStatement createCallableStatement(Connection con) throws SQLException {
    return con.prepareCall(this.callString);
}
```

在这段代码中，通过数据库链接对象的 prepareCall 方法创建 CallableStatement 对象，创建所需的参数是需要执行的 SQL 语句。

2.5.3　ArgumentTypePreparedStatementSetter 对象分析

本节将分析 ArgumentTypePreparedStatementSetter 对象，在这个对象中有如下两个成员变量。

（1）成员变量 args，用于存储参数值列表。

（2）成员变量 argTypes，用于存储参数类型列表。

对象 ArgumentTypePreparedStatementSetter 是 PreparedStatementSetter 的实现类。关于 setValues 方法的处理代码如下。

```
@Override
public void setValues(PreparedStatement ps) throws SQLException {
    int parameterPosition = 1;
    // 判断数据值列表是否为空，判断参数列表是否为空
    if (this.args != null && this.argTypes != null) {
        for (int i = 0; i < this.args.length; i++) {
            Object arg = this.args[i];
            // 判断单个元素是否为集合
```

```
            if (arg instanceof Collection && this.argTypes[i] != Types.ARRAY) {
               Collection<?> entries = (Collection<?>) arg;
               for (Object entry : entries) {
                  if (entry instanceof Object[]) {
                     Object[] valueArray = ((Object[]) entry);
                     for (Object argValue : valueArray) {
                        doSetValue(ps, parameterPosition, this.argTypes[i], argValue);
                        parameterPosition++;
                     }
                  }
                  else {
                     doSetValue(ps, parameterPosition, this.argTypes[i], entry);
                     parameterPosition++;
                  }
               }
            }
            else {
               doSetValue(ps, parameterPosition, this.argTypes[i], arg);
               parameterPosition++;
            }
         }
      }
   }
```

在上述代码中主要进行设置的操作是由 doSetValue 方法进行的，在 doSetValue 方法中负责设置的操作具体依赖于 StatementCreatorUtils.setParameterValue 方法，该方法在前面已经讲述，其作用在本处不做说明。在这个方法处理过程中提供了两种设置方式，这两种方式分别如下。

（1）集合类型的设置。

（2）非集合类型的设置。

2.5.4 ArgumentPreparedStatementSetter 对象分析

本节将分析 ArgumentPreparedStatementSetter 对象，在这个对象中有一个成员变量 args，用于存储参数值列表。

对象 ArgumentPreparedStatementSetter 是 PreparedStatementSetter 的实现类。关于 setValues 方法的处理代码如下。

```
@Override
public void setValues(PreparedStatement ps) throws SQLException {
   if (this.args != null) {
      for (int i = 0; i < this.args.length; i++) {
         Object arg = this.args[i];
         doSetValue(ps, i + 1, arg);
      }
   }
}
```

将 ArgumentPreparedStatementSetter 和 ArgumentTypePreparedStatementSetter 对比，在 ArgumentTypePreparedStatementSetter 中关于 setValues 的处理操作增加了类型相关的处理，在 ArgumentPreparedStatementSetter 处理中仅仅是 StatementCreatorUtils.setParameterValue 方法的调用。

2.6　NamedParameterJdbcTemplate 分析

本节将分析 NamedParameterJdbcTemplate。NamedParameterJdbcTemplate 与 JdbcTemplate 相比，它在原有 JdbcTemplate 的基础上增加了支持命名参数的特性。接下来将对 NamedParameterJdbcTemplate 的使用做简单说明。在 NamedParameterJdbcTemplate 中提供了如下两种构造方法。

（1）通过 DataSource 进行构造，具体代码如下。

```
public NamedParameterJdbcTemplate(DataSource dataSource) {
   Assert.notNull(dataSource, "DataSource must not be null");
   this.classicJdbcTemplate = new JdbcTemplate(dataSource);
}
```

（2）通过 JdbcOperations 进行构造，具体代码如下。

```
public NamedParameterJdbcTemplate(JdbcOperations classicJdbcTemplate) {
   Assert.notNull(classicJdbcTemplate, "JdbcTemplate must not be null");
   this.classicJdbcTemplate = classicJdbcTemplate;
}
```

在这两种构造方法中可以发现，前者通过 DataSource 在构造方法内部创建了 JdbcTemplate 对象，后者中 JdbcOperations 作为参数，在 spring-jdbc 中最为熟知且常用的对象是 JdbcTemplate。在了解了这两项内容后开始编写测试用例，首先创建一个类，类名为 NamedParameterJdbcTemplateDemo，具体代码如下。

```
@Configuration
public class NamedParameterJdbcTemplateDemo {
   @Bean
   public DataSource mysqlDataSource() {
      DriverManagerDataSource dataSource = new DriverManagerDataSource();
      dataSource.setDriverClassName("");
      dataSource.setUrl("");
      dataSource.setUsername("");
      dataSource.setPassword("");
      return dataSource;
   }

   @Bean
   public NamedParameterJdbcTemplate namedParameterJdbcTemplateDatasource(
         @Qualifier("mysqlDataSource") DataSource dataSource
   ){
      return new NamedParameterJdbcTemplate(dataSource);
   }
   public static void main(String[] args) {
      AnnotationConfigApplicationContext context = new
AnnotationConfigApplicationContext(NamedParameterJdbcTemplateDemo.class);
      NamedParameterJdbcTemplate template =
context.getBean("namedParameterJdbcTemplateDatasource",NamedParameterJdbcTemplate.class);
      Map<String, Object> paramMap = new HashMap<>();
      paramMap.put("id", "10");
      paramMap.put("name", "小明");
      template.update(
```

```
            "insert into t_user(id,name) values (:id,:name)",
            paramMap
        );
    }
}
```

在这段代码中，需要读者填写的内容如下。

（1）数据库链接地址。

（2）数据库驱动。

（3）数据库用户名称。

（4）数据库密码。

在上述代码中演示了通过 DataSource 进行 NamedParameterJdbcTemplate 创建的过程，此外还对一个 insert 语句配合参数表进行简单使用。下面将介绍通过 JdbcOperations 构造 NamedParameterJdbcTemplate，具体代码如下。

```
@Bean
public JdbcTemplate jdbcTemplate(
    DataSource mysqlDataSource
) {
  JdbcTemplate jdbcTemplate = new JdbcTemplate();
  jdbcTemplate.setDataSource(mysqlDataSource);
  jdbcTemplate.setLazyInit(false);
  return jdbcTemplate;
}

@Bean
public NamedParameterJdbcTemplate namedParameterJdbcTemplateJdbcOperation(
    @Qualifier("jdbcTemplate") JdbcTemplate jdbcTemplate
){
  return new NamedParameterJdbcTemplate(jdbcTemplate);
}
```

在 NamedParameterJdbcTemplate 对象中提供了 execute（执行）、update（更新）和 query（查询）3 个方法，下面将对这 3 个方法进行相关分析。

2.6.1 NamedParameterJdbcTemplate 中的执行操作

接下来将对执行操作进行相关分析，首先查看下面代码。

```
@Override
@Nullable
public <T> T execute(String sql, SqlParameterSource paramSource,
PreparedStatementCallback<T> action)
    throws DataAccessException {

  return getJdbcOperations().execute(getPreparedStatementCreator(sql,paramSource),action);
}
```

在这段代码中可以发现，需要通过 JdbcOperations 提供的 execute 方法完成具体的 SQL 语句执行，具体需要关注第一个参数 PreparedStatementCreator，该参数在这段代码中通过 getPreparedStatementCreator 方法生成，具体处理代码如下。

```
protected PreparedStatementCreator getPreparedStatementCreator(String sql,
SqlParameterSource paramSource) {
  return getPreparedStatementCreator(sql, paramSource, null);
}
protected PreparedStatementCreator getPreparedStatementCreator(String sql,
SqlParameterSource paramSource, @Nullable Consumer<PreparedStatementCreatorFactory>
customizer) {

    ParsedSql parsedSql = getParsedSql(sql);
    PreparedStatementCreatorFactory pscf =
getPreparedStatementCreatorFactory(parsedSql, paramSource);
    if (customizer != null) {
       customizer.accept(pscf);
    }
    Object[] params = NamedParameterUtils.buildValueArray(parsedSql, paramSource,
null);
    return pscf.newPreparedStatementCreator(params);
}
```

在 getPreparedStatementCreator 代码中，主要处理流程如下。

（1）进行 SQL 语句解析得到 ParsedSql 对象。

（2）通过 ParsedSql 对象和参数列表创建 PreparedStatementCreatorFactory 对象。

（3）通过 ParsedSql 对象和参数列表求得最终的参数值。

（4）通过 PreparedStatementCreatorFactory 对象提供的 newPreparedStatementCreator 方法配合第（3）步的参数值得到 PreparedStatementCreator 对象。

接下来将对上述流程中所用到的方法进行分析。

（1）方法 getParsedSql，作用是对 SQL 语句进行解析。

（2）方法 getPreparedStatementCreatorFactory，作用是创建 PreparedStatementCreatorFactory 对象。

（3）方法 NamedParameterUtils.buildValueArray，作用是提取参数值。

（4）方法 newPreparedStatementCreator，作用是创建 PreparedStatementCreator 接口的实现类。

1. getParsedSql 方法分析

下面将对 getParsedSql 方法进行分析，具体处理代码如下。

```
protected ParsedSql getParsedSql(String sql) {
  if (getCacheLimit() <= 0) {
    return NamedParameterUtils.parseSqlStatement(sql);
  }
  synchronized (this.parsedSqlCache) {
    ParsedSql parsedSql = this.parsedSqlCache.get(sql);
    if (parsedSql == null) {
      parsedSql = NamedParameterUtils.parseSqlStatement(sql);
      this.parsedSqlCache.put(sql, parsedSql);
    }
    return parsedSql;
  }
}
```

在这段代码中，可以分为两类执行逻辑。

（1）存在缓存的处理。

（2）不存在缓存的处理。

关于上述两者的处理逻辑判断条件是成员变量 cacheLimit（缓存容量）是否大于 0，若大于 0 则需要进行缓存处理，若小于或等于 0 则不需要。注意，cacheLimit 的默认值是 256。在这段代码中，核心的处理代码是 NamedParameterUtils.parseSqlStatement。下面将前文的 SQL 语句单独使用该方法进行处理，编写下面代码。

```
ParsedSql parsedSql = NamedParameterUtils.parseSqlStatement("insert into t_user(id,name) values (:id,:name)");
```

通过执行上述代码可以得到 parsedSql 对象，具体信息如图 2.6 所示。

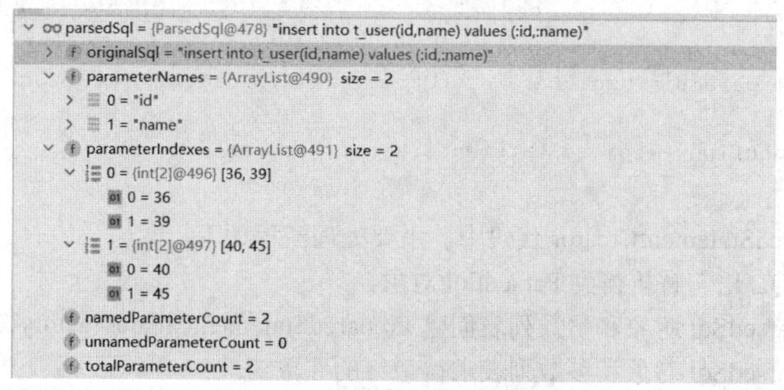

图 2.6 parsedSql 对象信息

在图 2.6 中可以发现，ParsedSql 对象存在 6 个成员变量，关于这 6 个成员变量的信息可查看表 2.3 所示的 ParsedSql 成员变量表。

表 2.3 ParsedSql 成员变量表

属性名称	属性类型	属性说明
originalSql	String	用于存储待解析的 SQL 语句
parameterNames	List<String>	用于存储 SQL 语句中的参数名称
parameterIndexes	List<int[]>	用于存储 SQL 语句中的参数索引。注意，元素是 int 数组，一般长度为 2，第一位存储冒号索引，第二位存储参数名称最后一个字符索引
namedParameterCount	int	参数名称数量
unnamedParameterCount	int	未知参数名称数量
totalParameterCount	int	参数名称总数量

2. getPreparedStatementCreatorFactory 方法分析

下面将对 getPreparedStatementCreatorFactory 方法进行分析，具体处理代码如下。

```
protected PreparedStatementCreatorFactory getPreparedStatementCreatorFactory(
      ParsedSql parsedSql, SqlParameterSource paramSource) {

   String sqlToUse = NamedParameterUtils.substituteNamedParameters(parsedSql, paramSource);
   List<SqlParameter> declaredParameters =
NamedParameterUtils.buildSqlParameterList(parsedSql, paramSource);
```

```
    return new PreparedStatementCreatorFactory(sqlToUse, declaredParameters);
}
```

在上述代码中，主要处理流程有如下 3 步。

（1）将带有参数名称的 SQL 语句进行替换，替换目标是问号。

（2）提取参数名称。

（3）创建 PreparedStatementCreatorFactory 对象。

下面先来查看第（1）步中得到的数据信息，具体如图 2.7 所示。

```
> sqlToUse = "insert into t_user(id,name) values (?,?)"
```

图 2.7 SQL 语句替换结果

第（2）步中得到的数据信息如图 2.8 所示。

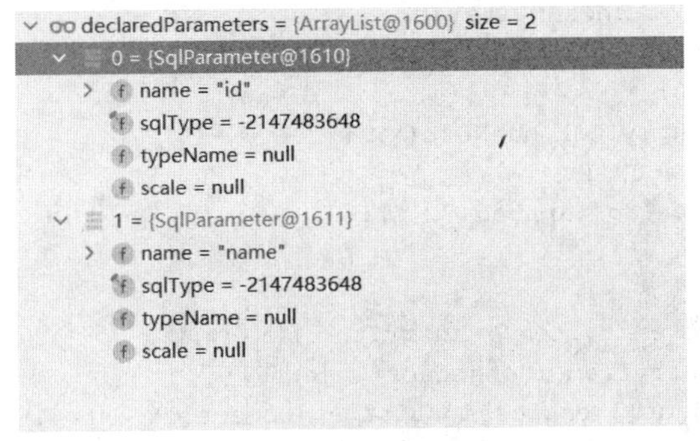

图 2.8 参数名提取结果

第（3）步中得到的数据信息如图 2.9 所示。

```
new PreparedStatementCreatorFactory(sqlToUse, declaredParameters) = {PreparedStat
  > sql = "insert into t_user(id,name) values (?,?)"
  > declaredParameters = {ArrayList@1600} size = 2
    resultSetType = 1003
    updatableResults = false
    returnGeneratedKeys = false
    generatedKeysColumnNames = null
```

图 2.9 PreparedStatementCreatorFactory 对象信息

下面对第（1）步的细节进行分析，在前面对 ParsedSql 分析时已经确认了参数名称的索引位，具体参数是 parameterIndexes，既然是进行替换那么还需要原有 SQL 语句，通过原有 SQL 语句配合索引区间将索引区间值替换为问号“？”即可完成处理。这部分的具体处理代码如下。

```
public static String substituteNamedParameters(ParsedSql parsedSql, @Nullable
SqlParameterSource paramSource) {
    // 提取带有参数名称的 SQL 语句
    String originalSql = parsedSql.getOriginalSql();
    // 提取参数名称
    List<String> paramNames = parsedSql.getParameterNames();
    if (paramNames.isEmpty()) {
        return originalSql;
    }
    StringBuilder actualSql = new StringBuilder(originalSql.length());
    int lastIndex = 0;
```

```
    // 循环参数名称列表
    for (int i = 0; i < paramNames.size(); i++) {
       String paramName = paramNames.get(i);
       // 提取索引区间
       int[] indexes = parsedSql.getParameterIndexes(i);
       int startIndex = indexes[0];
       int endIndex = indexes[1];
       actualSql.append(originalSql, lastIndex, startIndex);
       // 进行索引区间字符串的替换操作
       if (paramSource != null && paramSource.hasValue(paramName)) {
          Object value = paramSource.getValue(paramName);
          if (value instanceof SqlParameterValue) {
             value = ((SqlParameterValue) value).getValue();
          }
          if (value instanceof Iterable) {
             Iterator<?> entryIter = ((Iterable<?>) value).iterator();
             int k = 0;
             while (entryIter.hasNext()) {
                if (k > 0) {
                   actualSql.append(", ");
                }
                k++;
                Object entryItem = entryIter.next();
                if (entryItem instanceof Object[]) {
                   Object[] expressionList = (Object[]) entryItem;
                   actualSql.append('(');
                   for (int m = 0; m < expressionList.length; m++) {
                      if (m > 0) {
                         actualSql.append(", ");
                      }
                      actualSql.append('?');
                   }
                   actualSql.append(')');
                }
                else {
                   actualSql.append('?');
                }
             }
          }
          else {
             actualSql.append('?');
          }
       }
       else {
          actualSql.append('?');
       }
       lastIndex = endIndex;
    }
    actualSql.append(originalSql, lastIndex, originalSql.length());
    return actualSql.toString();
}
```

在方法 getPreparedStatementCreatorFactory 中得到替换参数名称的 SQL 语句后需要进行参

数名称提取，具体处理代码如下。

```
public static List<SqlParameter> buildSqlParameterList(ParsedSql parsedSql,
SqlParameterSource paramSource) {
   List<String> paramNames = parsedSql.getParameterNames();
   List<SqlParameter> params = new ArrayList<>(paramNames.size());
   for (String paramName : paramNames) {
      params.add(new SqlParameter(
            paramName, paramSource.getSqlType(paramName),
paramSource.getTypeName(paramName)));
   }
   return params;
}
```

在这段代码中主要处理操作如下。

（1）从参数 ParsedSql 提取参数名称列表。

（2）创建存储返回值的容器。

（3）循环处理参数名称列表，单个处理操作是通过 SqlParameter 的构造方法进行初始化的。

在第三个处理过程中需要使用到 SqlParameterSource 接口，该接口可以用于提取 sqlType 变量和 typeName 变量，关于 SqlParameterSource 的分析将在本书后面介绍。当得到替换参数名称的 SQL 语句和 SQL 语句参数列表后，通过 PreparedStatementCreatorFactory 的构造函数将 PreparedStatementCreatorFactory 对象进行初始化，完成 getPreparedStatementCreatorFactory 方法处理。初始化过程仅为成员变量赋值，没有其他操作。

3. NamedParameterUtils.buildValueArray 方法分析

下面将对 NamedParameterUtils.buildValueArray 方法进行分析，具体处理代码如下。

```
public static Object[] buildValueArray(
      ParsedSql parsedSql, SqlParameterSource paramSource, @Nullable
List<SqlParameter> declaredParams) {

   // 创建参数值存储容器
   Object[] paramArray = new Object[parsedSql.getTotalParameterCount()];
   // 异常处理
   if (parsedSql.getNamedParameterCount() > 0 &&
parsedSql.getUnnamedParameterCount() > 0) {
      throw new InvalidDataAccessApiUsageException(
            "Not allowed to mix named and traditional ? placeholders. You have " +
            parsedSql.getNamedParameterCount() + " named parameter(s) and " +
            parsedSql.getUnnamedParameterCount() + " traditional placeholder(s) in
statement: " + parsedSql.getOriginalSql());
   }
   // 参数名称列表
   List<String> paramNames = parsedSql.getParameterNames();
   for (int i = 0; i < paramNames.size(); i++) {
      String paramName = paramNames.get(i);
      try {
         // 从参数表中获取数据
         Object value = paramSource.getValue(paramName);
         // 确认具体的 SQL 语句参数
         SqlParameter param = findParameter(declaredParams, paramName, i);
```

```
            // 将参数列表中的元素进行赋值
            paramArray[i] = (param != null ? new SqlParameterValue(param, value) : value);
         }
         catch (IllegalArgumentException ex) {
            throw new InvalidDataAccessApiUsageException(
                  "No value supplied for the SQL parameter '" + paramName + "': " +
ex.getMessage());
         }
      }
      return paramArray;
   }
```

在上述代码中，主要处理的操作流程如下。

（1）创建存储参数值的容器。

（2）进行可能的异常处理，当 namedParameterCount 大于 0 并且 unnamedParameterCount 大于 0 时抛出异常。

（3）从 SqlParameterSource 中提取实际的参数值，将提取的实际值放入第（1）步的容器中。

在上述操作流程中需要重点关注的是第（3）步，在第（3）步中需要使用 SqlParameterSource 接口提供的 getValue 方法，该方法用于获取参数名称对应的具体参数值，还需要关注 findParameter 方法的处理，它会从方法参数 declaredParams 中寻找参数名称对应的参数值，在寻找完成后进行元素填充，具体填充方式有两种：第一种是直接对 getValue 的值进行填充；第二种是通过 SqlParameterValue 构造方法进行对象创建后填充。关于 SqlParameterSource 提供的 getValue 方法将在本章后续进行分析，下面对 findParameter 方法进行分析，具体处理代码如下。

```
@Nullable
private static SqlParameter findParameter(
@Nullable List<SqlParameter> declaredParams, String paramName, int paramIndex)
{

   if (declaredParams != null) {
      // 判断名称是否相同，如果名称相同则获取
      for (SqlParameter declaredParam : declaredParams) {
         if (paramName.equals(declaredParam.getName())) {
            return declaredParam;
         }
      }
      if (paramIndex < declaredParams.size()) {
         // 通过索引获取，并且参数名称不存在才可作为返回值
         SqlParameter declaredParam = declaredParams.get(paramIndex);
         if (declaredParam.getName() == null) {
            return declaredParam;
         }
      }
   }
   return null;
}
```

在 findParameter 方法中提供了两种搜索方式。

（1）通过参数名称进行搜索。

（2）通过索引值进行搜索。

4. newPreparedStatementCreator 方法分析

下面将对 newPreparedStatementCreator 方法进行分析，具体处理代码如下。

```
public PreparedStatementCreator newPreparedStatementCreator(@Nullable Object[] params)
{
   return new PreparedStatementCreatorImpl(params != null ? Arrays.asList(params) :
Collections.emptyList());
}
```

在这段代码中可以看到会进行 PreparedStatementCreatorImpl 对象的实例化操作，具体操作是对参数列表进行设置。

至此，对于 getPreparedStatementCreator 方法中所涉及的方法都已经分析完成，同时完成了执行方法的分析。

2.6.2　NamedParameterJdbcTemplate 中的更新操作

接下来将分析 NamedParameterJdbcTemplate 中的更新操作，具体处理代码如下。

```
@Override
public int update(String sql, Map<String, ?> paramMap) throws DataAccessException {
   return update(sql, new MapSqlParameterSource(paramMap));
}
```

在这段代码中还需要进一步调用更新方法，具体调用如下。

```
@Override
public int update(String sql, SqlParameterSource paramSource) throws DataAccessException
{
   return getJdbcOperations().update(getPreparedStatementCreator(sql, paramSource));
}
```

在这个方法中可以看到熟悉的方法 getPreparedStatementCreator，该方法在分析执行操作时已经做过详细分析，此处不做分析。在 NamedParameterJdbcTemplate 对象中的更新方法族中处理逻辑都相似，都需要通过 JdbcOperations 进行更新操作。接下来对于批量更新进行分析，具体处理代码如下。

```
@Override
public int[] batchUpdate(String sql, SqlParameterSource[] batchArgs) {
   if (batchArgs.length == 0) {
      return new int[0];
   }

   ParsedSql parsedSql = getParsedSql(sql);
   PreparedStatementCreatorFactory pscf = getPreparedStatementCreatorFactory(parsedSql,
batchArgs[0]);

   return getJdbcOperations().batchUpdate(
         pscf.getSql(),
         new BatchPreparedStatementSetter() {
```

```
            @Override
            public void setValues(PreparedStatement ps, int i) throws SQLException {
               Object[] values = NamedParameterUtils.buildValueArray(parsedSql,
    batchArgs[i], null);
               pscf.newPreparedStatementSetter(values).setValues(ps);
            }
            @Override
            public int getBatchSize() {
               return batchArgs.length;
            }
         });
    }
```

在这个批量更新操作中，具体处理流程如下。

（1）进行 SQL 语句解析得到 ParsedSql 对象。

（2）通过 SqlParameterSource 和 ParsedSql 创建 PreparedStatementCreatorFactory 对象。

（3）创建 BatchPreparedStatementSetter 对象，在这个对象中需要重写 setValues 方法和 getBatchSize 方法。

在上述 3 个步骤中，最关键的是 BatchPreparedStatementSetter 的重写，在这个重写过程中处理方法和执行操作中相同之处不做分析。

2.6.3 NamedParameterJdbcTemplate 中的查询操作

接下来将分析 NamedParameterJdbcTemplate 中的查询操作，具体处理代码如下。

```
    @Override
    @Nullable
    public <T> T query(String sql, SqlParameterSource paramSource, ResultSetExtractor<T>
rse)
          throws DataAccessException {

       return getJdbcOperations().query(getPreparedStatementCreator(sql, paramSource),
rse);
    }
```

在这段代码中可以发现一个熟悉的方法 getPreparedStatementCreator，该方法在分析执行方法时已做分析，本处不做分析。对于 NamedParameterJdbcTemplate 中的查询操作，可以这样理解：在原本具有参数名称的 SQL 语句中将参数名称进行替换，替换内容从 SqlParameterSource 对象中获取，替换后得到一个需要执行的 SQL 语句，在得到语句后执行该 SQL 语句，通过 ResultSetExtractor 处理返回值。

2.7 SqlParameterSource 接口分析

在分析 NamedParameterJdbcTemplate 对象时曾提到 SqlParameterSource 接口，本节将对 SqlParameterSource 接口进行分析，首先对接口进行简单认识，具体代码如下。

```
   public interface SqlParameterSource {
      int TYPE_UNKNOWN = JdbcUtils.TYPE_UNKNOWN;
```

```
  boolean hasValue(String paramName);

  @Nullable
  Object getValue(String paramName) throws IllegalArgumentException;

  default int getSqlType(String paramName) {
    return TYPE_UNKNOWN;
  }

  @Nullable
  default String getTypeName(String paramName) {
    return null;
  }

  @Nullable
  default String[] getParameterNames() {
    return null;
  }

}
```

在 SqlParameterSource 接口中定义了 5 个方法，关于这 5 个方法的介绍参见表 2.4 所示的 SqlParameterSource 方法。

表 2.4　SqlParameterSource 方法

名　称	作　用
hasValue	根据参数名称判断是否具备数据值
getValue	根据参数名称获取对应的参数值
getSqlType	根据参数名称获取该参数对应的 SQL 语句类型
getTypeName	根据参数名称获取该参数对应的 SQL 语句类型名称
getParameterNames	获取所有的参数名称

在 spring-jdbc 中，关于 SqlParameterSource 接口的子类实现有如下 4 个。

（1）类 EmptySqlParameterSource。

（2）类 AbstractSqlParameterSource。

（3）类 BeanPropertySqlParameterSource。

（4）类 MapSqlParameterSource。

下面将对这 4 个类进行分析。

2.7.1　EmptySqlParameterSource 类分析

EmptySqlParameterSource 类是 SqlParameterSource 接口的实现类，从名字可以知道 EmptySqlParameterSource 类中的实现基本上都是空实现，下面查看源码，具体代码如下。

```
public class EmptySqlParameterSource implements SqlParameterSource {
```

```
    public static final EmptySqlParameterSource INSTANCE = new
EmptySqlParameterSource();


    @Override
    public boolean hasValue(String paramName) {
        return false;
    }

    @Override
    @Nullable
    public Object getValue(String paramName) throws IllegalArgumentException {
        throw new IllegalArgumentException("This SqlParameterSource is empty");
    }

    @Override
    public int getSqlType(String paramName) {
        return TYPE_UNKNOWN;
    }

    @Override
    @Nullable
    public String getTypeName(String paramName) {
        return null;
    }

    @Override
    @Nullable
    public String[] getParameterNames() {
        return null;
    }

}
```

在这段代码中提供了一个单例对象 INSTANCE，该对象是 EmptySqlParameterSource 实例，用于全局。在方法实现中都采用了默认值策略，因此这个类的处理细节不多。

2.7.2 AbstractSqlParameterSource 类分析

AbstractSqlParameterSource 类是 SqlParameterSource 接口的实现类，在这个类中存在两个成员变量。

（1）成员变量 sqlTypes，用于存储参数名称和 SQL 语句类型的关系。

（2）成员变量 typeNames，用于存储参数名称和 SQL 语句类型名称的关系。

关于这两个成员变量的具体定义如下。

```
private final Map<String, Integer> sqlTypes = new HashMap<>();
private final Map<String, String> typeNames = new HashMap<>();
```

既然存在绑定关系，必然会出现关系绑定的方法和获取绑定关系的方法，在 AbstractSql-ParameterSource 中提供的绑定方法代码如下。

```
public void registerSqlType(String paramName, int sqlType) {
  Assert.notNull(paramName, "Parameter name must not be null");
  this.sqlTypes.put(paramName, sqlType);
}

public void registerTypeName(String paramName, String typeName) {
  Assert.notNull(paramName, "Parameter name must not be null");
  this.typeNames.put(paramName, typeName);
}
```

在 AbstractSqlParameterSource 中提供的获取绑定关系的方法代码如下。

```
@Override
public int getSqlType(String paramName) {
  Assert.notNull(paramName, "Parameter name must not be null");
  return this.sqlTypes.getOrDefault(paramName, TYPE_UNKNOWN);
}

@Override
@Nullable
public String getTypeName(String paramName) {
  Assert.notNull(paramName, "Parameter name must not be null");
  return this.typeNames.get(paramName);
}
```

上述这两个方法不只提供了绑定关系获取的操作，同时它们还是 SqlParameterSource 接口的实现方法。

2.7.3 BeanPropertySqlParameterSource 类分析

下面将对 BeanPropertySqlParameterSource 类进行分析，BeanPropertySqlParameterSource 类是 AbstractSqlParameterSource 类的子类，在 BeanPropertySqlParameterSource 类中存在如下两个成员变量。

（1）成员变量 beanWrapper，用于存储 Bean 的包装对象。

（2）成员变量 propertyNames，用于存储属性值名称。

介绍完成员变量后，下面将对各个实现的方法进行分析，首先分析的是 hasValue 方法，具体处理代码如下。

```
@Override
public boolean hasValue(String paramName) {
  return this.beanWrapper.isReadableProperty(paramName);
}
```

在 hasValue 方法中，通过 BeanWrapper 对象的 isReadableProperty（是否可读）方法判断是否存在 value 值。继续向下分析 getValue 方法，具体处理代码如下。

```
@Override
@Nullable
public Object getValue(String paramName) throws IllegalArgumentException {
  try {
    return this.beanWrapper.getPropertyValue(paramName);
  }
```

```
    catch (NotReadablePropertyException ex) {
      throw new IllegalArgumentException(ex.getMessage());
    }
}
```

在 getValue 方法中通过 BeanWrapper 对象的 getPropertyValue（获取属性）方法从 BeanWrapper 中获取参数名称对应的属性值。继续向下分析 getSqlType 方法，具体处理代码如下。

```
@Override
public int getSqlType(String paramName) {
  int sqlType = super.getSqlType(paramName);
  if (sqlType != TYPE_UNKNOWN) {
    return sqlType;
  }
  Class<?> propType = this.beanWrapper.getPropertyType(paramName);
  return StatementCreatorUtils.javaTypeToSqlParameterType(propType);
}
```

可以看到在 getSqlType 方法中会从父类方法中进行一次 SQL 语句类型的获取，当类型是未知时会通过 BeanWrapper 中的 getPropertyType（获取数据类型）方法得到一个 Class，在得到 Class 后会通过 StatementCreatorUtils.javaTypeToSqlParameterType 方法进一步获取一个数据。关于这个数据信息可以查看下面代码。

```
javaTypeToSqlTypeMap.put(boolean.class, Types.BOOLEAN);
javaTypeToSqlTypeMap.put(Boolean.class, Types.BOOLEAN);
javaTypeToSqlTypeMap.put(byte.class, Types.TINYINT);
javaTypeToSqlTypeMap.put(Byte.class, Types.TINYINT);
javaTypeToSqlTypeMap.put(short.class, Types.SMALLINT);
javaTypeToSqlTypeMap.put(Short.class, Types.SMALLINT);
javaTypeToSqlTypeMap.put(int.class, Types.INTEGER);
javaTypeToSqlTypeMap.put(Integer.class, Types.INTEGER);
javaTypeToSqlTypeMap.put(long.class, Types.BIGINT);
javaTypeToSqlTypeMap.put(Long.class, Types.BIGINT);
javaTypeToSqlTypeMap.put(BigInteger.class, Types.BIGINT);
javaTypeToSqlTypeMap.put(float.class, Types.FLOAT);
javaTypeToSqlTypeMap.put(Float.class, Types.FLOAT);
javaTypeToSqlTypeMap.put(double.class, Types.DOUBLE);
javaTypeToSqlTypeMap.put(Double.class, Types.DOUBLE);
javaTypeToSqlTypeMap.put(BigDecimal.class, Types.DECIMAL);
javaTypeToSqlTypeMap.put(java.sql.Date.class, Types.DATE);
javaTypeToSqlTypeMap.put(java.sql.Time.class, Types.TIME);
javaTypeToSqlTypeMap.put(java.sql.Timestamp.class, Types.TIMESTAMP);
javaTypeToSqlTypeMap.put(Blob.class, Types.BLOB);
javaTypeToSqlTypeMap.put(Clob.class, Types.CLOB);
```

最后对 getParameterNames 方法进行分析，具体处理代码如下。

```
@Override
@NonNull
public String[] getParameterNames() {
  return getReadablePropertyNames();
}

public String[] getReadablePropertyNames() {
```

```
    if (this.propertyNames == null) {
        List<String> names = new ArrayList<>();
        PropertyDescriptor[] props = this.beanWrapper.getPropertyDescriptors();
        for (PropertyDescriptor pd : props) {
            if (this.beanWrapper.isReadableProperty(pd.getName())) {
                names.add(pd.getName());
            }
        }
        this.propertyNames = StringUtils.toStringArray(names);
    }
    return this.propertyNames;
}
```

在这段代码中可以看到，关于参数名称的获取会通过 BeanWrapper 中的 getPropertyDescriptors（获取属性描述符对象）方法进行，在获取到属性描述符列表后判断是否可读，如果可读就会成为返回值中的一个。至此，关于 BeanPropertySqlParameterSource 的分析也就完成了。

2.7.4　MapSqlParameterSource 类分析

下面将对 MapSqlParameterSource 类进行分析。MapSqlParameterSource 类是 AbstractSqlParameterSource 类的子类，在 MapSqlParameterSource 类中存在一个成员变量 values，用于存储参数名称和参数值之间的关系。

关于 values 成员变量的定义代码如下。

```
private final Map<String, Object> values = new LinkedHashMap<>();
```

在 MapSqlParameterSource 对象中第一个需要关注的方法是 addValue，具体代码如下。

```
public MapSqlParameterSource addValue(String paramName, @Nullable Object value) {
    Assert.notNull(paramName, "Parameter name must not be null");
    this.values.put(paramName, value);
    if (value instanceof SqlParameterValue) {
        registerSqlType(paramName, ((SqlParameterValue) value).getSqlType());
    }
    return this;
}
```

在 addValue 方法中会进行如下处理。

（1）参数名称和参数值放入 values 容器中。

（2）如果 value 的类型是 SqlParameterValue，则会进行类型注册。

在 MapSqlParameterSource 中还有其他 addValue 方法，主要处理流程如下。

（1）将参数名称和参数值进行绑定。

（2）进行类型注册。

（3）进行类型名称注册。

在不同的 addValue 方法中会根据不同的参数进行上述 3 个方法的组合操作，第一个处理操作是必须执行的。接下来对 hasValue 方法进行分析，具体处理代码如下。

```
@Override
public boolean hasValue(String paramName) {
    return this.values.containsKey(paramName);
}
```

方法 hasValue 的判断逻辑是通过 values 容器中是否存在参数名称作为返回值。接下来对 getValue 方法进行分析，具体处理代码如下。

```
@Override
@Nullable
public Object getValue(String paramName) {
   if (!hasValue(paramName)) {
      throw new IllegalArgumentException("No value registered for key '" + paramName + "'");
   }
   return this.values.get(paramName);
}
```

在 getValue 方法中，对于数据的获取需要执行如下操作。

（1）判断容器中是否存在参数名称对应的数据，如果不存在则抛出异常。

（2）从容器中获取对应的数据。

最后对 getParameterNames 方法进行分析，具体处理代码如下。

```
@Override
@NonNull
public String[] getParameterNames() {
   return StringUtils.toStringArray(this.values.keySet());
}
```

在 getParameterNames 中提供的获取参数名称方式是从 values 中获取所有的键。

2.8 JdbcTemplate 中的 call 方法分析

本节将对 JdbcTemplate 中的 call 方法进行分析。该方法主要用于执行数据库中的函数，具体处理代码如下。

```
@Override
public Map<String, Object> call(CallableStatementCreator csc, List<SqlParameter>
declaredParameters)
      throws DataAccessException {

   final List<SqlParameter> updateCountParameters = new ArrayList<>();
   final List<SqlParameter> resultSetParameters = new ArrayList<>();
   final List<SqlParameter> callParameters = new ArrayList<>();

   for (SqlParameter parameter : declaredParameters) {
      if (parameter.isResultsParameter()) {
         if (parameter instanceof SqlReturnResultSet) {
            resultSetParameters.add(parameter);
         }
         else {
            updateCountParameters.add(parameter);
         }
      }
      else {
         callParameters.add(parameter);
      }
   }
```

```
    Map<String, Object> result = execute(csc, cs -> {
      boolean retVal = cs.execute();
      int updateCount = cs.getUpdateCount();
      if (logger.isTraceEnabled()) {
        logger.trace("CallableStatement.execute() returned '" + retVal + "'");
        logger.trace("CallableStatement.getUpdateCount() returned " + updateCount);
      }
      Map<String, Object> resultsMap = createResultsMap();
      if (retVal || updateCount != -1) {
        resultsMap.putAll(extractReturnedResults(cs, updateCountParameters,
  resultSetParameters, updateCount));
      }
      resultsMap.putAll(extractOutputParameters(cs, callParameters));
      return resultsMap;
    });

    Assert.state(result != null, "No result map");
    return result;
  }
```

上述代码的主要操作流程如下。

（1）将方法参数 declaredParameters 根据不同数据类型分类存储到 updateCountParameters、resultSetParameters 和 callParameters 容器中。

（2）调用 execute 方法执行获取处理结果。

先对第一个操作流程进行细节说明。当 SQL 语句中的参数类型是 CallableStatement.getMoreResults/getUpdateCount 方法的处理结果时，如果类型是 SqlReturnResultSet 将放入 resultSetParameters 容器中，其他类型放入 updateCountParameters 容器中。当 SQL 语句中的参数类型不是 CallableStatement.getMoreResults/getUpdateCount 方法的处理结果时，将数据放入 callParameters 容器中。

其次对第二个操作流程中的细节进行说明，在第二个操作流程中主要关注 extractReturnedResults 方法和 extractOutputParameters 方法的处理，下面将对这两个方法分别分析。

2.8.1　extractReturnedResults 方法分析

本节将对 extractReturnedResults 方法进行分析，具体处理代码如下。

```
protected Map<String, Object> extractReturnedResults(CallableStatement cs,
    @Nullable List<SqlParameter> updateCountParameters, @Nullable
List<SqlParameter> resultSetParameters,
    int updateCount) throws SQLException {

  Map<String, Object> results = new LinkedHashMap<>(4);
  int rsIndex = 0;
  int updateIndex = 0;
  boolean moreResults;
  if (!this.skipResultsProcessing) {
    do {
      if (updateCount == -1) {
```

```
            // 通过 processResultSet 处理数据值
            if (resultSetParameters != null && resultSetParameters.size() > rsIndex) {
               SqlReturnResultSet declaredRsParam = (SqlReturnResultSet)
    resultSetParameters.get(rsIndex);
               results.putAll(processResultSet(cs.getResultSet(), declaredRsParam));
               rsIndex++;
            }
            else {
               if (!this.skipUndeclaredResults) {
                  String rsName = RETURN_RESULT_SET_PREFIX + (rsIndex + 1);
                  SqlReturnResultSet undeclaredRsParam = new
    SqlReturnResultSet(rsName, getColumnMapRowMapper());
                  if (logger.isTraceEnabled()) {
                     logger.trace("Added default SqlReturnResultSet parameter named '" +
rsName + "'");
                  }
                  results.putAll(processResultSet(cs.getResultSet(), undeclaredRsParam));
                  rsIndex++;
               }
            }
         }
         else {
            // 非批量添加
            if (updateCountParameters != null && updateCountParameters.size() >
    updateIndex) {
               SqlReturnUpdateCount ucParam = (SqlReturnUpdateCount)
    updateCountParameters.get(updateIndex);
               String declaredUcName = ucParam.getName();
               results.put(declaredUcName, updateCount);
               updateIndex++;
            }
            else {
               if (!this.skipUndeclaredResults) {
                  String undeclaredName = RETURN_UPDATE_COUNT_PREFIX + (updateIndex + 1);
                  if (logger.isTraceEnabled()) {
                     logger.trace("Added default SqlReturnUpdateCount parameter named
'" + undeclaredName + "'");
                  }
                  results.put(undeclaredName, updateCount);
                  updateIndex++;
               }
            }
         }
         moreResults = cs.getMoreResults();
         updateCount = cs.getUpdateCount();
         if (logger.isTraceEnabled()) {
            logger.trace("CallableStatement.getUpdateCount() returned " + updateCount);
         }
      }
      while (moreResults || updateCount != -1);
   }
   return results;
}
```

这段代码的主要目的是从参数中提取数据，具体的提取方式如下。

（1）从参数 CallableStatement 的结果集合和参数 resultSetParameters 中提取。

（2）从参数 CallableStatement 的结果集合和返回值前缀及索引提取。

（3）从参数 updateCountParameters 中配合索引提取。

（4）从更新值前缀和索引提取。

2.8.2　extractOutputParameters 方法分析

本节将对 extractOutputParameters 方法进行分析，具体处理代码如下。

```
protected Map<String, Object> extractOutputParameters(CallableStatement cs,
List<SqlParameter> parameters)
      throws SQLException {

   Map<String, Object> results = new LinkedHashMap<>(parameters.size());
   int sqlColIndex = 1;
   for (SqlParameter param : parameters) {
      if (param instanceof SqlOutParameter) {
         SqlOutParameter outParam = (SqlOutParameter) param;
         Assert.state(outParam.getName() != null, "Anonymous parameters not allowed");
         SqlReturnType returnType = outParam.getSqlReturnType();
         if (returnType != null) {
            Object out = returnType.getTypeValue(cs, sqlColIndex,
outParam.getSqlType(), outParam.getTypeName());
            results.put(outParam.getName(), out);
         }
         else {
            Object out = cs.getObject(sqlColIndex);
            if (out instanceof ResultSet) {
               if (outParam.isResultSetSupported()) {
                  results.putAll(processResultSet((ResultSet) out, outParam));
               }
               else {
                  String rsName = outParam.getName();
                  SqlReturnResultSet rsParam = new SqlReturnResultSet(rsName,
getColumnMapRowMapper());
                  results.putAll(processResultSet((ResultSet) out, rsParam));
                  if (logger.isTraceEnabled()) {
                     logger.trace("Added default SqlReturnResultSet parameter named '" +
rsName + "'");
                  }
               }
            }
            else {
               results.put(outParam.getName(), out);
            }
         }
      }
      if (!(param.isResultsParameter())) {
         sqlColIndex++;
      }
```

```
    }
    return results;
}
```

在这段代码中，主要处理操作是将参数 parameters 进行重整，得到输出结果，在处理 parameters 的过程中只会对类型是 SqlOutParameter 的数据进行处理，处理逻辑如下。

（1）获取 SQL 语句的返回值类型，数据来源是 SqlOutParameter 对象。

（2）通过 SqlReturnType 获取数据值，将数据值和参数名称放入返回值容器。

（3）通过处理索引位从 CallableStatement 对象中获取数据值，将参数名称和数据值放入返回值容器中。

2.9 总结

本章围绕 JdbcTemplate 进行了相关分析，从 JdbcTemplate 出发先搭建了 JdbcTemplate 的测试环境，在测试环境搭建后对 JdbcTemplate 中的执行操作、查询操作和更新操作进行了源码分析，完成 JdbcTemplate 对象分析后进一步对 JdbcTemplate 对象中的 PreparedStatementCreator 接口和 PreparedStatementSetter 接口进行了分析。完成 PreparedStatementCreator 接口和 PreparedStatementSetter 接口分析后进行 NamedParameterJdbcTemplate 分析，在 NamedParameterJdbcTemplate 分析中包含了执行操作、查询操作和更新操作的分析，然后对 SqlParameterSource 接口进行了实现类相关分析。最后进行 JdbcTemplate 中的 call 方法分析。

第3章

SimpleJdbc类分析

本章将对 SimpleJdbc 相关类进行分析，包括且不限于 SimpleJdbcCall 类和 SimpleJdbcInsert 类的分析。

3.1 SimpleJdbcInsert 测试环境搭建

本节将对 SimpleJdbcInsert 类进行分析，首先需要进行的是测试环境搭建，创建一个 Java 类，类名为 SimpleJdbcInsertDemo，具体代码如下。

```
public class SimpleJdbcInsertDemo {
  public static DataSource mysqlDataSource() {
    DriverManagerDataSource dataSource = new DriverManagerDataSource();
    dataSource.setDriverClassName("");
    dataSource.setUrl("");
    dataSource.setUsername("");
    dataSource.setPassword("");
    return dataSource;
  }

  public static void main(String[] args) {
    SimpleJdbcInsert simpleJdbcInsert = new
SimpleJdbcInsert(mysqlDataSource()).withTableName("t_user");
    Map<String, Object> parameters = new HashMap<String, Object>();
    parameters.put("id", "11");
    parameters.put("name", "小明");
    simpleJdbcInsert.execute(parameters);

  }

}
```

在上述代码中需要进行一些参数的配置，具体配置信息如下。

（1）数据库链接地址。

（2）数据库驱动。

（3）数据库用户名称。

（4）数据库密码。

完成配置信息输入后执行该对象中的 main 方法，当执行方法完成后在数据库中就会新增一条数据，具体数据如图 3.1 所示。

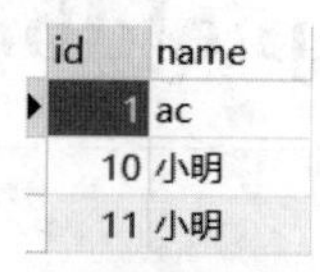

id	name
1	ac
10	小明
11	小明

图 3.1 数据库数据信息

当看到图 3.1 中 id 为 11 的数据后就代表测试用例搭建成功。

3.2 SimpleJdbcCall 测试环境搭建

本节将对 SimpleJdbcCall 类进行分析，首先需要进行的是测试环境搭建，先需要在数据库中创建一个函数，本节中所使用的数据库是 MySQL，下面代码是在 MySQL 中创建函数的代码，具体代码如下。

```
CREATE DEFINER=root@% FUNCTION get_user_name (in_id INTEGER) RETURNS varchar(200)
CHARSET utf8mb4
BEGIN
DECLARE res VARCHAR(200);
  SELECT name
  INTO res
  FROM t_user where id = in_id;

RETURN res;
END
```

在这个函数中需要记录函数名称和函数参数，在本节中函数名为 get_user_name，函数参数为 in_id，它们将在 SimpleJdbcCall 使用中提供一定帮助。下面编写测试类，类名为 SimpleJdbcCallDemo，具体代码如下。

```
public class SimpleJdbcCallDemo {
  public static DataSource mysqlDataSource() {
    DriverManagerDataSource dataSource = new DriverManagerDataSource();
    dataSource.setDriverClassName("");
    dataSource.setUrl("");
    dataSource.setUsername("");
    dataSource.setPassword("");
    return dataSource;
  }

  public static void main(String[] args) {
    SimpleJdbcCall jdbcCall = new
SimpleJdbcCall(mysqlDataSource()).withFunctionName("get_user_name");
        Map<String, Object> parameters = new HashMap<String, Object>();
    parameters.put("in_id", "11");
    Map<String, Object> out = jdbcCall.execute(parameters);
```

```
        System.out.println();

    }

}
```

在上述代码中需要进行一些参数的配置，具体配置信息如下。

（1）数据库链接地址。

（2）数据库驱动。

（3）数据库用户名称。

（4）数据库密码。

下面对 main 方法中的一些变量进行说明。首先是 withFunctionName 的参数，这里填写的内容是需要执行的函数名称，本节中填写数据为 get_user_name，在执行时需要传递参数，本节中传递参数使用的是 Map 结构进行传递，具体参数名称是 in_id，参数名称需要和 SQL 函数的参数名称对应。下面启动 main 方法查看 out 对象，out 对象的数据信息如图 3.2 所示。

图 3.2　out 对象的数据信息

从图 3.2 中可以发现，此时所查询的结果是小明符合数据库数据，这样关于 SimpleJdbcCall 的测试用例也就搭建完成了。

3.3　SimpleJdbcInsert 类分析

本节将对 SimpleJdbcInsert 类进行分析，首先查看 SimpleJdbcInsert 类，如图 3.3 所示。

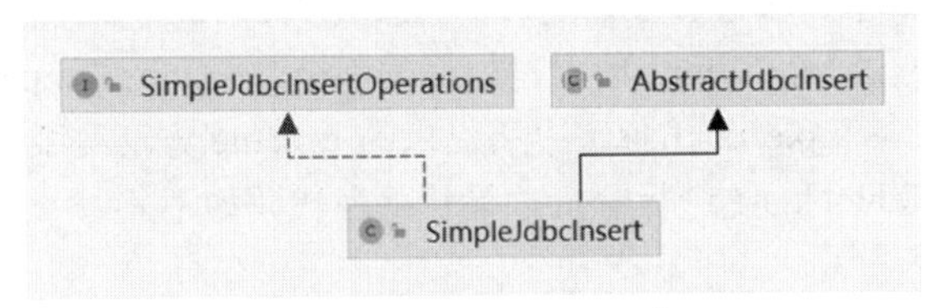

图 3.3　SimpleJdbcInsert 类

在 SimpleJdbcInsert 类中出现了如下两个类。

（1）接口类 SimpleJdbcInsertOperations，其中定义了与 insert 的相关操作函数。

（2）抽象类 AbstractJdbcInsert，其中定义了与 insert 相关的常用方法。

在这两个类中，需要重点关注的是 AbstractJdbcInsert 抽象类，在这个抽象类中存在如下 7 个成员变量。

（1）成员变量 jdbcTemplate，作用是进行数据库交互。

（2）成员变量 tableMetaDataContext，用于管理数据表元数据。

（3）成员变量 declaredColumns，用于存储在 insert 操作语句中所使用的列对象列表。

（4）成员变量 generatedKeyNames，用于存储生成的键的列名称。

（5）成员变量 compiled，表示是否已经编译。

（6）成员变量 insertString，需要进行 insert 操作的语句。

（7）成员变量 insertTypes，用于存储插入列的 SQL 类型信息。

3.3.1 SimpleJdbcInsert 初始化分析

在 SimpleJdbcInsertDemo 类中，关于 SimpleJdbcInsert 的初始化相关代码如下。

```
SimpleJdbcInsert simpleJdbcInsert = new
SimpleJdbcInsert(mysqlDataSource()).withTableName("t_user");
```

在这段代码中，需要关注两个事项。

（1）构造方法 SimpleJdbcInsert 的处理操作。

（2）方法 withTableName 的处理操作。

下面先对构造方法进行分析，在本节中所使用的构造方法详细代码如下。

```
public SimpleJdbcInsert(DataSource dataSource) {
   super(dataSource);
}
protected AbstractJdbcInsert(DataSource dataSource) {
    this.jdbcTemplate = new JdbcTemplate(dataSource);
}
```

在这个构造方法中通过 DataSource 进行了 JdbcTemplate 的创建。除了通过 DataSource 进行创建外，还可以通过 JdbcTemplate 进行创建，具体处理代码如下。

```
public SimpleJdbcInsert(JdbcTemplate jdbcTemplate) {
   super(jdbcTemplate);
}
protected AbstractJdbcInsert(JdbcTemplate jdbcTemplate) {
    Assert.notNull(jdbcTemplate, "JdbcTemplate must not be null");
    this.jdbcTemplate = jdbcTemplate;
}
```

在使用 JdbcTemplate 作为参数进行创建时，直接将 JdbcTemplate 成员变量进行赋值操作，通过 DataSource 创建和通过 JdbcTemplate 创建的目的都是完成 JdbcTemplate 成员变量的初始化，在此可以做出一个推论：SimpleJdbcInsert 中所提供的 execute 方法需要依赖 JdbcTemplate 来进行处理。接下来对 withTableName 进行分析，具体处理代码如下。

```
@Override
public SimpleJdbcInsert withTableName(String tableName) {
   setTableName(tableName);
   return this;
}
public void setTableName(@Nullable String tableName) {
    checkIfConfigurationModificationIsAllowed();
    this.tableMetaDataContext.setTableName(tableName);
}
```

这段代码的主要目的是进行 tableMetaDataContext 变量的 tableName 设置，除了 tableName 的设置以外，还提供了如下两种设置。

（1）schemaName。

（2）catalogName。

在本节中通过 withTableName 设置 t_user 数据后，tableMetaDataContext 的数据信息如图 3.4 所示。

在图 3.4 中可以发现，tableName 已经被设置为 t_user，接下来将进入执行操作相关分析。

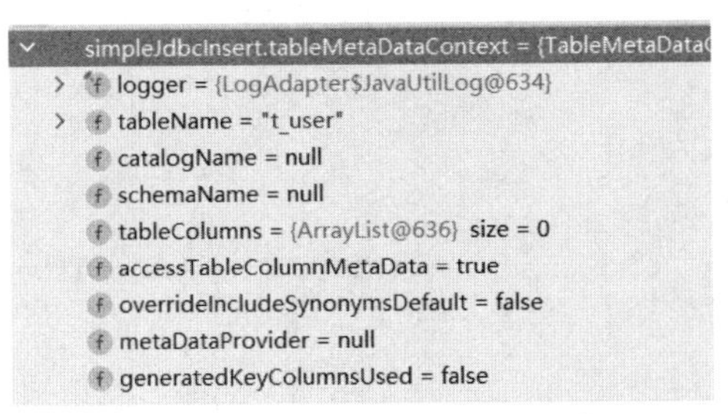

图 3.4　tableMetaDataContext 的数据信息

3.3.2　SimpleJdbcInsert 执行方法分析

本节将对 SimpleJdbcInsert 执行方法进行分析，具体处理代码如下。

```
@Override
public int execute(Map<String, ?> args) {
  return doExecute(args);
}
protected int doExecute(Map<String, ?> args) {
   checkCompiled();
   List<Object> values = matchInParameterValuesWithInsertColumns(args);
   return executeInsertInternal(values);
}
```

在分析执行方法时，主要对父类 AbstractJdbcInsert 的 doExecute 方法进行分析，在该方法中主要处理流程如下。

（1）检查编译。

（2）提取需要插入的数据，注意此时会进行参数排序。

（3）执行插入语句。

接下来将对上述 3 个处理流程进行详细分析，首先对检查编译（方法 checkCompiled）进行分析，具体处理代码如下。

```
protected void checkCompiled() {
  if (!isCompiled()) {
    logger.debug("JdbcInsert not compiled before execution - invoking compile");
    compile();
  }
}
```

在这段代码中会对是否需要编译进行判断，判断条件来自成员变量 compiled，如果需要编译会执行下面代码。

```
public final synchronized void compile() throws InvalidDataAccessApiUsageException {
  if (!isCompiled()) {
    if (getTableName() == null) {
      throw new InvalidDataAccessApiUsageException("Table name is required");
    }
    try {
      this.jdbcTemplate.afterPropertiesSet();
    }
    catch (IllegalArgumentException ex) {
```

```
            throw new InvalidDataAccessApiUsageException(ex.getMessage());
         }
         compileInternal();
         this.compiled = true;
         if (logger.isDebugEnabled()) {
            logger.debug("JdbcInsert for table [" + getTableName() + "] compiled");
         }
      }
   }
```

在这段代码中会进行语句编译操作，首先进行 tableName 是否为空的判断，如果为空将抛出异常。当 tableName 存在的情况下会进行 JdbcTemplate 的 afterPropertiesSet 方法调用，在这个方法中对数据源是否为空进行处理，如果数据源为空则抛出异常，除了数据源处理外还有异常转换的初始化操作，该操作并非每次都会执行。回到 compile 方法中，除了 JdbcTemplate 的方法调用以外，还有 compileInternal 方法的处理需要进行分析，具体代码如下。

```
protected void compileInternal() {
   // 获取数据源
   DataSource dataSource = getJdbcTemplate().getDataSource();
   Assert.state(dataSource != null, "No DataSource set");
   // 解析表元数据
   this.tableMetaDataContext.processMetaData(dataSource, getColumnNames(),
getGeneratedKeyNames());
   // 创建需要执行的插入 SQL 语句
   this.insertString
   this.tableMetaDataContext.createInsertString(getGeneratedKeyNames());
   // 创建插入 SQL 语句中的数据类型
   this.insertTypes = this.tableMetaDataContext.createInsertTypes();
   if (logger.isDebugEnabled()) {
      logger.debug("Compiled insert object: insert string is [" + this.insertString + "]");
   }
   onCompileInternal();
}
```

在上述代码中主要处理流程如下。

（1）从 JdbcTemplate 中获取数据源对象。

（2）通过 tableMetaDataContext 进行元数据解析。

（3）通过 tableMetaDataContext 创建需要执行的插入 SQL 语句。

（4）通过 tableMetaDataContext 创建插入 SQL 语句中的数据类型。

在第（2）步操作过程中得到的数据信息如图 3.5 所示。

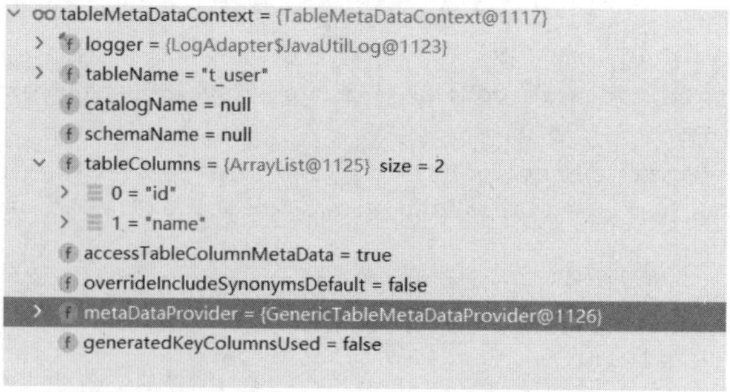

```
∨ oo tableMetaDataContext = {TableMetaDataContext@1117}
  > f logger = {LogAdapter$JavaUtilLog@1123}
  > f tableName = "t_user"
    f catalogName = null
    f schemaName = null
  ∨ f tableColumns = {ArrayList@1125} size = 2
    > 0 = "id"
    > 1 = "name"
    f accessTableColumnMetaData = true
    f overrideIncludeSynonymsDefault = false
  > f metaDataProvider = {GenericTableMetaDataProvider@1126}
    f generatedKeyColumnsUsed = false
```

图 3.5 处理后 tableMetaDataContext 数据信息

在图 3.5 中可以看到，tableColumns 数据信息和 metaDataProvider 数据信息已被初始化。下面将对这两个变量的初始化进行分析，具体处理代码如下。

```
public void processMetaData(DataSource dataSource, List<String> declaredColumns,
String[] generatedKeyNames) {
    this.metaDataProvider =
TableMetaDataProviderFactory.createMetaDataProvider(dataSource, this);
    this.tableColumns = reconcileColumnsToUse(declaredColumns, generatedKeyNames);
}
```

在上述代码中，第 1 行通过数据源创建了 metaDataProvider 对象，通过数据源对象中的数据库产品名称创建不同的 TableMetaDataProvider，关于数据库产品和 TableMetaDataProvider 的关系见表 3.1 所示的数据库产品和 TableMetaDataProvider 关系。

表 3.1　数据库产品和 TableMetaDataProvider 关系

数据库产品名称	TableMetaDataProvider 类型
Oracle	OracleTableMetaDataProvider
PostgreSQL	PostgresTableMetaDataProvider
Apache Derby	DerbyTableMetaDataProvider
HSQL Database Engine	HsqlTableMetaDataProvider
其他	HsqlTableMetaDataProvider

接下来对方法 createMetaDataProvider 进行分析，详细代码如下。

```
public static TableMetaDataProvider createMetaDataProvider(DataSource dataSource,
TableMetaDataContext context) {
    try {
        return (TableMetaDataProvider) JdbcUtils.extractDatabaseMetaData(dataSource,
databaseMetaData -> {
            String databaseProductName =
                JdbcUtils.commonDatabaseName(databaseMetaData.getDatabaseProductName());
            boolean accessTableColumnMetaData =
context.isAccessTableColumnMetaData();
            TableMetaDataProvider provider;

            if ("Oracle".equals(databaseProductName)) {
              provider = new OracleTableMetaDataProvider(
                  databaseMetaData, context.isOverrideIncludeSynonymsDefault());
            }
            else if ("PostgreSQL".equals(databaseProductName)) {
              provider = new PostgresTableMetaDataProvider(databaseMetaData);
            }
            else if ("Apache Derby".equals(databaseProductName)) {
              provider = new DerbyTableMetaDataProvider(databaseMetaData);
            }
            else if ("HSQL Database Engine".equals(databaseProductName)) {
              provider = new HsqlTableMetaDataProvider(databaseMetaData);
            }
            else {
              provider = new GenericTableMetaDataProvider(databaseMetaData);
```

```
            }

            if (logger.isDebugEnabled()) {
               logger.debug("Using " + provider.getClass().getSimpleName());
            }
            provider.initializeWithMetaData(databaseMetaData);
            if (accessTableColumnMetaData) {
               provider.initializeWithTableColumnMetaData(databaseMetaData,
                     context.getCatalogName(), context.getSchemaName(),
context.getTableName());
            }
            return provider;
         });
      }
      catch (MetaDataAccessException ex) {
         throw new DataAccessResourceFailureException("Error retrieving database
meta-data", ex);
      }
   }
```

在这段代码中，主要处理流程如下。

（1）获取数据库产品名称。

（2）根据数据库产品名称确定一个 TableMetaDataProvider 的实现类。

（3）执行 TableMetaDataProvider 实现类的 initializeWithMetaData 方法。

（4）执行 TableMetaDataProvider 实现类的 initializeWithTableColumnMetaData 方法。

在这个方法中，核心处理对象是 TableMetaDataProvider。

1. GenericTableMetaDataProvider 对象分析

在 TableMetaDataProvider 接口中最关注的方法是 initializeWithMetaData，根据类图首先需要对 GenericTableMetaDataProvider 中的实现进行分析，具体处理代码如下。

```
// 删除异常处理和日志处理
@Override
public void initializeWithMetaData(DatabaseMetaData databaseMetaData) throws
SQLException {
   // 是否可以检索自动生成的键
   if (databaseMetaData.supportsGetGeneratedKeys()) {
      logger.debug("GetGeneratedKeys is supported");
      setGetGeneratedKeysSupported(true);
   }
   else {
      logger.debug("GetGeneratedKeys is not supported");
      setGetGeneratedKeysSupported(false);
   }
   // 获取数据库产品名称
   String databaseProductName = databaseMetaData.getDatabaseProductName();
   // 数据库产品不支持生成的键列名数组
   if (this.productsNotSupportingGeneratedKeysColumnNameArray.contains
(databaseProductName)) {

      setGeneratedKeysColumnNameArraySupported(false);
   }
```

```
        else {
            if (isGetGeneratedKeysSupported()) {

                setGeneratedKeysColumnNameArraySupported(true);
            }
            else {
                setGeneratedKeysColumnNameArraySupported(false);
            }
        }

        // 数据库版本号
        this.databaseVersion = databaseMetaData.getDatabaseProductVersion();

        // 是否区分大小写，以大写形式存储
        setStoresUpperCaseIdentifiers(databaseMetaData.storesUpperCaseIdentifiers());

        // 是否区分大小写，以小写形式存储
        setStoresLowerCaseIdentifiers(databaseMetaData.storesLowerCaseIdentifiers());

    }
```

在这段代码中主要的处理是为 GenericTableMetaDataProvider 对象设置成员变量，设置的成员变量如下。

（1）成员变量 getGeneratedKeysSupported，该变量表示执行语句后是否可以检索自动生成的键。

（2）成员变量 generatedKeysColumnNameArraySupported，该变量表示是否支持 String 数组的形式生成键。

（3）成员变量 databaseVersion，该变量表示数据库版本号。

（4）成员变量 storesUpperCaseIdentifiers，该变量表示是否区分大小写，以大写形式存储。

（5）成员变量 storesLowerCaseIdentifiers，该变量表示是否区分大小写，以小写形式存储。

在 SimpleJdbcInsertDemo 中执行，此时 GenericTableMetaDataProvider 的数据信息如图 3.6 所示。

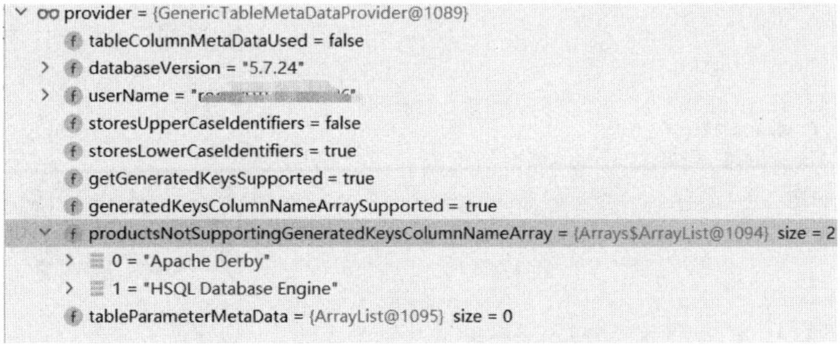

```
provider = {GenericTableMetaDataProvider@1089}
    tableColumnMetaDataUsed = false
    databaseVersion = "5.7.24"
    userName = "[illegible]"
    storesUpperCaseIdentifiers = false
    storesLowerCaseIdentifiers = true
    getGeneratedKeysSupported = true
    generatedKeysColumnNameArraySupported = true
    productsNotSupportingGeneratedKeysColumnNameArray = {Arrays$ArrayList@1094} size = 2
        0 = "Apache Derby"
        1 = "HSQL Database Engine"
    tableParameterMetaData = {ArrayList@1095} size = 0
```

图 3.6　GenericTableMetaDataProvider 的数据信息

此时完成了 provider 对象的 initializeWithMetaData 方法调用，接下来将进行 initializeWithTableColumnMetaData 方法的调用，该方法将完成 tableParameterMetaData 定义变量的数据初始化，具体处理代码如下。

```
@Override
```

```
public void initializeWithTableColumnMetaData(DatabaseMetaData databaseMetaData,
@Nullable String catalogName,
    @Nullable String schemaName, @Nullable String tableName) throws SQLException
{

  this.tableColumnMetaDataUsed = true;
  locateTableAndProcessMetaData(databaseMetaData, catalogName, schemaName,
tableName);
}
```

在这段代码中还需要进一步调用 locateTableAndProcessMetaData 方法，具体代码如下。

```
private void locateTableAndProcessMetaData(DatabaseMetaData databaseMetaData,
    @Nullable String catalogName, @Nullable String schemaName, @Nullable String
tableName) {

  // 存储表元数据的容器
  Map<String, TableMetaData> tableMeta = new HashMap<>();
  ResultSet tables = null;
  try {
    // 获取数据库中的表信息
    tables = databaseMetaData.getTables(
        catalogNameToUse(catalogName), schemaNameToUse(schemaName),
tableNameToUse(tableName), null);

    // 处理表中多个数据的情况，将数据进行修正补充
    while (tables != null && tables.next()) {
      TableMetaData tmd = new TableMetaData();
      tmd.setCatalogName(tables.getString("TABLE_CAT"));
      tmd.setSchemaName(tables.getString("TABLE_SCHEM"));
      tmd.setTableName(tables.getString("TABLE_NAME"));
      if (tmd.getSchemaName() == null) {
        tableMeta.put(this.userName != null?this.userName.toUpperCase():"", tmd);
      }
      else {
        tableMeta.put(tmd.getSchemaName().toUpperCase(), tmd);
      }
    }
  }
  catch (SQLException ex) {
    if (logger.isWarnEnabled()) {
      logger.warn("Error while accessing table meta-data results: " + ex.getMessage());
    }
  }
  finally {
    JdbcUtils.closeResultSet(tables);
  }

  if (tableMeta.isEmpty()) {
    if (logger.isInfoEnabled()) {
      logger.info("Unable to locate table meta-data for '" + tableName + "': column
names must be provided");
    }
```

```
	}
	else {
		// 处理数据表中的列信息
		processTableColumns(databaseMetaData, findTableMetaData(schemaName,
tableName, tableMeta));
	}
}
```

在这段代码中主要处理流程如下。

（1）从数据库中获取表的元数据信息，并对表元数据进行补充，补充内容包括 CatalogName、SchemaName 和 TableName。

（2）对表元数据中的列数据进行补充。

在第（1）步中得到的表元信息如图 3.7 所示。

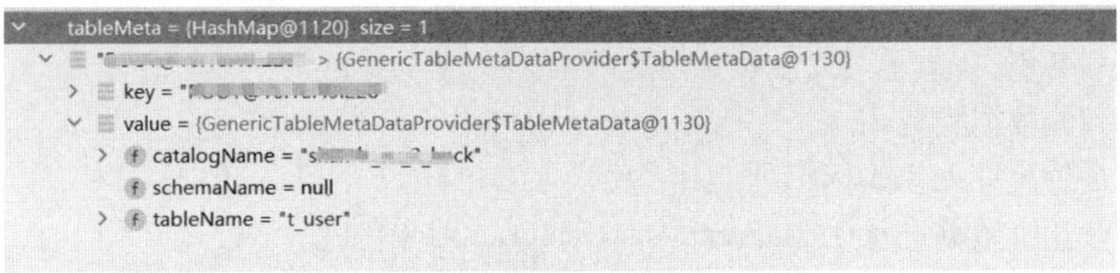

tableMeta = {HashMap@1120} size = 1
> {GenericTableMetaDataProvider$TableMetaData@1130}
key =
value = {GenericTableMetaDataProvider$TableMetaData@1130}
catalogName =
schemaName = null
tableName = "t_user"

图 3.7　表元信息

在图 3.7 中，key 表示数据库用户名称和数据库地址的字符串，value 中的 catalogName 表示数据名称。接下来就是 processTableColumns 方法的分析，在该方法中需要关注第二个参数，第二个参数是通过 findTableMetaData 方法进行获取的，具体处理代码如下。

```
private TableMetaData findTableMetaData(@Nullable String schemaName, @Nullable
String tableName,
		Map<String, TableMetaData> tableMeta) {

	if (schemaName != null) {
		TableMetaData tmd = tableMeta.get(schemaName.toUpperCase());
		if (tmd == null) {
			throw new DataAccessResourceFailureException("Unable to locate table
meta-data for '" +
					tableName + "' in the '" + schemaName + "' schema");
		}
		return tmd;
	}
	else if (tableMeta.size() == 1) {
		return tableMeta.values().iterator().next();
	}
	else {
		TableMetaData tmd = tableMeta.get(getDefaultSchema());
		if (tmd == null) {
			tmd = tableMeta.get(this.userName != null ? this.userName.toUpperCase() : "");
		}
		if (tmd == null) {
			tmd = tableMeta.get("PUBLIC");
		}
		if (tmd == null) {
			tmd = tableMeta.get("DBO");
```

```
        }
        if (tmd == null) {
           throw new DataAccessResourceFailureException(
                 "Unable to locate table meta-data for '" + tableName + "' in the default schema");
        }
        return tmd;
     }
  }
```

这段代码的主要目的是创建TableParameterMetaData对象并将其放入tableParameterMetaData容器中，为完成这项操作，具体处理流程如下。

（1）获取CatalogName、SchemaName和TableName变量。

（2）通过DatabaseMetaData获取表中的列数据信息。

（3）对列数据信息进行逐一处理，具体处理流程如下。

① 提取列名称。

② 计算列的数据类型。

③ 获取是否允许为空的标记。

④ 根据前3个数据进行TableParameterMetaData对象创建。

⑤ 将TableParameterMetaData数据放入存储容器中。

在本节中经过上述处理后所得到的数据信息如图3.8所示。

```
tableParameterMetaData = {ArrayList@1273} size = 2
  0 = {TableParameterMetaData@1290}
    parameterName = "id"
    sqlType = -5
    nullable = false
  1 = {TableParameterMetaData@1291}
    parameterName = "name"
    sqlType = 12
    nullable = true
```

图3.8　TableParameterMetaData数据信息

2. TableMetaDataContext中reconcileColumnsToUse方法分析

接下来将对reconcileColumnsToUse方法进行分析，该方法的作用是进行tableColumns的初始化，用于获取数据表中的字段名称列表，具体处理代码如下。

```
protected List<String> reconcileColumnsToUse(List<String> declaredColumns, String[]
generatedKeyNames) {
   if (generatedKeyNames.length > 0) {
      this.generatedKeyColumnsUsed = true;
   }
   if (!declaredColumns.isEmpty()) {
      return new ArrayList<>(declaredColumns);
   }
   Set<String> keys = new LinkedHashSet<>(generatedKeyNames.length);
   for (String key : generatedKeyNames) {
      keys.add(key.toUpperCase());
   }
   List<String> columns = new ArrayList<>();
   for (TableParameterMetaData meta :
obtainMetaDataProvider().getTableParameterMetaData()) {
      if (!keys.contains(meta.getParameterName().toUpperCase())) {
```

```
            columns.add(meta.getParameterName());
        }
    }
    return columns;
}
```

在上述代码中，主要关注最后一个 for 循环，在这个 for 循环中会将列名称提取出来，整个方法的处理流程如下。

（1）若参数 generatedKeyNames 的元素数量大于 0，将成员变量 generatedKeyColumnsUsed 置为 true。

（2）判断参数 declaredColumns 是否为空，不为空将直接用 declaredColumns 作为处理结果。

（3）将 generatedKeyNames 中的数据提取到一个元组中。

（4）从 TableMetaDataProvider 接口中获取 TableParameterMetaData 数据，当 TableParameterMetaData 的列名不在第（3）步中的元组中时将采集数据。

在完成上述处理后，this.tableMetaDataContext.processMetaData 的处理流程也就结束了，下面将进入创建插入 SQL 语句的过程。

3. 创建插入 SQL 语句分析

负责创建插入 SQL 语句的代码如下。

```
this.insertString = this.tableMetaDataContext.createInsertString(getGeneratedKeyNames())
```

在上述代码中会传递不定长参数 generatedKeyNames，不定长参数 generatedKeyNames 会通过 getGeneratedKeyNames()方法进行数据获取，在本节中 getGeneratedKeyNames 方法获取的数据为空数组。下面对 createInsertString 方法进行分析，具体处理代码如下。

```
public String createInsertString(String... generatedKeyNames) {
    Set<String> keys = new LinkedHashSet<>(generatedKeyNames.length);
    for (String key : generatedKeyNames) {
        keys.add(key.toUpperCase());
    }
    StringBuilder insertStatement = new StringBuilder();
    insertStatement.append("INSERT INTO ");
    if (getSchemaName() != null) {
        // 数据名称
        insertStatement.append(getSchemaName());
        insertStatement.append(".");
    }
    // 表名称
    insertStatement.append(getTableName());
    insertStatement.append(" (");
    int columnCount = 0;
    // 列名称
    for (String columnName : getTableColumns()) {
        if (!keys.contains(columnName.toUpperCase())) {
            columnCount++;
            if (columnCount > 1) {
                insertStatement.append(", ");
            }
            insertStatement.append(columnName);
        }
```

```
    }
    insertStatement.append(") VALUES(");
    if (columnCount < 1) {
        if (this.generatedKeyColumnsUsed) {
            if (logger.isDebugEnabled()) {
                logger.debug("Unable to locate non-key columns for table '" +
                        getTableName() + "' so an empty insert statement is generated");
            }
        }
        else {
            throw new InvalidDataAccessApiUsageException("Unable to locate columns for
            table '" + getTableName() + "' so an insert statement can't be generated");
        }
    }
    // 补充问号
    String params = String.join(", ", Collections.nCopies(columnCount, "?"));
    insertStatement.append(params);
    insertStatement.append(")");
    return insertStatement.toString();
}
```

上述代码的主要目标是完成插入 SQL 语句的组装。整体组装过程如下。

（1）组装 insert into 关键字。

（2）组装数据名称。

（3）组装表名称。

（4）组装字段列表。

（5）组装 values 关键字。

（6）组装问号。

在本节中组装完成后的 SQL 语句如图 3.9 所示。

insertString = "INSERT INTO t_user (id, name) VALUES(?, ?)"

图 3.9　SQL 语句组装结果

在完成 SQL 插入语句组装后还需要进行 insertTypes 的提取，提取方式是从 tableMetaDataContext 中获取的，数据来源是 tableParameterMetaData。得到的数据信息如图 3.10 所示。

图 3.10　insertTypes 数据信息

完成 insertTypes 数据信息的初始化后，checkCompiled 方法的处理操作就完成了，接下来将进入插入数据提取的阶段。

4. 提取需要插入的数据

本节将对提取需要插入的数据进行分析，具体处理代码如下。

```
protected List<Object> matchInParameterValuesWithInsertColumns(Map<String, ?> args) {
    return this.tableMetaDataContext.matchInParameterValuesWithInsertColumns(args);
}
```

在这段代码中主要调用的是 matchInParameterValuesWithInsertColumns 方法，具体代码如下。

```
public List<Object> matchInParameterValuesWithInsertColumns(Map<String, ?>
inParameters) {
  // 结果集
  List<Object> values = new ArrayList<>(inParameters.size());
  // 循环表的列数据
  for (String column : this.tableColumns) {
    // 从参数表中获取列数据对应的值
    Object value = inParameters.get(column);
    if (value == null) {
      // 忽略大小写获取
      value = inParameters.get(column.toLowerCase());
      if (value == null) {
        for (Map.Entry<String, ?> entry : inParameters.entrySet()) {
          if (column.equalsIgnoreCase(entry.getKey())) {
            value = entry.getValue();
            break;
          }
        }
      }
    }
    values.add(value);
  }
  return values;
}
```

在 matchInParameterValuesWithInsertColumns 方法中提供了如下两种搜索方式。

（1）根据大小写严格校验匹配，当列名称和参数 inParameters 中的某个 key 相同时获取。

（2）根据大小写非严格匹配，从参数 inParameters 中获取数据。

在本节中得到的 values 数据信息如图 3.11 所示。

图 3.11　values 数据信息

需要注意的是，values 的数据信息顺序和 SQL 插入语句中的字段顺序一致。在得到插入数据后将进入执行操作。

5. 最终的插入操作分析

本节将对 SimpleJdbcInsert 执行方法中的最后操作进行分析，具体处理代码如下。

```
private int executeInsertInternal(List<?> values) {
  if (logger.isDebugEnabled()) {
    logger.debug("The following parameters are used for insert " + getInsertString() +
" with: " + values);
  }
  return getJdbcTemplate().update(getInsertString(), values.toArray(), getInsertTypes());
}
```

在这段代码中，主要依赖于 JdbcTemplate 中的 update 方法，具体参数信息如下。

（1）需要执行的 SQL 语句。

（2）SQL 语句中所需要的参数。

（3）SQL 语句参数类型列表。

在 SimpleJdbcInsert 中关于执行 SQL 语句的相关代码还有很多，主要的处理逻辑是通过 JdbcTemplate 进行处理的，所需要使用的方法有 update 方法和 execute 方法，本节不做一一分析。

3.4 SimpleJdbcCall 类分析

本节将对 SimpleJdbcCall 类的核心方法进行分析。SimpleJdbcCall 类的初始化和 SimpleJdbcInsert 的初始化过程一致，本节不对初始化进行分析，本节主要分析 execute 方法，具体处理代码如下。

```
@Override
public Map<String, Object> execute(Map<String, ?> args) {
  return doExecute(args);
}
protected Map<String, Object> doExecute(Map<String, ?> args) {
   checkCompiled();
   Map<String, ?> params = matchInParameterValuesWithCallParameters(args);
   return executeCallInternal(params);
}
```

在这段代码中，主要执行了下面三个方法。

（1）方法 checkCompiled，用于检查是否需要编译，如果需要则进行编译。

（2）方法 matchInParameterValuesWithCallParameters，用于提取处理参数。

（3）方法 executeCallInternal，用于数据库交互。

3.4.1 SimpleJdbcCall 中的 checkCompiled 方法分析

本节将对 SimpleJdbcCall 中的 checkCompiled 方法进行分析，主要处理代码如下。

```
public final synchronized void compile() throws InvalidDataAccessApiUsageException {
   if (!isCompiled()) {
      if (getProcedureName() == null) {
         throw new InvalidDataAccessApiUsageException("Procedure or Function name is 
required");
      }
      try {
         this.jdbcTemplate.afterPropertiesSet();
      }
      catch (IllegalArgumentException ex) {
         throw new InvalidDataAccessApiUsageException(ex.getMessage());
      }
      compileInternal();
      this.compiled = true;
      if (logger.isDebugEnabled()) {
         logger.debug("SqlCall for " + (isFunction() ? "function" : "procedure") +
               " [" + getProcedureName() + "] compiled");
      }
   }
}
```

在这段代码中，还需要引用 compileInternal 方法，这个方法才是我们的主要分析方法，具体代码如下。

```
protected void compileInternal() {
   DataSource dataSource = getJdbcTemplate().getDataSource();
   Assert.state(dataSource != null, "No DataSource set");
   // 进行调用元数据上下文的初始化
   this.callMetaDataContext.initializeMetaData(dataSource);

   // Iterate over the declared RowMappers and register the corresponding SqlParameter
   // 初始化 declaredParameters 数据信息
   this.declaredRowMappers.forEach((key, value) ->
 this.declaredParameters.add(this.callMetaDataContext.createReturnResultSetParameter
(key,value)));
   // 处理参数列表
   this.callMetaDataContext.processParameters(this.declaredParameters);

   // 创建执行语句
   this.callString = this.callMetaDataContext.createCallString();
   if (logger.isDebugEnabled()) {
      logger.debug("Compiled stored procedure. Call string is [" + this.callString + "]");
   }

   // 创建 CallableStatementCreatorFactory 对象
   this.callableStatementFactory = new CallableStatementCreatorFactory(
         this.callString, this.callMetaDataContext.getCallParameters());

   onCompileInternal();
}
```

在上述代码中，主要处理操作如下。

（1）进行调用元数据上下文的初始化。

（2）初始化 declaredParameters 数据信息。

（3）处理参数列表。

（4）创建执行语句。

（5）创建 CallableStatementCreatorFactory 对象。

1. 调用元数据上下文的初始化

进行调用元数据上下文初始化时，主要是进行 CallMetaDataProvider 接口的实例化操作，关于 CallMetaDataProvider 接口的实例化操作模式和 SimpleInsert 中类似，根据不同的数据库产品名称创建对应的实现类，数据库产品名称和 CallMetaDataProvider 实现类的对应关系如表 3.2 所示。

表 3.2　数据库产品名称和 CallMetaDataProvider 实现类的对应关系表

数据库产品名称	CallMetaDataProvider 实现类
Oracle	OracleCallMetaDataProvider
PostgreSQL	PostgresCallMetaDataProvider
Apache Derby	DerbyCallMetaDataProvider

续表

数据库产品名称	CallMetaDataProvider 实现类
DB2	Db2CallMetaDataProvider
HDB	HanaCallMetaDataProvider
Microsoft SQL Server	SqlServerCallMetaDataProvider
Sybase	SybaseCallMetaDataProvider
其他	GenericCallMetaDataProvider

上述 8 个实现类和 CallMetaDataProvider 接口的关系如图 3.12 所示。

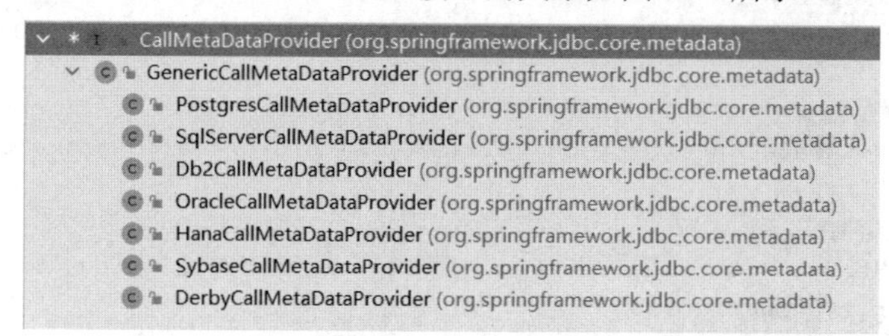

图 3.12　8 个实现类和 CallMetaDataProvider 接口的关系

在 CallMetaDataProvider 类创建之后会进行 initializeWithMetaData 方法和 initializeWithProcedureColumnMetaData 方法的调用，在 initializeWithMetaData 方法中主要处理如下 4 个变量。

（1）变量 supportsCatalogsInProcedureCalls，该变量表示在过程调用中是否支持目录。

（2）变量 supportsSchemasInProcedureCalls，该变量表示数据库是否在过程调用中支持使用数据库名称。

（3）变量 storesUpperCaseIdentifiers，该变量表示数据库是否将大写字母用作标识符。

（4）变量 storesLowerCaseIdentifiers，该变量表示数据库是否将小写字母用作标识符。

完成上述 4 个变量的初始化后会执行 initializeWithProcedureColumnMetaData 方法，具体处理代码如下。

```
private void processProcedureColumns(DatabaseMetaData databaseMetaData,
    @Nullable String catalogName, @Nullable String schemaName, @Nullable String
procedureName) {

  // 提取 CatalogName
  String metaDataCatalogName = metaDataCatalogNameToUse(catalogName);
  // 提取 SchemaName
  String metaDataSchemaName = metaDataSchemaNameToUse(schemaName);
  // 提取 ProcedureName
  String metaDataProcedureName = procedureNameToUse(procedureName);
  if (logger.isDebugEnabled()) {
    logger.debug("Retrieving meta-data for " + metaDataCatalogName + '/' +
        metaDataSchemaName + '/' + metaDataProcedureName);
  }

  ResultSet procs = null;
  try {
    // 提取 metaDataProcedureName 对应的数据值
```

```
        procs = databaseMetaData.getProcedures(metaDataCatalogName,
    metaDataSchemaName, metaDataProcedureName);
        List<String> found = new ArrayList<>();
        while (procs.next()) {
          found.add(procs.getString("PROCEDURE_CAT") + '.' +
    procs.getString("PROCEDURE_SCHEM") +
              '.' + procs.getString("PROCEDURE_NAME"));
        }
        procs.close();

        if (found.size() > 1) {
          throw new InvalidDataAccessApiUsageException(
              "Unable to determine the correct call signature - multiple " +
              "procedures/functions/signatures for '" + metaDataProcedureName + "':
found " + found);
        }
        else if (found.isEmpty()) {
          if (metaDataProcedureName != null && metaDataProcedureName.contains(".")
              &&!StringUtils.hasText(metaDataCatalogName)) {
            String packageName = metaDataProcedureName.substring(0,
    metaDataProcedureName.indexOf('.'));
            throw new InvalidDataAccessApiUsageException(
                "Unable to determine the correct call signature for '" +
    metaDataProcedureName + "' - package name should be specified separately using
    '.withCatalogName(\"" + packageName + "\")'");
          }
          else if ("Oracle".equals(databaseMetaData.getDatabaseProductName())) {
            if (logger.isDebugEnabled()) {
              logger.debug("Oracle JDBC driver did not return
    procedure/function/signature for '" +
                  metaDataProcedureName + "' - assuming a non-exposed
    synonym");
            }
          }
          else {
            throw new InvalidDataAccessApiUsageException(
                "Unable to determine the correct call signature - no " +
                "procedure/function/signature for '" + metaDataProcedureName + "'");
          }
        }

        // 处理 metaDataProcedureName 对应的列数据
        procs = databaseMetaData.getProcedureColumns(
            metaDataCatalogName, metaDataSchemaName, metaDataProcedureName, null);

        // 循环处理 procs 中的单个数据
        while (procs.next()) {
          // 提取列名
          String columnName = procs.getString("COLUMN_NAME");
          // 提取列类型
          int columnType = procs.getInt("COLUMN_TYPE");
          if (columnName == null && (
              columnType == DatabaseMetaData.procedureColumnIn ||
```

```
                    columnType == DatabaseMetaData.procedureColumnInOut ||
                    columnType == DatabaseMetaData.procedureColumnOut)) {
                if (logger.isDebugEnabled()) {
                    logger.debug("Skipping meta-data for: " + columnType + " " +
    procs.getInt("DATA_TYPE") + " " + procs.getString("TYPE_NAME") + " " +
    procs.getInt("NULLABLE") + " (probably a member of a collection)");
                }
            }
            else {
                // 创建 CallParameterMetaData 对象
                CallParameterMetaData meta = new CallParameterMetaData(columnName,
columnType,
                        procs.getInt("DATA_TYPE"), procs.getString("TYPE_NAME"),
                        procs.getInt("NULLABLE") ==
    DatabaseMetaData.procedureNullable);
                // 加入数据容器
                this.callParameterMetaData.add(meta);
                if (logger.isDebugEnabled()) {
                    logger.debug("Retrieved meta-data: " + meta.getParameterName() + " " +
                            meta.getParameterType() + " " + meta.getSqlType() + " " +
                            meta.getTypeName() + " " + meta.isNullable());
                }
            }
        }
    }
    catch (SQLException ex) {
        if (logger.isWarnEnabled()) {
            logger.warn("Error while retrieving meta-data for procedure columns: " + ex);
        }
    }
    finally {
        try {
            if (procs != null) {
                procs.close();
            }
        }
        catch (SQLException ex) {
            if (logger.isWarnEnabled()) {
                logger.warn("Problem closing ResultSet for procedure column meta-data: " + ex);
            }
        }
    }
}
```

在这段代码处理中，主要操作流程如下。

（1）提取 CatalogName、SchemaName 和 ProcedureName 数据信息。

（2）将第（1）步中得到的三个数据获取为对应的 Procedures 数据信息。

（3）将 Procedures 的数据信息 PROCEDURE_CAT、PROCEDURE_SCHEM 和 PROCEDURE_NAME 放入数据容器中。如果数据容器中数据量大于 1 时会抛出异常。

（4）提取 ProcedureColumns 数据信息。在得到 ProcedureColumns 数据后会循环处理单个元素，单个元素的处理过程如下。

① 提取列名。

② 提取列数据类型。

③ 通过列名、列数据类型、DATA_TYPE、TYPE_NAME 和是否为空创建 CallParameter-MetaData 对象。

④ 将第③步中创建的数据放入存储容器中。

在 SimpleJdbcCallDemo 对象中，通过该方法处理后得到的 callParameterMetaData 数据信息如图 3.13 所示。

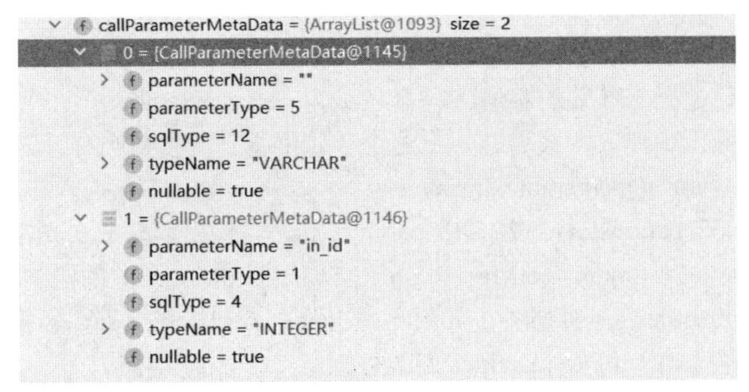

图 3.13　callParameterMetaData 数据信息

至此，完成了调用元数据初始化过程，接下来将进入初始化 declaredParameters 数据信息分析。

2. 初始化 declaredParameters 数据信息

关于 declaredParameters 数据初始化的处理代码如下。

```
this.declaredRowMappers.forEach((key, value) ->
this.declaredParameters.add(this.callMetaDataContext.createReturnResultSetParameter
(key,value)))
```

在 SimpleJdbcCallDemo 对象中，并未对 declaredRowMappers 进行数据设置，因此该方法不会执行。但是该方法还需要分析，在这个方法中，主要的处理操作是 createReturnResult-SetParameter 方法的调用，该方法的调用目的是创建 SqlParameter 对象，具体处理代码如下。

```
public SqlParameter createReturnResultSetParameter(String parameterName, RowMapper<?>
rowMapper) {
   CallMetaDataProvider provider = obtainMetaDataProvider();
   if (provider.isReturnResultSetSupported()) {
      return new SqlReturnResultSet(parameterName, rowMapper);
   }
   else {
      if (provider.isRefCursorSupported()) {
         return new SqlOutParameter(parameterName, provider.getRefCursorSqlType(),
rowMapper);
      }
      else {
         throw new InvalidDataAccessApiUsageException(
               "Return of a ResultSet from a stored procedure is not supported");
      }
   }
}
```

在这段代码中能够创建两种 SqlParameter。

（1）SqlReturnResultSet，用于从存储过程调用返回的 SqlParameter。

（2）SqlOutParameter，用于表示输出参数的 SqlParameter。

3. 处理参数列表

负责处理参数列表的代码如下。

```
this.callMetaDataContext.processParameters(this.declaredParameters)
```

在该方法中主要处理操作如下。

（1）创建用于存储返回值参数的容器，容器名称为 declaredReturnParams。

（2）创建用于存储提交参数的容器，容器名称为 declaredParams。

（3）从调用元数据中提取参数名称，在这个步骤中得到的参数名称会进行小写处理。存储该数据的容器名称为 metaDataParamNames。

（4）提取 reconcileParameters 方法参数 parameters。具体提取模式：判断 parameters 中的单个元素是不是 CallableStatement.getMoreResults/getUpdateCount 中的隐式返回对象，如果是将加入 declaredReturnParams 容器中；如果不是会加入 declaredParams 容器中。当元素类型是 SqlOutParameter 时会加入 outParamNames 容器中。

（5）创建需要执行的参数容器，容器名称为 workParams。如果不需要在过程列中使用元数据则将 declaredParams 容器中的数据作为 workParams 的数据返回完成方法处理。

（6）创建参数映射表 limitedInParamNamesMap，数据来源是 limitedInParameterNames 和调用元数据。

（7）从调用元数据中提取执行参数元数据进行处理，将处理的数据放入 workParams 容器中。

在第（7）步中，关于单个执行参数元数据的处理流程如下。

（1）从执行参数元数据中提取参数名称，变量名为 paramName。

（2）从调用元数据中提取参数名对应的数据，该参数主要用于检查，变量名为 paramNameToCheck。

（3）从调用元数据中提取参数名对应的数据，该参数主要用于后续环节，变量名为 paramNameToUse。

（4）多种 workParams 数据设置处理流程如下。

① 从 declaredParams 变量中获取方法名称对应的数据作为 workParams 中的元素。

② 从 declaredParams 变量中获取 outParameterNames 第一个元素对应的数据作为 workParams 中的元素。

③ 从 declaredParams 变量中获取 paramNameToCheck 对应的数据作为 workParams 中的元素。

④ 通过执行参数元数据提供的 createDefaultOutParameter 方法、createDefaultInOutParameter 方法或 createDefaultInParameter 方法进行创建后作为 workParams 中的元素。

上述所有行为均为处理参数列表提供帮助，关于处理参数列表的具体代码如下。

```
protected List<SqlParameter> reconcileParameters(List<SqlParameter> parameters) {
    // 提取调用元数据
    CallMetaDataProvider provider = obtainMetaDataProvider();

    // 创建用于存储返回值参数的容器
    final List<SqlParameter> declaredReturnParams = new ArrayList<>();
    // 创建用于存储提交参数的容器
```

```
        final Map<String, SqlParameter> declaredParams = new LinkedHashMap<>();
        boolean returnDeclared = false;
        // 输出参数
        List<String> outParamNames = new ArrayList<>();
        // 参数名称
        List<String> metaDataParamNames = new ArrayList<>();

        // 提取调用参数名称
        for (CallParameterMetaData meta : provider.getCallParameterMetaData()) {
           if (!meta.isReturnParameter()) {
              metaDataParamNames.add(lowerCase(meta.getParameterName()));
           }
        }

        for (SqlParameter param : parameters) {
        // 返回此参数是否为 CallableStatement.getMoreResults/getUpdateCount 的结果处理期间使
        // 用的隐式返回参数
           if (param.isResultsParameter()) {
              declaredReturnParams.add(param);
           }
           else {
              String paramName = param.getName();
              if (paramName == null) {
                 throw new IllegalArgumentException("Anonymous parameters not supported
for calls - " + "please specify a name for the parameter of SQL type " +
    param.getSqlType());
              }
              String paramNameToMatch =
    lowerCase(provider.parameterNameToUse(paramName));
              declaredParams.put(paramNameToMatch, param);
              if (param instanceof SqlOutParameter) {
                 outParamNames.add(paramName);
                 if  (isFunction()  &&  !metaDataParamNames.contains(paramNameToMatch)
&& !returnDeclared) {
                    if (logger.isDebugEnabled()) {
                       logger.debug("Using declared out parameter '" + paramName +
                             "' for function return value");
                    }
                    setFunctionReturnName(paramName);
                    returnDeclared = true;
                 }
              }
           }
        }
        setOutParameterNames(outParamNames);

        // 需要执行的参数列表
        List<SqlParameter> workParams = new ArrayList<>(declaredReturnParams);
        // 是否需要使用元数据
        if (!provider.isProcedureColumnMetaDataUsed()) {
```

```
            workParams.addAll(declaredParams.values());
            return workParams;
        }

        // 参数映射表
        Map<String, String> limitedInParamNamesMap = new
    HashMap<>(this.limitedInParameterNames.size());
        for (String limitedParamName : this.limitedInParameterNames) {
            limitedInParamNamesMap.put(lowerCase(provider.parameterNameToUse
(limitedParamName)), limitedParamName);
        }

        // 执行参数元数据处理
        for (CallParameterMetaData meta : provider.getCallParameterMetaData()) {
            // 提取参数名称
            String paramName = meta.getParameterName();
            // 用于检查的参数名称
            String paramNameToCheck = null;
            if (paramName != null) {
                // 小写参数名称
                paramNameToCheck =
    lowerCase(provider.parameterNameToUse(paramName));
            }

            String paramNameToUse = provider.parameterNameToUse(paramName);
            if (declaredParams.containsKey(paramNameToCheck) ||
    (meta.isReturnParameter() && returnDeclared)) {
                SqlParameter param;
                if (meta.isReturnParameter()) {
                    param = declaredParams.get(getFunctionReturnName());
                    if (param == null && !getOutParameterNames().isEmpty()) {
                        param =
    declaredParams.get(getOutParameterNames().get(0).toLowerCase());
                    }
                    if (param == null) {
                        throw new InvalidDataAccessApiUsageException(
                                "Unable to locate declared parameter for function return value -"
+ " add an SqlOutParameter with name '" + getFunctionReturnName() + "'");
                    }
                    else if (paramName != null) {
                        setFunctionReturnName(paramName);
                    }
                }
                else {
                    param = declaredParams.get(paramNameToCheck);
                }
                if (param != null) {
                    workParams.add(param);
                    if (logger.isDebugEnabled()) {
                        logger.debug("Using declared parameter for '" +
```

```
                        (paramNameToUse != null ? paramNameToUse :
    getFunctionReturnName()) + "'");
                    }
                }
            }
            // 不同类型的 workParams 创建
            else {
                if (meta.isReturnParameter()) {
                    if (!isFunction() && !isReturnValueRequired() && paramName != null &&
                            provider.byPassReturnParameter(paramName)) {
                        if (logger.isDebugEnabled()) {
                            logger.debug("Bypassing meta-data return parameter for '" +
paramName + "'");
                        }
                    }
                    else {
                        String returnNameToUse =
                                (StringUtils.hasLength(paramNameToUse) ?
    paramNameToUse : getFunctionReturnName());
                        workParams.add(provider.createDefaultOutParameter(returnNameToUse,
meta));
                        if (isFunction()) {
                            setFunctionReturnName(returnNameToUse);
                            outParamNames.add(returnNameToUse);
                        }
                        if (logger.isDebugEnabled()) {
                            logger.debug("Added meta-data return parameter for '" +
returnNameToUse + "'");
                        }
                    }
                }
                else {
                    if (paramNameToUse == null) {
                        paramNameToUse = "";
                    }
                    if (meta.getParameterType() == DatabaseMetaData.procedureColumnOut) {
                        workParams.add(provider.createDefaultOutParameter(paramNameToUse,
meta));
                        outParamNames.add(paramNameToUse);
                        if (logger.isDebugEnabled()) {
                            logger.debug("Added meta-data out parameter for '" +
    paramNameToUse + "'");
                        }
                    }
                    else if (meta.getParameterType() ==
    DatabaseMetaData.procedureColumnInOut) {
                        workParams.add(provider.createDefaultInOutParameter(paramNameToUse,
meta));
                        outParamNames.add(paramNameToUse);
                        if (logger.isDebugEnabled()) {
```

```
                    logger.debug("Added meta-data in-out parameter for '" +
paramNameToUse + "'");
                }
            }
            else {
                if (this.limitedInParameterNames.isEmpty() ||
                        limitedInParamNamesMap.containsKey(lowerCase(paramNameToUse))) {
                    workParams.add(provider.createDefaultInParameter(paramNameToUse,
meta));
                    if (logger.isDebugEnabled()) {
                        logger.debug("Added meta-data in parameter for '" +
paramNameToUse + "'");
                    }
                }
                else {
                    if (logger.isDebugEnabled()) {
                        logger.debug("Limited set of parameters " +
limitedInParamNamesMap.keySet() + " skipped parameter for '" + paramNameToUse + "'");
                    }
                }
            }
        }
    }
}

    return workParams;
}
```

4. 创建执行语句

本节将对创建执行语句进行分析，具体处理代码如下。

```
public String createCallString() {
    Assert.state(this.metaDataProvider != null, "No CallMetaDataProvider available");

    StringBuilder callString;
    int parameterCount = 0;
    String catalogNameToUse;
    String schemaNameToUse;

    if (this.metaDataProvider.isSupportsSchemasInProcedureCalls() &&
            !this.metaDataProvider.isSupportsCatalogsInProcedureCalls()) {
        schemaNameToUse =
this.metaDataProvider.catalogNameToUse(getCatalogName());
        catalogNameToUse =
this.metaDataProvider.schemaNameToUse(getSchemaName());
    }
    else {
        catalogNameToUse =
this.metaDataProvider.catalogNameToUse(getCatalogName());
        schemaNameToUse =
this.metaDataProvider.schemaNameToUse(getSchemaName());
    }
```

```
        // 确认需要执行的 SQL 语句名称
        String procedureNameToUse =
    this.metaDataProvider.procedureNameToUse(getProcedureName());
        // 进行字符串组装
        if (isFunction() || isReturnValueRequired()) {
          callString = new StringBuilder().append("{? = call ").
                append(StringUtils.hasLength(catalogNameToUse) ? catalogNameToUse + "." : "").
                append(StringUtils.hasLength(schemaNameToUse) ? schemaNameToUse + "." : "").
                append(procedureNameToUse).append("(");
          parameterCount = -1;
        }
        else {
          callString = new StringBuilder().append("{call ").
                append(StringUtils.hasLength(catalogNameToUse) ? catalogNameToUse + "." : "").
                append(StringUtils.hasLength(schemaNameToUse) ? schemaNameToUse + "." : "").
                append(procedureNameToUse).append("(");
        }

        // 在需要执行的 SQL 语句中将参数写入
        for (SqlParameter parameter : this.callParameters) {
          if (!parameter.isResultsParameter()) {
            if (parameterCount > 0) {
              callString.append(", ");
            }
            if (parameterCount >= 0) {
              callString.append(createParameterBinding(parameter));
            }
            parameterCount++;
          }
        }
        callString.append(")}");

        return callString.toString();
      }
```

在这段代码中主要处理操作如下。

（1）从 metaDataProvider 中获取 schemaName 和 catalogName。

（2）提取需要执行的语句名称。

（3）将语句名称进行字符串拼接。

（4）将参数带入第（3）步中的字符串完成最终组合。

关于第（4）步中参数带入会有两种类型的符号带入：“=> ?”和“? ”。

3.4.2　SimpleJdbcCall 中的 matchInParameterValuesWithCallParameters 方法分析

本节将对 SimpleJdbcCall 中的 matchInParameterValuesWithCallParameters 方法进行分析，具体处理代码如下。

```
public Map<String, ?> matchInParameterValuesWithCallParameters(Map<String, ?>
inParameters) {
   // 提取执行元数据
   CallMetaDataProvider provider = obtainMetaDataProvider();
   // 是否需要使用列元数据
   if (!provider.isProcedureColumnMetaDataUsed()) {
      return inParameters;
   }

   // 参数名称对应关系，key 小写，value 为原始值
   Map<String, String> callParameterNames = new HashMap<>(this.callParameters.size());
   for (SqlParameter parameter : this.callParameters) {
      if (parameter.isInputValueProvided()) {
         String parameterName = parameter.getName();
         // 从执行原数据中获取参数名称对应的数据
         String parameterNameToMatch =
provider.parameterNameToUse(parameterName);
         if (parameterNameToMatch != null) {
            callParameterNames.put(parameterNameToMatch.toLowerCase(), parameterName);
         }
      }
   }

   // 方法返回值容器，key 为参数名称，value 为参数值
   Map<String, Object> matchedParameters = new HashMap<>(inParameters.size());
   inParameters.forEach((parameterName, parameterValue) -> {
      // 从执行元数据中获取参数名称对应的数据值
      String parameterNameToMatch = provider.parameterNameToUse(parameterName);
      // 从参数名称映射关系中获取对应数据
      String callParameterName =
callParameterNames.get(lowerCase(parameterNameToMatch));
      if (callParameterName == null) {
         if (logger.isDebugEnabled()) {
            Object value = parameterValue;
            if (value instanceof SqlParameterValue) {
               value = ((SqlParameterValue) value).getValue();
            }
            if (value != null) {
               logger.debug("Unable to locate the corresponding IN or IN-OUT parameter
for \"" + parameterName + "\" in the parameters used: " + callParameterNames.keySet());
            }
         }
      }
      else {
         matchedParameters.put(callParameterName, parameterValue);
      }
   });

   // 数量差异的日志记录
   if (matchedParameters.size() < callParameterNames.size()) {
      for (String parameterName : callParameterNames.keySet()) {
         String parameterNameToMatch =
provider.parameterNameToUse(parameterName);
```

```
            String callParameterName =
    callParameterNames.get(lowerCase(parameterNameToMatch));
            if (!matchedParameters.containsKey(callParameterName) &&
    logger.isInfoEnabled()) {
                logger.info("Unable to locate the corresponding parameter value for '" +
parameterName + "' within the parameter values provided: " + inParameters.keySet());
            }
          }
        }

        if (logger.isDebugEnabled()) {
          logger.debug("Matching " + inParameters.keySet() + " with " +
    callParameterNames.values());
          logger.debug("Found match for " + matchedParameters.keySet());
        }
        return matchedParameters;
    }
```

上述代码中主要处理操作如下。

（1）提取执行元数据。

（2）判断是否需要使用列元数据，如果不需要则将方法参数直接返回。

（3）将集合 callParameters 中的元素从执行元数据中获取参数名称对应的数据放入 callParameterNames 容器中。

（4）处理方法参数 inParameters，从该参数中获取最终的方法返回值。返回值的数据来源是执行元数据和 inParameters 的值数据。

（5）进行数量差异日志记录。

3.4.3　SimpleJdbcCall 中的 executeCallInternal 方法分析

本节将对 SimpleJdbcCall 中的 executeCallInternal 方法进行分析，具体处理代码如下。

```
    private Map<String, Object> executeCallInternal(Map<String, ?> args) {
      CallableStatementCreator csc =
    getCallableStatementFactory().newCallableStatementCreator(args);
      if (logger.isDebugEnabled()) {
         logger.debug("The following parameters are used for call " + getCallString() +
" with " + args);
         int i = 1;
         for (SqlParameter param : getCallParameters()) {
            logger.debug(i + ": " +  param.getName() + ", SQL type "+ param.getSqlType()
+ ", type name " + param.getTypeName() + ", parameter class [" + param.getClass().getName()
+ "]");
            i++;
         }
      }
      return getJdbcTemplate().call(csc, getCallParameters());
    }
```

在这段代码中，主要处理操作如下。

（1）通过 CallableStatementCreatorFactory 对象创建 CallableStatementCreator 对象。

（2）通过 JdbcTemplate 执行 call 方法。

通过操作（1）所得到的数据信息如图 3.14 所示。

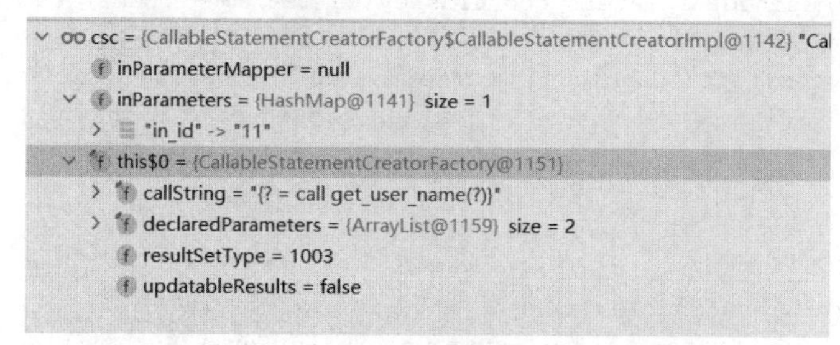

图 3.14 CallableStatementCreator 数据信息

下面对图 3.14 中一些变量进行说明。

（1）变量 callString 表示需要执行的 SQL 语句。

（2）变量 inParameters 表示参数和参数值映射。

（3）变量 declaredParameters 表示 SqlParameter 集合。

得到 CallableStatementCreator 对象后将交给 JdbcTemplate 进行处理。

3.5 总结

在本章中对 SimpleJdbc 的两个类 SimpleJdbcInsert 和 SimpleJdbcCall 进行了分析，本章从搭建 SimpleJdbcInsert 类和 SimpleJdbcCall 类的测试环境出发，在测试环境搭建过程中演示了这两个类的简单使用。在了解这两个类的简单使用后，对所涉及的源码进行了分析，包含插入时的细节处理和执行函数时的细节处理。

第4章

RdbmsOperation类分析

本章将对 RdbmsOperation 类进行分析，主要围绕它的子类 SqlQuery 和 SqlUpdate 进行分析。

4.1 RdbmsOperation 测试环境搭建

本节将搭建 RdbmsOperation 的测试环境，包括 SqlQuery 类和 SqlUpdate 类的测试环境搭建。

4.1.1 SqlQuery 测试环境搭建

本节将搭建 SqlQuery 测试环境，首先创建一个 Java 类，类名为 SqlQueryDemo，具体代码如下。

```
public class SqlQueryDemo {
   public static void main(String[] args) {
      SqlQuery<TUserEntity> query = new SqlQuery<TUserEntity>() {
         @Override
         protected RowMapper<TUserEntity> newRowMapper(Object[] parameters, Map<?, ?>
context) {
            return new RowMapper<TUserEntity>() {
               @Override
               public TUserEntity mapRow(ResultSet rs, int rowNum) throws
   SQLException {
                  TUserEntity tUserEntity = new TUserEntity();
                  tUserEntity.setName(rs.getString("name"));
                  tUserEntity.setId(rs.getLong("id"));
                  return tUserEntity;
               }
            };
         }
      };
```

```
        query.setDataSource(mysqlDataSource());
        query.setSql("select * from t_user");
        List<TUserEntity> execute = query.execute();
        System.out.println();
    }

    public static DataSource mysqlDataSource() {
        DriverManagerDataSource dataSource = new DriverManagerDataSource();
        dataSource.setDriverClassName("");
        dataSource.setUrl("");
        dataSource.setUsername("");
        dataSource.setPassword("");
        return dataSource;
    }
}
```

在 SqlQueryDemo 代码中需要补充下面四个参数。

（1）数据库驱动名称。

（2）数据库路由地址。

（3）数据库用户名。

（4）数据库密码。

下面对 main 方法中的代码进行说明。在 main 方法中首先创建了 SqlQuery 对象，并重写了 newRowMapper 方法，在这个方法中创建了 RowMapper 接口实现类（匿名类），在这个匿名类中定义了 TUserEntity 和 ResultSet 的映射关系。在后续通过 setDataSource 方法进行 DataSource 设置，通过 setSql 放入需要执行的 SQL 语句，通过 SqlQuery 提供的 execute 方法获取与数据库交互后的数据。

4.1.2 SqlUpdate 测试环境搭建

本节将搭建 SqlUpdate 测试环境，首先创建一个 Java 类，类名为 SqlUpdateDemo，具体代码如下。

```
public class SqlUpdateDemo {
    public static void main(String[] args) {
        String SQL = "update t_user set name = ? where id = ?";

        SqlUpdate sqlUpdate = new SqlUpdate(mysqlDataSource(),SQL);
        sqlUpdate.declareParameter(new SqlParameter("name", Types.VARCHAR));
        sqlUpdate.declareParameter(new SqlParameter("id", Types.INTEGER));
        sqlUpdate.compile();

        int i = sqlUpdate.update("张三", 11);
        System.out.println();
    }

    public static DataSource mysqlDataSource() {
        DriverManagerDataSource dataSource = new DriverManagerDataSource();
        dataSource.setDriverClassName("");
        dataSource.setUrl("");
```

```
        dataSource.setUsername("");
        dataSource.setPassword("");
        return dataSource;
    }
}
```

在 SqlUpdateDemo 代码中需要补充下面四个参数。

（1）数据库驱动名称。

（2）数据库路由地址。

（3）数据库用户名。

（4）数据库密码。

下面对 main 方法中的代码进行说明。在 main 方法开始定义了一个需要执行的 SQL 语句，接着创建 SqlUpdate 对象，创建参数是数据源对象和需要执行的 SQL 语句，创建完 SqlUpdate 对象后设置参数类型并调用编译方法，最后通过 update 方法进行数据库交互。注意，在 update 方法操作中如果需要传递参数，参数需要和 SQL 语句中的问号顺序相同。

4.2　初识 RdbmsOperation 类

RdbmsOperation 类是表示查询、更新或存储过程调用的多线程可重用对象。在 RdbmsOperation 类中定义了以下八个成员变量。

（1）成员变量 jdbcTemplate，用于数据库交互。

（2）成员变量 resultSetType，表示返回值类型。

（3）成员变量 updatableResults，表示是否是可更新的结果集。

（4）成员变量 returnGeneratedKeys，表示返回值是否需要更新 key。

（5）成员变量 generatedKeysColumnNames，表示需要更新的 key 列名。

（6）成员变量 sql，表示需要执行的 SQL 语句。

（7）成员变量 declaredParameters，表示需要执行的 SQL 语句的参数列表。

（8）成员变量 compiled，表示 SQL 语句是否已经编译。

RdbmsOperation 的子类如图 4.1 所示。

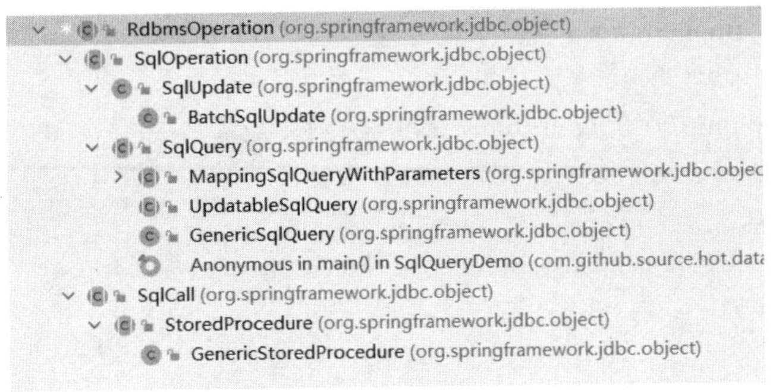

图 4.1　RdbmsOperation 的子类

在 RdbmsOperation 类中实现 InitializingBean 接口，下面对 InitializingBean 接口的实现方法进行分析，具体处理代码如下。

```
@Override
public void afterPropertiesSet() {
```

```
    compile();
}
```

在上述代码中引用了 compile 方法，具体处理代码如下。

```
public final void compile() throws InvalidDataAccessApiUsageException {
   // 判断是否编译完成
   if (!isCompiled()) {
      // 如果 SQL 语句为空则抛出异常
      if (getSql() == null) {
         throw new InvalidDataAccessApiUsageException("Property 'sql' is required");
      }

      try {
         // 进行 jdbcTemplate 的初始化操作
         this.jdbcTemplate.afterPropertiesSet();
      }
      catch (IllegalArgumentException ex) {
         throw new InvalidDataAccessApiUsageException(ex.getMessage());
      }

      // 抽象方法交给子类处理
      compileInternal();
      // 将编译状态设置为 true
      this.compiled = true;

      if (logger.isDebugEnabled()) {
         logger.debug("RdbmsOperation with SQL [" + getSql() + "] compiled");
      }
   }
}
```

在 compile 方法中具体处理流程如下。

（1）判断是否已经编译完成，如果编译完成则不做处理。

（2）获取 SQL 语句，如果 SQL 语句为空则抛出异常。

（3）进行 jdbcTemplate 的初始化操作。

（4）抽象方法 compileInternal 交给子类处理。

（5）将编译状态设置为 true。

在 RdbmsOperation 中除了 afterPropertiesSet 方法外还需要关注 validateParameters 方法，下面对该方法进行分析，在这个方法中主要进行参数验证，具体处理代码如下。

```
protected void validateParameters(@Nullable Object[] parameters) throws
InvalidDataAccessApiUsageException {
   // 编译检查
   checkCompiled();
   int declaredInParameters = 0;
   for (SqlParameter param : this.declaredParameters) {
      // 判断参数是否需要保留执行前的输入值
      if (param.isInputValueProvided()) {
         // 判断是否支持 lob 类型的参数
         if (!supportsLobParameters() &&
               (param.getSqlType() == Types.BLOB || param.getSqlType() ==
```

```
Types.CLOB)) {
            throw new InvalidDataAccessApiUsageException(
                  "BLOB or CLOB parameters are not allowed for this kind of
operation");
         }
         declaredInParameters++;
      }
   }
   // 数量检查
   validateParameterCount((parameters != null ? parameters.length : 0),
declaredInParameters);
}
```

上述代码中主要处理流程如下。

（1）编译检查，核心检查方法需要依赖 compile 方法。

（2）处理成员变量 declaredParameters 中的 sql 参数值。

（3）参数数量检查。

在第（2）步中单个元素的处理细节如下。

① 判断参数是否需要保留执行前的输入值，如果需要保留则将累计处理数量加 1。

② 在满足第（1）步的条件下判断是否支持 lob 类型的参数，如果不支持则会抛出异常。

在处理流程的第（2）步中会得到一个累计处理数量，该数量会和 validateParameters 方法的参数数量进行比较，具体处理代码如下。

```
private void validateParameterCount(int suppliedParamCount, int declaredInParamCount) {
   if (suppliedParamCount < declaredInParamCount) {
      throw new InvalidDataAccessApiUsageException(suppliedParamCount +
"parameters were supplied, but " +
            declaredInParamCount + " in parameters were declared in class [" +
getClass().getName() + "]");
   }
   if (suppliedParamCount > this.declaredParameters.size() && !allowsUnusedParameters())
{
      throw new InvalidDataAccessApiUsageException(suppliedParamCount +
"parameters were supplied, but " +
            declaredInParamCount + " parameters were declared in class [" +
getClass().getName() + "]");
   }
}
```

在这个参数数量比较过程中会抛出异常，抛出异常的条件有两个。

（1）方法参数数量小于处理数量。

（2）方法参数数量大于处理数量并且满足 allowsUnusedParameters 方法调用。

除了关于数组参数的验证外还有关于 map 参数的验证，这些验证方式的处理流程都大同小异，本节不对所有验证方式进行分析。

4.3　SqlOperation 类分析

本节将对 SqlOperation 类进行分析。SqlOperation 类的作用是提供 SQL 相关操作，在 spring-jdbc 中关于 SqlOperation 类的定义代码如下。

```
public abstract class SqlOperation extends RdbmsOperation {}
```

从 SqlOperation 的基础定义可以发现它继承自 RdbmsOperation 类，通过前面介绍已经知道 RdbmsOperation 类中需要子类实现 compileInternal 方法，在 SqlOperation 中的实现代码如下。

```
@Override
protected final void compileInternal() {
    // 创建 PreparedStatementCreatorFactory 对象
    this.preparedStatementFactory = new PreparedStatementCreatorFactory(resolveSql(),
getDeclaredParameters());
    // 设置返回值类型
    this.preparedStatementFactory.setResultSetType(getResultSetType());
    // 设置 ResultSet 是否可更新
    this.preparedStatementFactory.setUpdatableResults(isUpdatableResults());
    // 设置返回值是否需要更新 key
    this.preparedStatementFactory.setReturnGeneratedKeys(isReturnGeneratedKeys());
    if (getGeneratedKeysColumnNames() != null) {
        // 设置更新的 key 列名
        this.preparedStatementFactory.setGeneratedKeysColumnNames(getGeneratedKeys
ColumnNames());
    }

    onCompileInternal();
}
```

在这段代码中主要完成成员变量 preparedStatementFactory 的初始化，具体初始化细节如下。

（1）通过执行 SQL 语句和参数创建 PreparedStatementCreatorFactory 对象。

（2）设置 PreparedStatementCreatorFactory 的成员变量。

在第（2）步中设置成员变量的数据来源是父类 RdbmsOperation 中的成员变量。

4.4 SqlQuery 类分析

本节将对 SqlQuery 类进行分析。SqlQuery 类的作用是提供一个可重用的 SQL 查询对象，在 spring-jdbc 中关于 SqlQuery 的定义代码如下。

```
public abstract class SqlQuery<T> extends SqlOperation {}
```

从 SqlQuery 的基础定义中可以发现它继承自 SqlOperation，可能会重写 compileInternal 方法，但是在源码中并未重写 compileInternal 方法，反而增加了 newRowMapper 方法，需要子类进行实现，该方法用于创建 RowMapper 对象。在 spring-jdbc 中 SqlQuery 的子类如图 4.2 所示。

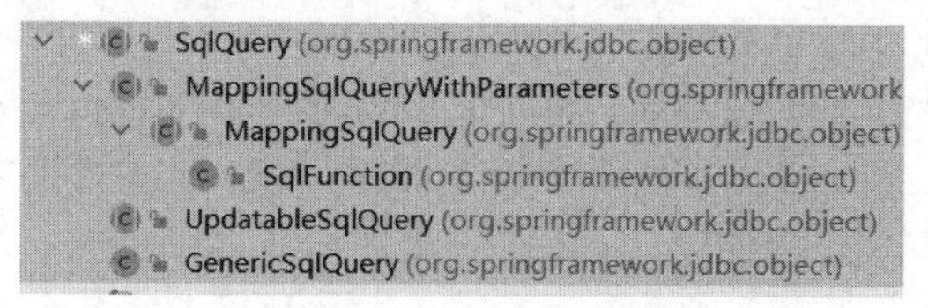

图 4.2　SqlQuery 的子类

下面先对 execute 方法进行分析。在 SqlQuery 中有多个 execute 方法，主要分析的方法代码如下。

```
public List<T> execute(@Nullable Object[] params, @Nullable Map<?, ?> context) throws
```

```
DataAccessException {
        validateParameters(params);
        RowMapper<T> rowMapper = newRowMapper(params, context);
        return getJdbcTemplate().query(newPreparedStatementCreator(params), rowMapper);
    }
```

在这段代码中主要处理流程如下。

（1）通过父类所提供的 validateParameters 方法进行参数验证。

（2）通过 newRowMapper 方法创建 RowMapper 对象。

（3）通过 JdbcTemplate 进行查询操作，将查询结果作为返回值返回。

关于参数验证在父类中已经分析完成，最后是 JdbcTemplate 的查询操作，这部分内容在 JdbcTemplate 的专项分析中已有涉及。

接下来对 newRowMapper 的实现进行分析。在 spring-jdbc 中 SqlQuery 的子类有 GenericSqlQuery、UpdatableSqlQuery、SqlFunction、MappingSqlQuery 和 MappingSqlQueryWithParameters，下面分别介绍。

首先将对 GenericSqlQuery 中的 newRowMapper 方法进行分析，具体处理代码如下。

```
    @Override
    @SuppressWarnings("unchecked")
    protected RowMapper<T> newRowMapper(@Nullable Object[] parameters, @Nullable Map<?, ?>
context) {
        if (this.rowMapper != null) {
            return this.rowMapper;
        }
        else {
            Assert.state(this.rowMapperClass != null, "No RowMapper set");
            return BeanUtils.instantiateClass(this.rowMapperClass);
        }
    }
```

在这段代码中提供了两种获取 RowMapper 实例的方式。

（1）通过成员变量 rowMapper 获取。

（2）通过成员变量 rowMapperClass 经过实例化后获取。

接下来对 UpdatableSqlQuery 中的 newRowMapper 方法进行分析，具体处理代码如下。

```
    @Override
    protected RowMapper<T> newRowMapper(@Nullable Object[] parameters, @Nullable Map<?, ?>
context) {
        return new RowMapperImpl(context);
    }
```

在这段代码中主要目标是通过 context 创建 RowMapperImpl 对象，这里需要进一步关注 RowMapperImpl 的 mapRow 方法，具体处理代码如下。

```
    @Override
    public T mapRow(ResultSet rs, int rowNum) throws SQLException {
        T result = updateRow(rs, rowNum, this.context);
        rs.updateRow();
        return result;
    }
```

在这段代码中主要处理流程如下。

（1）调用 UpdatableSqlQuery 中的抽象方法 updateRow，获取更新结果。

（2）通过 result 更新数据。

（3）将第（1）步中得到的数据作为方法返回值。

接下来对 SqlFunction 中的 mapRow 方法进行分析，具体处理代码如下。

```
@Override
@Nullable
protected T mapRow(ResultSet rs, int rowNum) throws SQLException {
   return this.rowMapper.mapRow(rs, rowNum);
}
```

在这段代码中会依赖成员变量 rowMapper 进行处理，成员变量的数据类型是 SingleColumnRowMapper。

接下来对 MappingSqlQuery 中的 mapRow 方法进行分析，具体处理代码如下。

```
@Override
@Nullable
protected final T mapRow(ResultSet rs, int rowNum, @Nullable Object[] parameters,
@Nullable Map<?, ?> context)
      throws SQLException {

   return mapRow(rs, rowNum);
}
```

在 MappingSqlQuery 子类中 mapRow 方法的调用依赖抽象方法 mapRow，具体实现由 SqlFunction 提供。

最后对 MappingSqlQueryWithParameters 对象中的 newRowMapper 方法进行分析，具体处理代码如下。

```
@Override
protected RowMapper<T> newRowMapper(@Nullable Object[] parameters, @Nullable
Map<?, ?> context) {
   return new RowMapperImpl(parameters, context);
}
```

在这个方法中需要通过 RowMapperImpl 来进行处理，在 RowMapperImpl 中关键方法是 mapRow，具体处理代码如下。

```
@Override
@Nullable
public T mapRow(ResultSet rs, int rowNum) throws SQLException {
   return MappingSqlQueryWithParameters.this.mapRow(rs, rowNum, this.params,
this.context);
}
```

在这个 mapRow 方法中会调用 MappingSqlQueryWithParameters 中的 mapRow 方法，该方法是一个抽象方法，具体实现会由子类进行处理，也就是前面分析的 MappingSqlQuery 和 SqlFunction。

4.5 SqlUpdate 类分析

本节将对 SqlUpdate 类进行分析。SqlUpdate 类的作用是提供一个可重用的 SQL 更新对象，在 spring-jdbc 中关于 SqlUpdate 的定义代码如下。

```
public class SqlUpdate extends SqlOperation {}
```

在 SqlUpdate 类中主要关注 update 方法，在 SqlUpdate 类中提供了两个 update 方法，具体处理代码如下。

```
public int update(Object... params) throws DataAccessException {
   validateParameters(params);
   int rowsAffected = getJdbcTemplate().update(newPreparedStatementCreator(params));
   checkRowsAffected(rowsAffected);
   return rowsAffected;
}
public int update(Object[] params, KeyHolder generatedKeyHolder) throws
DataAccessException {
    if (!isReturnGeneratedKeys() && getGeneratedKeysColumnNames() == null) {
       throw new InvalidDataAccessApiUsageException(
          "The update method taking a KeyHolder should only be used when generated
keys have " +
          "been configured by calling either 'setReturnGeneratedKeys' or " +
          "'setGeneratedKeysColumnNames'.");
    }
    validateParameters(params);
    int rowsAffected = getJdbcTemplate().update(newPreparedStatementCreator(params),
 generatedKeyHolder);
    checkRowsAffected(rowsAffected);
    return rowsAffected;
}
```

在这两个 update 方法中主要处理流程如下。

（1）通过父类所提供的 validateParameters 方法进行参数验证。

（2）通过 JdbcTemplate 进行更新操作。

（3）检查最大行数和所需行数，检查不通过则抛出异常。

（4）返回处理数量。

在上述四个处理步骤中主要关注第（2）步中 PreparedStatementCreator 对象的创建，具体处理代码如下。

```
protected final PreparedStatementCreator newPreparedStatementCreator(@Nullable
Object[] params) {
   Assert.state(this.preparedStatementFactory != null, "No PreparedStatementFactory
available");
   return this.preparedStatementFactory.newPreparedStatementCreator(params);
}
```

在这段代码中最终会创建 PreparedStatementCreatorImpl 对象，在 PreparedStatementCreatorImpl 对象中会有需要执行的 SQL 语句和参数，具体数据信息如图 4.3 所示。

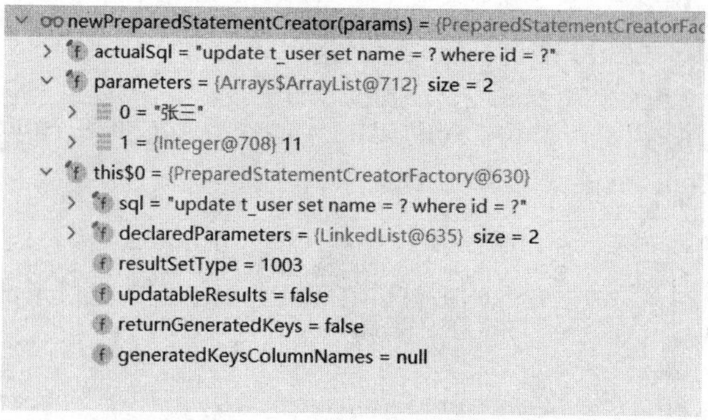

```
∨ ∞ newPreparedStatementCreator(params) = {PreparedStatementCreatorFac
  > actualSql = "update t_user set name = ? where id = ?"
  ∨ parameters = {Arrays$ArrayList@712}  size = 2
    > 0 = "张三"
    > 1 = {Integer@708} 11
  ∨ this$0 = {PreparedStatementCreatorFactory@630}
    > sql = "update t_user set name = ? where id = ?"
    > declaredParameters = {LinkedList@635}  size = 2
      resultSetType = 1003
      updatableResults = false
      returnGeneratedKeys = false
      generatedKeysColumnNames = null
```

图 4.3 newPreparedStatementCreator 执行结果

4.6 总结

在本章主要进行了 SqlQuery 类和 SqlUpdate 类的测试用例搭建，在测试环境搭建完成后对 RdbmsOperation 类、SqlOperation 类、SqlQuery 类和 SqlUpdate 进行了源码分析。在 SqlUpdate 类和 SqlQuery 类中都将与数据库的交互行为交给成员变量 JdbcTemplate 进行处理，归根到底 JdbcTemplate 在整个 RdbmsOperation 的类族中产生了至关重要的作用。

第5章

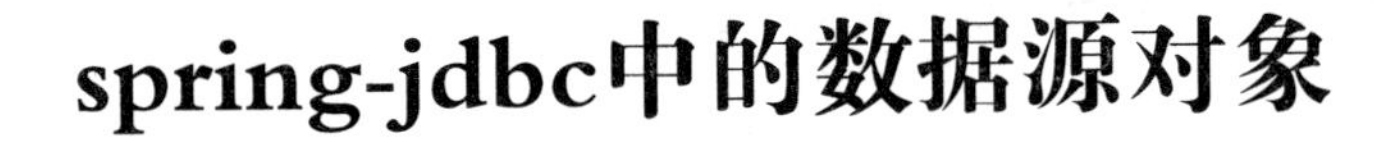

spring-jdbc中的数据源对象

本章将对 spring-jdbc 中的数据源对象（DataSource）进行分析，数据源对象承担着提供数据库链接对象的作用。在 spring-jdbc 中对于 DataSource 有多种实现方式，本章将对这些实现方式进行分析。

5.1 spring-jdbc 数据源对象梗概

在 spring-jdbc 中会通过数据源对象获得数据库链接，数据源对象是 JDBC 规范的一部分，在 spring-jdbc 中关于数据源对象的实现类如图 5.1 所示。

```
DelegatingDataSource (org.springframework.jdbc.datasource)
    TransactionAwareDataSourceProxy (org.springframework.jdbc.datasource)
    UserCredentialsDataSourceAdapter (org.springframework.jdbc.datasource)
        IsolationLevelDataSourceAdapter (org.springframework.jdbc.datasource)
            WebSphereDataSourceAdapter (org.springframework.jdbc.datasource)
    LazyConnectionDataSourceProxy (org.springframework.jdbc.datasource)
AbstractDataSource (org.springframework.jdbc.datasource)
    AbstractDriverBasedDataSource (org.springframework.jdbc.datasource)
        DriverManagerDataSource (org.springframework.jdbc.datasource)
            SingleConnectionDataSource (org.springframework.jdbc.datasource)
        SimpleDriverDataSource (org.springframework.jdbc.datasource)
    AbstractRoutingDataSource (org.springframework.jdbc.datasource.lookup)
        IsolationLevelDataSourceRouter (org.springframework.jdbc.datasource.lookup)
SmartDataSource (org.springframework.jdbc.datasource)
    SingleConnectionDataSource (org.springframework.jdbc.datasource)
EmbeddedDatabase (org.springframework.jdbc.datasource.embedded)
    EmbeddedDataSourceProxy in EmbeddedDatabaseFactory (org.springframework.jdbc.d
```

图 5.1　DataSource 的实现类

本章会在 DataSource 的类图中挑出几个关键类进行说明。

（1）类 DriverManagerDataSource，基于 JDBC 的标准实现接口，可以通过配置信息得到一个数据库链接对象。

（2）类 TransactionAwareDataSourceProxy，作用是代理数据源对象。

（3）类 DelegatingDataSource，作用是在委派模式下获取数据源的顶层类。

（4）类 EmbeddedDatabase，嵌入式数据库的数据源对象类。

5.2 委派模式下的数据源

在 spring-jdbc 中关于委派模式下的数据源实现有如下六个类。

（1）DelegatingDataSource。

（2）TransactionAwareDataSourceProxy。

（3）UserCredentialsDataSourceAdapter。

（4）IsolationLevelDataSourceAdapter。

（5）WebSphereDataSourceAdapter。

（6）LazyConnectionDataSourceProxy。

在这六个类中 DelegatingDataSource 是其他类的父类，在父类中提供了成员变量 targetDataSource，该成员变量是数据源对象，在 DelegatingDataSource 类中的操作代码都使用了数据源对象本身提供的方法，DelegatingDataSource 类的细节内容不多，整体重点在其他五个子类中。

5.2.1 TransactionAwareDataSourceProxy 中获取数据库链接对象

本节将对 TransactionAwareDataSourceProxy 类中关于 DataSource 接口的实现进行分析，具体实现代码如下。

```
@Override
public Connection getConnection() throws SQLException {
   return getTransactionAwareConnectionProxy(obtainTargetDataSource());
}
```

在这段代码中会通过 getTransactionAwareConnectionProxy 方法创建一个数据库链接对象，具体创建代码如下。

```
protected Connection getTransactionAwareConnectionProxy(DataSource targetDataSource) {
   return (Connection) Proxy.newProxyInstance(
         ConnectionProxy.class.getClassLoader(),
         new Class<?>[] {ConnectionProxy.class},
         new TransactionAwareInvocationHandler(targetDataSource));
}
```

在这段创建代码中需要重点关注 TransactionAwareInvocationHandler 对象。上述代码是 JDK 中关于代理对象创建的形式，TransactionAwareInvocationHandler 中会实现 InvocationHandler 接口，InvocationHandler 接口的实现方法尤为重要，在 invoke 方法中实现了 java.sql.Connection 接口提供的方法。关于 close 方法的实现具体代码如下。

```
else if (method.getName().equals("close")) {
   DataSourceUtils.doReleaseConnection(this.target, this.targetDataSource);
   this.closed = true;
   return null;
}
```

在这个 close 方法中通过外部工具类 DataSourceUtils 来进行数据库链接对象的释放操作，

参数是数据源和数据库链接。关于数据库链接对象的获取具体处理代码如下。

```
Connection actualTarget = this.target;
if (actualTarget == null) {
  actualTarget = DataSourceUtils.doGetConnection(this.targetDataSource);
}

if (method.getName().equals("getTargetConnection")) {
  return actualTarget;
}
```

在这段代码中通过外部工具类 DataSourceUtils 来进行数据库链接对象的获取（创建）操作，参数是数据源。

5.2.2 UserCredentialsDataSourceAdapter 中获取数据库链接对象

本节将对 UserCredentialsDataSourceAdapter 类中关于 DataSource 接口的实现进行分析，具体实现代码如下。

```
@Override
public Connection getConnection() throws SQLException {
  JdbcUserCredentials threadCredentials = this.threadBoundCredentials.get();
  Connection con = (threadCredentials != null ?
      doGetConnection(threadCredentials.username, threadCredentials.password) :
      doGetConnection(this.username, this.password));

  if (this.catalog != null) {
    con.setCatalog(this.catalog);
  }
  if (this.schema != null) {
    con.setSchema(this.schema);
  }
  return con;
}
```

上述代码的操作流程如下。

（1）从线程变量中获取数据库用户名和密码。

（2）通过数据库用户名和密码创建数据库链接对象。

（3）设置 catalog 变量和 schema 变量。

在第（1）步中涉及 JdbcUserCredentials 对象，该对象存储了数据库的用户名和密码信息，该对象的定义如下。

```
private static final class JdbcUserCredentials {

  public final String username;

  public final String password;
}
```

在第（2）步中使用 doGetConnection 方法，该方法的处理代码如下。

```
    protected Connection doGetConnection(@Nullable String username, @Nullable String
password) throws SQLException {
        Assert.state(getTargetDataSource() != null, "'targetDataSource' is required");
        if (StringUtils.hasLength(username)) {
            return getTargetDataSource().getConnection(username, password);
        }
        else {
            return getTargetDataSource().getConnection();
        }
    }
```

在 doGetConnection 方法中允许通过数据源对象加数据库用户名和密码获取，也允许不通过用户名和密码获取。注意，doGetConnection 子类会有重写。

5.2.3 IsolationLevelDataSourceAdapter 中获取数据库链接对象

本节将对 IsolationLevelDataSourceAdapter 类中关于 DataSource 接口的实现进行分析。IsolationLevelDataSourceAdapter 是 UserCredentialsDataSourceAdapter 的子类，它重写了 doGetConnection 方法，从而改变了获取数据库链接对象的获取行为。doGetConnection 方法的处理代码如下。

```
@Override
protected Connection doGetConnection(@Nullable String username, @Nullable String
password) throws SQLException {
    // 父类方法调用
    Connection con = super.doGetConnection(username, password);
    // 只读标记
    Boolean readOnlyToUse = getCurrentReadOnlyFlag();
    if (readOnlyToUse != null) {
        con.setReadOnly(readOnlyToUse);
    }
    // 隔离级别
    Integer isolationLevelToUse = getCurrentIsolationLevel();
    if (isolationLevelToUse != null) {
        con.setTransactionIsolation(isolationLevelToUse);
    }
    return con;
}
```

在这段代码中通过父类的 doGetConnection 方法获取数据库链接对象，在这个对象中设置只读标记和隔离级别两个属性。

5.2.4 WebSphereDataSourceAdapter 中获取数据库链接对象

本节将对 WebSphereDataSourceAdapter 类中关于 DataSource 接口的实现进行分析。WebSphereDataSourceAdapter 是 UserCredentialsDataSourceAdapter 的子类，它重写了 doGetConnection 方法，从而改变了获取数据库链接对象的获取行为。doGetConnection 方法的处理代码如下。

```
@Override
protected Connection doGetConnection(@Nullable String username, @Nullable String
```

```
password) throws SQLException {
   Object connSpec = createConnectionSpec(
         getCurrentIsolationLevel(), getCurrentReadOnlyFlag(), username, password);
   if (logger.isDebugEnabled()) {
      logger.debug("Obtaining JDBC Connection from WebSphere DataSource [" +
            getTargetDataSource() + "], using ConnectionSpec [" + connSpec + "]");
   }
WSDataSource.getConnection(JDBCConnectionSpec)
   Connection con = (Connection) invokeJdbcMethod(
         this.wsDataSourceGetConnectionMethod, obtainTargetDataSource(), connSpec);
   Assert.state(con != null, "No Connection");
   return con;
}
```

在 WebSphereDataSourceAdapter 对象中主要是为 com.ibm.websphere.rsadapter 相关内容做适配，在 doGetConnection 方法中主要处理流程如下。

（1）创建 JDBCConnectionSpec 对象。

（2）从 WSDataSource 中获取链接对象。

5.3　AbstractDataSource 系列的数据源

在 spring-jdbc 中除了委派模式下的数据源体系外还有关于 AbstractDataSource 的相关数据源，在 spring-jdbc 中关于 AbstractDataSource 的实现类如图 5.2 所示。

```
AbstractDataSource (org.springframework.jdbc.datasource)
  AbstractDriverBasedDataSource (org.springframework.jdbc.datasource)
    DriverManagerDataSource (org.springframework.jdbc.datasource)
      SingleConnectionDataSource (org.springframework.jdbc.datasource)
    SimpleDriverDataSource (org.springframework.jdbc.datasource)
  AbstractRoutingDataSource (org.springframework.jdbc.datasource.lookup)
    IsolationLevelDataSourceRouter (org.springframework.jdbc.datasource.loo
```

图 5.2　AbstractDataSource 的实现类

在 AbstractDataSource 类中重写了 DataSource 中需要的方法。注意，直接使用会抛出异常。在 AbstractDataSource 系列的 AbstractDriverBasedDataSource 子类中对 AbstractDataSource 类进行了数据字段的增强，新增如下六个成员变量。

（1）成员变量 url，该变量表示数据库链接地址。

（2）成员变量 username，该变量表示数据库用户名。

（3）成员变量 password，该变量表示数据库密码。

（4）成员变量 catalog，该变量表示数据库名称。

（5）成员变量 schema，该变量表示数据表名称。

（6）成员变量 connectionProperties，该变量表示链接配置信息。

在 AbstractDriverBasedDataSource 子类中关于 getConnection 方法的实现代码如下。

```
protected Connection getConnectionFromDriver(@Nullable String username, @Nullable
String password) throws SQLException {
    // 创建配置表
    Properties mergedProps = new Properties();
```

```
    // 获取成员变量的链接配置表
    Properties connProps = getConnectionProperties();
    if (connProps != null) {
       mergedProps.putAll(connProps);
    }
    // 放入数据库账号
    if (username != null) {
       mergedProps.setProperty("user", username);
    }
    // 放入数据库密码
    if (password != null) {
       mergedProps.setProperty("password", password);
    }

    // 抽象方法：获取数据库链接对象
    Connection con = getConnectionFromDriver(mergedProps);
    if (this.catalog != null) {
       // 设置 catalog
       con.setCatalog(this.catalog);
    }
    if (this.schema != null) {
       // 设置 schema
       con.setSchema(this.schema);
    }
    return con;
 }
```

在这段代码中主要获取数据库链接对象，具体处理流程如下。

（1）创建配置表。

（2）获取成员变量 connectionProperties，并将该变量放入配置表。

（3）将数据库账号放入配置表中。

（4）将数据库密码放入配置表中。

（5）通过抽象方法 getConnectionFromDriver 获取数据库链接对象。

（6）设置 catalog 和 schema 变量。

在第（5）步中提到了抽象方法 getConnectionFromDriver，AbstractDriverBasedDataSource 的子类有 DriverManagerDataSource 和 SingleConnectionDataSource，下面先对 DriverManagerDataSource 中的实现进行分析，具体处理代码如下。

```
@Override
protected Connection getConnectionFromDriver(Properties props) throws SQLException {
   String url = getUrl();
   Assert.state(url != null, "'url' not set");
   if (logger.isDebugEnabled()) {
      logger.debug("Creating new JDBC DriverManager Connection to [" + url + "]");
   }
   return getConnectionFromDriverManager(url, props);
}
```

在这段代码中还需要使用 getConnectionFromDriverManager 方法，具体处理代码如下。

```
protected Connection getConnectionFromDriverManager(String url, Properties props)
throws SQLException {
```

```
    return DriverManager.getConnection(url, props);
}
```

方法 getConnectionFromDriverManager 是 DriverManagerDataSource 中获取数据库链接对象的核心方法，在这段代码中所使用的是 JDK 原生的 DriverManager 类。最后对 SingleConnectionDataSource 类进行分析，它是 DriverManagerDataSource 的子类，主要关注的方法是 getConnection，具体处理代码如下。

```
@Override
public Connection getConnection() throws SQLException {
    synchronized (this.connectionMonitor) {
        if (this.connection == null) {
            initConnection();
        }
        if (this.connection.isClosed()) {
            throw new SQLException(
                    "Connection was closed in SingleConnectionDataSource. Check that user code checks " +
                    "shouldClose() before closing Connections, or set 'suppressClose' to 'true'");
        }
        return this.connection;
    }
}
```

在这段代码中主要涉及锁的简单操作，主要分析方法是 initConnection，该方法代码如下。

```
public void initConnection() throws SQLException {
    if (getUrl() == null) {
        throw new IllegalStateException("'url' property is required for lazily initializing a Connection");
    }
    synchronized (this.connectionMonitor) {
        closeConnection();
        this.target = getConnectionFromDriver(getUsername(), getPassword());
        prepareConnection(this.target);
        if (logger.isDebugEnabled()) {
            logger.debug("Established shared JDBC Connection: " + this.target);
        }
        this.connection = (isSuppressClose() ? getCloseSuppressingConnectionProxy(this.target) : this.target);
    }
}
```

在 initConnection 方法中，主要处理操作如下。

（1）关闭数据库链接对象。

（2）通过 getConnectionFromDriver 方法获取数据库链接对象。

（3）设置是否需要自动提交标记。

（4）根据是否禁止关闭标记创建不同的数据库链接对象。

在第（4）步中会有创建数据库链接对象的操作，具体代码如下。

```
protected Connection getCloseSuppressingConnectionProxy(Connection target) {
```

```
    return (Connection) Proxy.newProxyInstance(
        ConnectionProxy.class.getClassLoader(),
        new Class<?>[] {ConnectionProxy.class},
        new CloseSuppressingInvocationHandler(target));
}
```

5.4 总结

本章主要讨论了 spring-jdbc 中的两种处理模式的数据源：第一种处理模式是基于委派模式开发的数据源，基类对象是 DelegatingDataSource；第二种处理模式是基于抽象类 AbstractDataSource 拓展开发的数据源。

第6章

spring-jdbc中异常分析

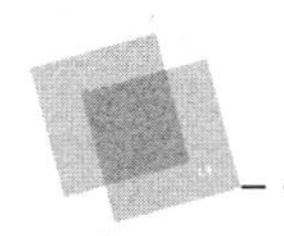

本章将主要介绍 spring-jdbc 中关于 SQL 异常的相关内容，并对 SQL 转换异常中的细节进行源码分析。

6.1 SQLErrorCodesFactory 分析

在 Java 中关于一个异常的定义通常包含如下两个元素。

（1）code，表示异常状态码。

（2）message，表示异常信息。

在 spring-jdbc 中关于异常的定义也包含上述两者，但是本节主要围绕异常状态码进行分析，异常状态码可以通过下面代码进行获取。

```
SQLErrorCodesFactory instance = SQLErrorCodesFactory.getInstance();
SQLErrorCodes h2 = instance.getErrorCodes("H2");
```

在这段代码中使用 H2 参数获取对应的异常状态码对象，在 spring-jdbc 中支持的参数对象如下。

（1）DB2。

（2）Derby。

（3）H2。

（4）HDB。

（5）HSQL。

（6）Informix。

（7）MS-SQL。

（8）MySQL。

（9）Oracle。

（10）PostgreSQL。

（11）Sybase。

上述 11 个数据对象的定义可以在 spring-jdbc/src/main/resources/org/springframework/jdbc/

support/sql-error-codes.xml 文件中找到。下面代码是 H2 在 sql-error-codes.xml 中的定义。

```
<bean id="H2" class="org.springframework.jdbc.support.SQLErrorCodes">
   <property name="badSqlGrammarCodes">
      <value>42000,42001,42101,42102,42111,42112,42121,42122,42132</value>
   </property>
   <property name="duplicateKeyCodes">
      <value>23001,23505</value>
   </property>
   <property name="dataIntegrityViolationCodes">
      <value>22001,22003,22012,22018,22025,23000,23002,23003,23502,23503,23506,23507,
23513</value>
   </property>
   <property name="dataAccessResourceFailureCodes">
      <value>90046,90100,90117,90121,90126</value>
   </property>
   <property name="cannotAcquireLockCodes">
      <value>50200</value>
   </property>
</bean>
```

在 spring-jdbc 中其他数据源名称的异常状态码定义读者可以自行查看，在上述代码中需要关注整个对象的初始化过程和 SQLErrorCodes 对象。下面将对这两个内容进行分析。

6.1.1 SQL 异常状态码初始化

本节将对 SQL 异常状态码的初始化进行分析，在前面可以看到获取异常状态码是从 SQLErrorCodesFactory 对象中进行获取的，那么关于 SQL 异常状态码的初始化也应该由该对象提供。在前面的模拟中可以看到通过 SQLErrorCodesFactory.getInstance 方法将对象进行了初始化，下面先进入 getInstance 方法，具体代码如下。

```
public static SQLErrorCodesFactory getInstance() {
   return instance;
}
```

在这个方法中可以发现这里需要使用成员变量 instance，关于这个变量的定义如下。

```
private static final SQLErrorCodesFactory instance = new SQLErrorCodesFactory();
```

在上述代码中可以发现初始化方法是 SQLErrorCodesFactory 对象的构造方法，这个方法就是接下来需要分析的重点，具体处理代码如下。

```
protected SQLErrorCodesFactory() {
   Map<String, SQLErrorCodes> errorCodes;

   try {
      // 创建 BeanFactory
      DefaultListableBeanFactory lbf = new DefaultListableBeanFactory();
      // 设置类加载器
      lbf.setBeanClassLoader(getClass().getClassLoader());
      XmlBeanDefinitionReader bdr = new XmlBeanDefinitionReader(lbf);
```

```
        // 读取资源文件
        Resource resource = loadResource(SQL_ERROR_CODE_DEFAULT_PATH);
        if (resource != null && resource.exists()) {
          // 加载资源文件中的 bean 定义
          bdr.loadBeanDefinitions(resource);
        }
        else {
          logger.info("Default sql-error-codes.xml not found (should be included in
spring-jdbc jar)");
        }

        // 加载自定义的 SQL 异常状态码
        resource = loadResource(SQL_ERROR_CODE_OVERRIDE_PATH);
        if (resource != null && resource.exists()) {
          // 加载自定义资源文件中的异常
          bdr.loadBeanDefinitions(resource);
          logger.debug("Found custom sql-error-codes.xml file at the root of the
classpath");
        }

        // 从容器中提取类型是 SQLErrorCodes 的数据将其赋值给成员变量进行存储
        errorCodes = lbf.getBeansOfType(SQLErrorCodes.class, true, false);
        if (logger.isTraceEnabled()) {
          logger.trace("SQLErrorCodes loaded: " + errorCodes.keySet());
        }
      }
      catch (BeansException ex) {
        logger.warn("Error loading SQL error codes from config file", ex);
        errorCodes = Collections.emptyMap();
      }

      this.errorCodesMap = errorCodes;
    }
```

在上述代码中提供了如下两类 SQL 异常状态码的读取方式。

（1）spring-jdbc 中默认提供的 SQL 异常状态码。

（2）开发者自定义的 SQL 异常状态码。

关于 spring-jdbc 中默认提供的 SQL 异常状态码文件位于 org/springframework/jdbc/support/sql-error-codes.xml，关于开发者自定义的 SQL 异常状态码则是以 sql-error-codes.xml 名称命名即可的，上述代码的完整处理流程如下。

（1）创建 BeanFactory 对象。

（2）对 BeanFactory 对象设置类加载器。

（3）创建 XML 的 BeanDefinition 读取器。

（4）加载 spring-jdbc 中默认的 SQL 异常状态码文件成为资源对象。

（5）通过 XMLBeanDefinition 读取器将资源文件进行解析，并将默认的 SQL 异常状态码放入 spring 容器。

（6）加载开发者自定义的 SQL 异常状态码文件成为资源对象。

（7）从 spring 容器中将类型是 SQLErrorCodes 的数据提取出来赋值给成员变量 errorCodesMap。完成上述 7 个操作即可获取 SQLErrorCodes 的数据信息，默认数据信息如图 6.1 所示。

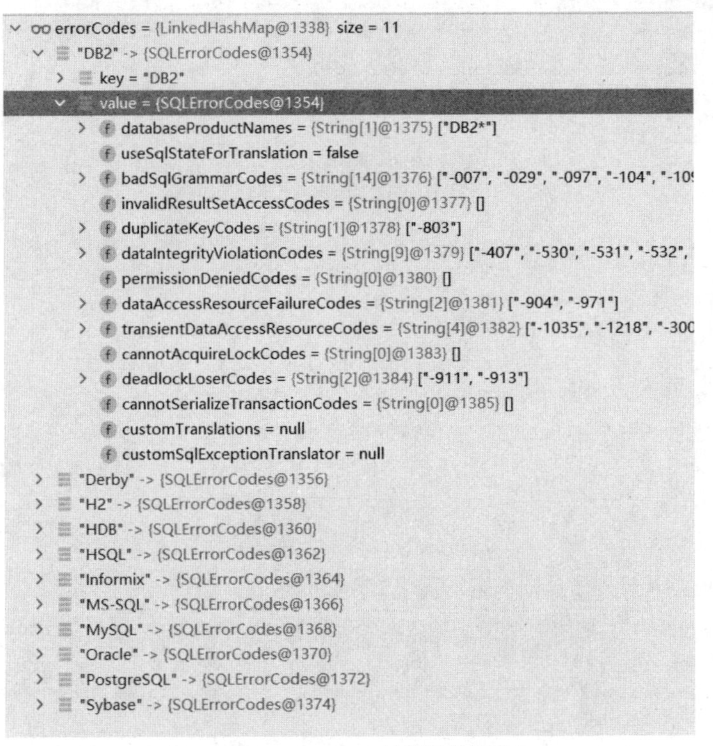

图 6.1　SQLErrorCodes 的默认数据信息

6.1.2　SQLErrorCodes 对象分析

在前面对 SQL 异常状态码的初始化做了相关分析，本节将对异常状态码进行分析，在 spring-jdbc 中关于 SQL 异常状态码的对象是 SQLErrorCodes，它是一个简单的 Java 对象（并没有复杂逻辑操作），对于这个对象主要关注的是各个成员变量的含义，具体信息如表 6.1 所示。

表 6.1　SQLErrorCodes 对象信息

变 量 名 称	变 量 类 型	变 量 含 义
databaseProductNames	String[]	数据库名称
useSqlStateForTranslation	boolean	是否需要使用 SqlState 进行转换
badSqlGrammarCodes	String[]	错误的 SQL 语法代码
invalidResultSetAccessCodes	String[]	无效的结果集访问代码
duplicateKeyCodes	String[]	重复的键码
dataIntegrityViolationCodes	String[]	数据不完整性代码
permissionDeniedCodes	String[]	权限被拒绝的代码
dataAccessResourceFailureCodes	String[]	数据访问资源失败代码
transientDataAccessResourceCodes	String[]	临时数据访问资源代码

续表

变量名称	变量类型	变量含义
cannotAcquireLockCodes	String[]	无法获得锁状态码
deadlockLoserCodes	String[]	死锁状态码
cannotSerializeTransactionCodes	String[]	无法序列化事务代码
customTranslations	CustomSQLErrorCodesTranslation[]	用于保存特定数据库的定制 JDBC 错误代码转换类
customSqlExceptionTranslator	SQLExceptionTranslator	SQL 异常状态转换器

在上述变量中出现了如下两个自定义的类。

（1）CustomSQLErrorCodesTranslation。

（2）SQLExceptionTranslator。

下面对 CustomSQLErrorCodesTranslation 类进行说明。在 CustomSQLErrorCodesTranslation 中有如下两个成员变量。

（1）成员变量 errorCodes，表示异常状态码。

（2）成员变量 exceptionClass，表示异常状态码对应的异常类，这是一个 Java 异常类。

6.2　SQLExceptionTranslator 接口分析

下面将进入 SQLExceptionTranslator 接口分析。首先查看 SQLExceptionTranslator 接口的定义，具体代码如下。

```
@FunctionalInterface
public interface SQLExceptionTranslator {

   @Nullable
   DataAccessException translate(String task, @Nullable String sql, SQLException ex);

}
```

在 SQLExceptionTranslator 接口定义中只有一个 translate 方法，该方法的主要目的是将参数 SQLException 转换为通用的 DataAccessException 对象。在 spring-jdbc 中 SQLExceptionTranslator 的子类实现有如下 4 个。

（1）类 AbstractFallbackSQLExceptionTranslator。

（2）类 SQLExceptionSubclassTranslator。

（3）类 SQLStateSQLExceptionTranslator。

（4）类 SQLErrorCodeSQLExceptionTranslator。

6.2.1　AbstractFallbackSQLExceptionTranslator 类分析

下面将对 AbstractFallbackSQLExceptionTranslator 类进行分析，关注 translate 方法，具体代码如下。

```
@Override
```

```
@NonNull
public DataAccessException translate(String task, @Nullable String sql, SQLException
ex) {
   Assert.notNull(ex, "Cannot translate a null SQLException");

   // 进行转换
   DataAccessException dae = doTranslate(task, sql, ex);
   if (dae != null) {
      return dae;
   }

   // 通过 fallBack SQLExceptionTranslator 进行转换
   SQLExceptionTranslator fallback = getFallbackTranslator();
   if (fallback != null) {
      dae = fallback.translate(task, sql, ex);
      if (dae != null) {
         return dae;
      }
   }

   return new UncategorizedSQLException(task, sql, ex);
}
```

在上述代码中主要处理流程如下。

（1）通过 doTranslate 方法进行转换。注意，doTranslate 方法是一个抽象方法，需要子类实现。如果转换成功则将结果返回完成处理。

（2）通过成员变量 fallbackTranslator 所提供的 translate 方法进行转换。注意，fallbackTranslator 的数据类型是 SQLExceptionTranslator，整体处理流程会符合当前处理流程。

（3）抛出转换失败的异常。

6.2.2 SQLExceptionSubclassTranslator 类分析

本节将对 SQLExceptionSubclassTranslator 类进行分析。SQLExceptionSubclassTranslator 类是 AbstractFallbackSQLExceptionTranslator 的子类，首先需要关注构造方法，具体代码如下。

```
public SQLExceptionSubclassTranslator() {
   setFallbackTranslator(new SQLStateSQLExceptionTranslator());
}
```

在这个构造方法中进行了父类成员变量 fallbackTranslator 的数据设置，设置对象是 SQLStateSQLExceptionTranslator，该对象会在后续进行分析，本节先对 doTranslate 进行分析，具体处理代码如下。

```
@Override
@Nullable
protected DataAccessException doTranslate(String task, @Nullable String sql,
SQLException ex) {
   if (ex instanceof SQLTransientException) {
      if (ex instanceof SQLTransientConnectionException) {
```

```
            return new TransientDataAccessResourceException(buildMessage(task, sql, ex), ex);
        }
        else if (ex instanceof SQLTransactionRollbackException) {
            return new ConcurrencyFailureException(buildMessage(task, sql, ex), ex);
        }
        else if (ex instanceof SQLTimeoutException) {
            return new QueryTimeoutException(buildMessage(task, sql, ex), ex);
        }
    }
    else if (ex instanceof SQLNonTransientException) {
        if (ex instanceof SQLNonTransientConnectionException) {
            return new DataAccessResourceFailureException(buildMessage(task, sql, ex),
ex);
        }
        else if (ex instanceof SQLDataException) {
            return new DataIntegrityViolationException(buildMessage(task, sql, ex), ex);
        }
        else if (ex instanceof SQLIntegrityConstraintViolationException) {
            return new DataIntegrityViolationException(buildMessage(task, sql, ex), ex);
        }
        else if (ex instanceof SQLInvalidAuthorizationSpecException) {
            return new PermissionDeniedDataAccessException(buildMessage(task, sql, ex),
ex);
        }
        else if (ex instanceof SQLSyntaxErrorException) {
            return new BadSqlGrammarException(task, (sql != null ? sql : ""), ex);
        }
        else if (ex instanceof SQLFeatureNotSupportedException) {
            return new InvalidDataAccessApiUsageException(buildMessage(task, sql, ex),
ex);
        }
    }
    else if (ex instanceof SQLRecoverableException) {
        return new RecoverableDataAccessException(buildMessage(task, sql, ex), ex);
    }

    return null;
}
```

在这段代码中主要是通过 SQLException 对象的不同类型进行归类转换。

6.2.3 SQLStateSQLExceptionTranslator 类分析

本节将对 SQLStateSQLExceptionTranslator 类进行分析。在 SQLStateSQLExceptionTranslator 类中需要关注它的 5 个成员变量，具体定义如下。

```
private static final Set<String> BAD_SQL_GRAMMAR_CODES = new HashSet<>(8);

private static final Set<String> DATA_INTEGRITY_VIOLATION_CODES = new
```

```
HashSet<>(8);

private static final Set<String> DATA_ACCESS_RESOURCE_FAILURE_CODES = new
HashSet<>(8);

private static final Set<String> TRANSIENT_DATA_ACCESS_RESOURCE_CODES =
new HashSet<>(8);

private static final Set<String> CONCURRENCY_FAILURE_CODES = new HashSet<>(4);
```

下面对这 5 个成员变量进行说明。

（1）成员变量 BAD_SQL_GRAMMAR_CODES 表示错误的 SQL 语法代码。

（2）成员变量 DATA_INTEGRITY_VIOLATION_CODES 表示数据完整性违规代码。

（3）成员变量 DATA_ACCESS_RESOURCE_FAILURE_CODES 表示数据访问资源失败代码。

（4）成员变量 TRANSIENT_DATA_ACCESS_RESOURCE_CODES 表示临时数据访问资源码。

（5）成员变量 CONCURRENCY_FAILURE_CODES 表示保密故障代码。

在 SQLStateSQLExceptionTranslator 类的静态代码块中有关于上述 5 个成员变量的数据初始化细节，具体代码如下。

```
static {
  BAD_SQL_GRAMMAR_CODES.add("07");
  BAD_SQL_GRAMMAR_CODES.add("21");
  BAD_SQL_GRAMMAR_CODES.add("2A");
  BAD_SQL_GRAMMAR_CODES.add("37");
  BAD_SQL_GRAMMAR_CODES.add("42");
  BAD_SQL_GRAMMAR_CODES.add("65");

  DATA_INTEGRITY_VIOLATION_CODES.add("01");
  DATA_INTEGRITY_VIOLATION_CODES.add("02");
  DATA_INTEGRITY_VIOLATION_CODES.add("22");
  DATA_INTEGRITY_VIOLATION_CODES.add("23");
  DATA_INTEGRITY_VIOLATION_CODES.add("27");
  DATA_INTEGRITY_VIOLATION_CODES.add("44");

  DATA_ACCESS_RESOURCE_FAILURE_CODES.add("08");
  DATA_ACCESS_RESOURCE_FAILURE_CODES.add("53");
  DATA_ACCESS_RESOURCE_FAILURE_CODES.add("54");
  DATA_ACCESS_RESOURCE_FAILURE_CODES.add("57");
  DATA_ACCESS_RESOURCE_FAILURE_CODES.add("58");

  TRANSIENT_DATA_ACCESS_RESOURCE_CODES.add("JW");
  TRANSIENT_DATA_ACCESS_RESOURCE_CODES.add("JZ");
  TRANSIENT_DATA_ACCESS_RESOURCE_CODES.add("S1");

  CONCURRENCY_FAILURE_CODES.add("40");
  CONCURRENCY_FAILURE_CODES.add("61");
}
```

了解了 5 个核心成员变量的作用后将对 doTranslate 方法进行分析，具体处理代码如下。

```
@Override
@Nullable
protected DataAccessException doTranslate(String task, @Nullable String sql,
SQLException ex) {
   String sqlState = getSqlState(ex);
   if (sqlState != null && sqlState.length() >= 2) {
      String classCode = sqlState.substring(0, 2);
      if (logger.isDebugEnabled()) {
         logger.debug("Extracted SQL state class '" + classCode + "' from value '" +
sqlState + "'");
      }
      if (BAD_SQL_GRAMMAR_CODES.contains(classCode)) {
         return new BadSqlGrammarException(task, (sql != null ? sql : ""), ex);
      }
      else if (DATA_INTEGRITY_VIOLATION_CODES.contains(classCode)) {
         return new DataIntegrityViolationException(buildMessage(task, sql, ex), ex);
      }
      else if (DATA_ACCESS_RESOURCE_FAILURE_CODES.contains(classCode)) {
         return new DataAccessResourceFailureException(buildMessage(task, sql, ex),
ex);
      }
      else if (TRANSIENT_DATA_ACCESS_RESOURCE_CODES.contains(classCode)) {
         return new TransientDataAccessResourceException(buildMessage(task, sql, ex),
ex);
      }
      else if (CONCURRENCY_FAILURE_CODES.contains(classCode)) {
         return new ConcurrencyFailureException(buildMessage(task, sql, ex), ex);
      }
   }

   if (ex.getClass().getName().contains("Timeout")) {
      return new QueryTimeoutException(buildMessage(task, sql, ex), ex);
   }

   return null;
}
```

在这段代码中主要处理流程如下。

（1）通过 getSqlState 方法获取 SQL 异常中的异常状态信息。

（2）获取异常状态信息的编码。

（3）通过编码判断属于五个成员变量中的哪一个进而抛出具体的一个异常。

在上述三个处理流程中关键是 getSqlState 方法，具体代码如下。

```
@Nullable
private String getSqlState(SQLException ex) {
   String sqlState = ex.getSQLState();
   if (sqlState == null) {
```

```
      SQLException nestedEx = ex.getNextException();
      if (nestedEx != null) {
         sqlState = nestedEx.getSQLState();
      }
   }
   return sqlState;
}
```

在 getSqlState 方法中关于 SQL 异常状态信息的提取有如下两种方式。

（1）从参数本身获取。

（2）从参数中的下一个异常信息中获取。

关于 SQLException 是由 Java 进行定义的，属于无法修改的处理。注意，在进行下一个异常信息获取时只允许获取下一个而不是多个。有些异常处理会进行完整的异常迭代处理，本处只执行一次。

6.2.4 SQLErrorCodeSQLExceptionTranslator 类分析

本节将对 SQLErrorCodeSQLExceptionTranslator 类进行分析，主要分析目标是 doTranslate 方法，具体代码如下。

```
@Override
@Nullable
protected DataAccessException doTranslate(String task, @Nullable String sql,
SQLException ex) {
   SQLException sqlEx = ex;
   // 进行 SQL 异常的推论,判断是否需要设置为下一个异常
   if (sqlEx instanceof BatchUpdateException && sqlEx.getNextException() != null) {
      SQLException nestedSqlEx = sqlEx.getNextException();
      if (nestedSqlEx.getErrorCode() > 0 || nestedSqlEx.getSQLState() != null) {
         logger.debug("Using nested SQLException from the BatchUpdateException");
         sqlEx = nestedSqlEx;
      }
   }

   // 自定义转换方法的处理
   DataAccessException dae = customTranslate(task, sql, sqlEx);
   if (dae != null) {
      return dae;
   }

   // 自定义 SQLExceptionTranslator 接口的处理
   if (this.sqlErrorCodes != null) {
      SQLExceptionTranslator customTranslator =
this.sqlErrorCodes.getCustomSqlExceptionTranslator();
      if (customTranslator != null) {
         DataAccessException customDex = customTranslator.translate(task, sql, sqlEx);
         if (customDex != null) {
            return customDex;
         }
```

```
            }
        }

        // 异常状态码检查
        if (this.sqlErrorCodes != null) {
            String errorCode;
            // 进行异常状态码的推断
            if (this.sqlErrorCodes.isUseSqlStateForTranslation()) {
                errorCode = sqlEx.getSQLState();
            }
            else {
                SQLException current = sqlEx;
                while (current.getErrorCode() == 0 && current.getCause() instanceof
    SQLException) {
                    current = (SQLException) current.getCause();
                }
                errorCode = Integer.toString(current.getErrorCode());
            }

            // 异常状态码不为空的处理
            if (errorCode != null) {
                CustomSQLErrorCodesTranslation[] customTranslations =
    this.sqlErrorCodes.getCustomTranslations();
                if (customTranslations != null) {
                    for (CustomSQLErrorCodesTranslation customTranslation :
    customTranslations) {
                        if (Arrays.binarySearch(customTranslation.getErrorCodes(),
    errorCode) >= 0 &&
                                customTranslation.getExceptionClass() != null) {
                            DataAccessException customException = createCustomException(
                                    task, sql, sqlEx, customTranslation.getExceptionClass());
                            if (customException != null) {
                                logTranslation(task, sql, sqlEx, true);
                                return customException;
                            }
                        }
                    }
                }
                if (Arrays.binarySearch(this.sqlErrorCodes.getBadSqlGrammarCodes(), errorCode)
>= 0) {
                    logTranslation(task, sql, sqlEx, false);
                    return new BadSqlGrammarException(task, (sql != null ? sql : ""), sqlEx);
                }
                else if
    (Arrays.binarySearch(this.sqlErrorCodes.getInvalidResultSetAccessCodes(),
errorCode) >= 0)
    {
                    logTranslation(task, sql, sqlEx, false);
                    return new InvalidResultSetAccessException(task, (sql != null ? sql : ""),
    sqlEx);
```

```
            }
            else if (Arrays.binarySearch(this.sqlErrorCodes.getDuplicateKeyCodes(),
    errorCode) >= 0) {
                logTranslation(task, sql, sqlEx, false);
                return new DuplicateKeyException(buildMessage(task, sql, sqlEx), sqlEx);
            }
            else if (Arrays.binarySearch(this.sqlErrorCodes.getDataIntegrityViolationCodes(),
    errorCode) >= 0) {
                logTranslation(task, sql, sqlEx, false);
                return new DataIntegrityViolationException(buildMessage(task, sql, sqlEx),
    sqlEx);
            }
            else if (Arrays.binarySearch(this.sqlErrorCodes.getPermissionDeniedCodes(),
    errorCode) >= 0) {
                logTranslation(task, sql, sqlEx, false);
                return new PermissionDeniedDataAccessException(buildMessage(task, sql,
    sqlEx), sqlEx);
            }
            else if
    (Arrays.binarySearch(this.sqlErrorCodes.getDataAccessResourceFailureCodes(), errorCode)
>= 0) {
                logTranslation(task, sql, sqlEx, false);
                return new DataAccessResourceFailureException(buildMessage(task, sql,
    sqlEx), sqlEx);
            }
            else if
    (Arrays.binarySearch(this.sqlErrorCodes.getTransientDataAccessResourceCodes(), errorCode)
>= 0) {
                logTranslation(task, sql, sqlEx, false);
                return new TransientDataAccessResourceException(buildMessage(task, sql,
    sqlEx), sqlEx);
            }
            else if (Arrays.binarySearch(this.sqlErrorCodes.getCannotAcquireLockCodes(),
    errorCode) >= 0) {
                logTranslation(task, sql, sqlEx, false);
                return new CannotAcquireLockException(buildMessage(task, sql, sqlEx), sqlEx);
            }
            else if (Arrays.binarySearch(this.sqlErrorCodes.getDeadlockLoserCodes(),
    errorCode) >= 0) {
                logTranslation(task, sql, sqlEx, false);
                return new DeadlockLoserDataAccessException(buildMessage(task, sql,
    sqlEx), sqlEx);
            }
            else if
    (Arrays.binarySearch(this.sqlErrorCodes.getCannotSerializeTransactionCodes(), errorCode)
>= 0) {
                logTranslation(task, sql, sqlEx, false);
                return new CannotSerializeTransactionException(buildMessage(task, sql,
    sqlEx), sqlEx);
            }
```

```
      }
   }

   if (logger.isDebugEnabled()) {
      String codes;
      if (this.sqlErrorCodes != null && this.sqlErrorCodes.isUseSqlStateForTranslation())
{
         codes = "SQL state '" + sqlEx.getSQLState() + "', error code '" +
sqlEx.getErrorCode();
      }
      else {
         codes = "Error code '" + sqlEx.getErrorCode() + "'";
      }
      logger.debug("Unable to translate SQLException with " + codes + ", will now try
the fallback translator");
   }

   return null;
}
```

上述代码的主要处理流程如下。

（1）推断需要进行处理的 SQL 异常对象，当满足下面条件时将会采集参数 SQL 异常中的下一个异常对象，如果满足参数异常类型是 BatchUpdateException 并且存在下一个异常，同时还要满足下一个异常的异常状态码大于 0 或者下一个异常的 SQL 异常状态对象不为空。

（2）通过重写的 customTranslate 方法进行转换处理。如果转换结果存在则将其作为该方法的返回结果。

（3）通过成员变量 sqlErrorCodes 中的自定义 SQL 异常转换接口（SQLExceptionTranslator）进行转换处理。如果转换结果存在则将其作为该方法的返回结果。

（4）进行 SQL 异常状态码的推断，具体推断包含下面两种情况。

① 通过 SQL 异常对象所提供的 getSQLState 方法进行推断。

② 递归处理 SQL 异常对象进行推断。

上诉两种处理情况的判断依据是 SQL 异常状态码集合中的 useSqlStateForTranslation 成员变量。

（5）对第（4）步中得到的异常状态码进行处理，当异常状态码在 SQL 异常状态码集合中的某一个集合中出现时就会抛出具体的一类异常。

6.3　总结

在本章中对于 SQL 异常转换的相关内容做了分析，本章前半部分对 spring-jdbc 中的异常定义做了初始化分析和异常信息介绍，在后半部分对 SQL 异常转换进行了相关分析。

第7章

spring-jdbc与嵌入式数据库

本章将对 spring-jdbc 与嵌入式数据库相关内容进行分析，常见的嵌入式数据库有 HSQL、H2 和 Derby，本章选择的嵌入式数据库是 H2。

7.1 嵌入式数据库环境搭建

本节将搭建 spring-jdbc 与嵌入式数据库相关环境，首先需要创建一个 SpringXML 配置文件，文件名为 EmbeddedDatabaseConfiguration，文件内容如下。

```
<?xml version="1.0" encoding="UTF-8"?>
<beans xmlns:xsi="http://www.w3.org/2001/XMLSchema-instance"
      xmlns:jdbc="http://www.springframework.org/schema/jdbc" xmlns="http://www.
springframework.org/schema/beans"
      xsi:schemaLocation="http://www.springframework.org/schema/beans http://www.
springframework.org/schema/beans/spring-beans.xsd http://www.springframework.org/schema/
jdbc http://www.springframework.org/schema/jdbc/spring-jdbc.xsd">

   <jdbc:embedded-database id="dataSource" type="H2">
      <jdbc:script location="classpath:create_table.sql"/>
      <jdbc:script location="classpath:insert_table.sql"/>
   </jdbc:embedded-database>

   <bean id="jdbcTemplate" class="org.springframework.jdbc.core.JdbcTemplate">
      <property name="dataSource" ref="dataSource"/>
   </bean>
</beans>
```

在这个配置文件中需要关注两个脚本文件。

（1）文件 create_table.sql，该文件用于创建嵌入式数据库的数据表。

（2）文件 insert_table.sql，该文件用于在嵌入式数据库中的数据表中插入数据。

文件 create_table.sql 中的内容如下。

```
CREATE TABLE users
```

```
(
    id    INTEGER PRIMARY KEY,
    name  VARCHAR(30),
    email VARCHAR(50)
);
```

文件 insert_table.sql 中的内容如下。

```
INSERT INTO users VALUES(1, 'zhangsan', 'zhangsan@gmail.com');
INSERT INTO users VALUES(2, 'lisi', 'lisi@gmail.com');
INSERT INTO users VALUES(3, 'wangwu', 'wangwu@gmail.com');
```

在完成上述基础配置文件编写后创建一个 Java 类用来进行嵌入式数据库交互，类名为 EmbeddedDatabaseDemo，具体代码如下。

```
public class EmbeddedDatabaseDemo {
   public static void main(String[] args) {
      ClassPathXmlApplicationContext context = new
ClassPathXmlApplicationContext("EmbeddedDatabaseConfiguration.xml");
      DataSource dataSource = context.getBean("dataSource", DataSource.class);
      JdbcTemplate jdbcTemplate = context.getBean("jdbcTemplate", JdbcTemplate.class);
      List<Map<String, Object>> maps = jdbcTemplate.queryForList("select * from
users");
      System.out.println();
   }
}
```

在 EmbeddedDatabaseDemo 类中进行了如下三个操作。

（1）从 Spring 容器中获取 DataSource 对象。

（2）从 Spring 容器中获取 JdbcTemplate 对象。

（3）通过 JdbcTemplate 进行查询操作。

在第（3）步中查询结果如图 7.1 所示。

图 7.1　JdbcTemplate 查询结果

从图 7.1 中可以发现这些数据信息和 insert_table.sql 文件中的数据一致，因此测试环境搭建完成。在 spring-jdbc 中除了这种依赖于 SpringXML 配置外还可以通过下面代码进行嵌入式数据库的使用，具体处理代码如下。

```
private static void withJava() {
   EmbeddedDatabase db = new EmbeddedDatabaseBuilder()
         .generateUniqueName(true)
         .setType(EmbeddedDatabaseType.H2)
```

```
            .setScriptEncoding("UTF-8")
            .ignoreFailedDrops(true)
            .addScript("create_table.sql")
            .addScripts("insert_table.sql")
            .build();


    JdbcTemplate jdbcTemplate = new JdbcTemplate(db);
    List<Map<String, Object>> maps = jdbcTemplate.queryForList("select * from users");
}
```

在 withJava 方法中启动后查看 maps 变量，具体信息如图 7.2 所示。

```
maps = {ArrayList@1209} size = 3
  0 = {LinkedCaseInsensitiveMap@1212} size = 3
    "ID" -> {Integer@1224} 1
    "NAME" -> "zhangsan"
    "EMAIL" -> "zhangsan@gmail.com"
  1 = {LinkedCaseInsensitiveMap@1213} size = 3
    "ID" -> {Integer@1234} 2
    "NAME" -> "lisi"
    "EMAIL" -> "lisi@gmail.com"
  2 = {LinkedCaseInsensitiveMap@1214} size = 3
    "ID" -> {Integer@1242} 3
    "NAME" -> "wangwu"
    "EMAIL" -> "wangwu@gmail.com"
```

图 7.2 withJava 方法中的查询结果

7.2 嵌入式数据库实例化分析

在前面关于嵌入式数据库测试环境搭建时使用了 SpringXML 方式，在配置文件中有下面配置代码。

```
<jdbc:embedded-database id="dataSource" type="H2">
  <jdbc:script location="classpath:create_table.sql"/>
  <jdbc:script location="classpath:insert_table.sql"/>
</jdbc:embedded-database>
```

上述配置在 Spring 中属于自定义标签，关于自定义标签一般会有一个用于解析的类，用于解析 jdbc 标签的类是 JdbcNamespaceHandler，具体处理代码如下。

```
public class JdbcNamespaceHandler extends NamespaceHandlerSupport {

   @Override
   public void init() {
      registerBeanDefinitionParser("embedded-database", new
EmbeddedDatabaseBeanDefinitionParser());
      registerBeanDefinitionParser("initialize-database", new
InitializeDatabaseBeanDefinitionParser());
   }
}
```

关于自定义标签的解析本章不做分析，有兴趣的可以查看 EmbeddedDatabaseBeanDefinitionParser 类和 InitializeDatabaseBeanDefinitionParser 类。接下来将对嵌入式数据库的初始化进行说明，在 spring-jdbc 中负责进行初始化嵌入式数据库的类是 EmbeddedDatabaseFactoryBean，关于 EmbeddedDatabaseFactoryBean 的定义代码如下。

```
public class EmbeddedDatabaseFactoryBean extends EmbeddedDatabaseFactory
      implements FactoryBean<DataSource>, InitializingBean, DisposableBean {}
```

通过 EmbeddedDatabaseFactoryBean 的定义可以知道它能够创建 DataSource 对象，此外还需要关注 InitializingBean 接口和 DisposableBean 接口，下面先对 InitializingBean 接口的实现做分析，具体处理代码如下。

```
@Override
public void afterPropertiesSet() {
   initDatabase();
}
```

在该方法中需要调用父类的 EmbeddedDatabaseFactory 的 initDatabase 方法来完成嵌入式数据库初始化，initDatabase 方法的具体处理代码如下。

```
protected void initDatabase() {
   // 是否需要生成唯一的数据库名
   if (this.generateUniqueDatabaseName) {
      setDatabaseName(UUID.randomUUID().toString());
   }

   // 创建嵌入式数据库
   if (this.databaseConfigurer == null) {
      // 嵌入式数据库配置初始化
      this.databaseConfigurer =
EmbeddedDatabaseConfigurerFactory.getConfigurer(EmbeddedDatabaseType.HSQL);
   }

   // 配置嵌入式数据库链接属性
   this.databaseConfigurer.configureConnectionProperties(
         this.dataSourceFactory.getConnectionProperties(), this.databaseName);
   // 获取数据源对象
   this.dataSource = this.dataSourceFactory.getDataSource();

   if (logger.isInfoEnabled()) {
      if (this.dataSource instanceof SimpleDriverDataSource) {
         SimpleDriverDataSource simpleDriverDataSource = (SimpleDriverDataSource)
this.dataSource;
         logger.info(String.format("Starting embedded database: url='%s', username='%s'",
               simpleDriverDataSource.getUrl(), simpleDriverDataSource.getUsername()));
      }
      else {
         logger.info(String.format("Starting embedded database '%s'",
this.databaseName));
      }
   }

   if (this.databasePopulator != null) {
      try {
```

```
            // 执行 SQL 语句
            DatabasePopulatorUtils.execute(this.databasePopulator, this.dataSource);
         }
         catch (RuntimeException ex) {
            shutdownDatabase();
            throw ex;
         }
      }
   }
```

在 initDatabase 方法中主要处理操作如下。

（1）判断是否需要生成唯一的数据库名，如果需要则会采用 UUID 生成结果作为数据库名。

（2）若嵌入式数据库配置信息为空则创建嵌入式数据库配置。注意，嵌入式数据库配置为 HSQL 配置。

（3）为嵌入式数据库配置添加链接相关信息。

（4）从 SimpleDriverDataSourceFactory 对象中获取数据源。注意，此时的数据源对象会根据嵌入式数据库类型做出不同的数据配置。

（5）执行 databasePopulator 中可能存在的 SQL 语句。

注意，在第（5）步中如果出现了异常则会关闭数据源。

7.2.1 configureConnectionProperties 方法分析

本节将对嵌入式数据库配置添加链接相关信息处理进行分析，具体处理方法是 configure-ConnectionProperties，方法提供者是 EmbeddedDatabaseConfigurer 接口，在 spring-jdbc 中关于该接口的子类实现有四个，具体信息如图 7.3 所示。

EmbeddedDatabaseConfigurer (org.springframework.jdbc.datasource.embedded)
AbstractEmbeddedDatabaseConfigurer (org.springframework.jdbc.datasource.embedded)
HsqlEmbeddedDatabaseConfigurer (org.springframework.jdbc.datasource.embedded)
H2EmbeddedDatabaseConfigurer (org.springframework.jdbc.datasource.embedded)
DerbyEmbeddedDatabaseConfigurer (org.springframework.jdbc.datasource.embedded)

图 7.3 EmbeddedDatabaseConfigurer 的子类

在本章中选择的嵌入式数据库是 H2 数据库，因此查看 H2EmbeddedDatabaseConfigurer 中的 configureConnectionProperties 方法，具体代码如下。

```
@Override
public void configureConnectionProperties(ConnectionProperties properties, String
databaseName) {
   properties.setDriverClass(this.driverClass);
   properties.setUrl(String.format("jdbc:h2:mem:%s;DB_CLOSE_DELAY=-1;DB_CLOSE_ON_
EXIT=false", databaseName));
   properties.setUsername("sa");
   properties.setPassword("");
}
```

在这段代码中设置了如下 4 个变量。

（1）数据库驱动。

（2）数据库链接。

（3）数据库账号。

（4）数据库密码。

在测试用例中获取到的数据源信息如图 7.4 所示。

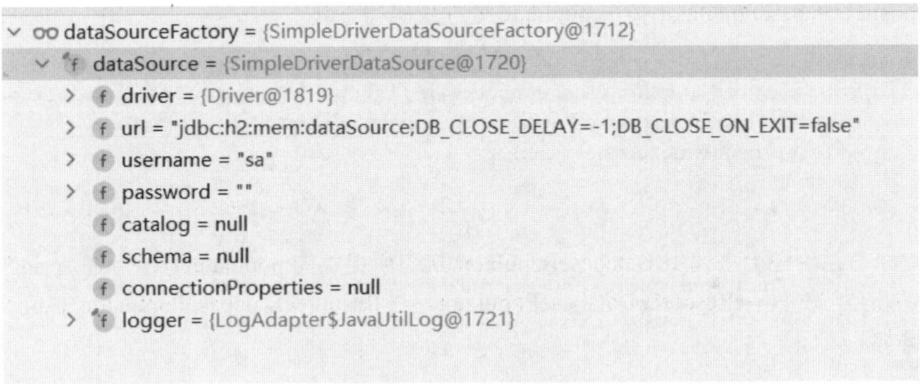

```
∨ oo dataSourceFactory = {SimpleDriverDataSourceFactory@1712}
   ∨ f dataSource = {SimpleDriverDataSource@1720}
      > f driver = {Driver@1819}
      > f url = "jdbc:h2:mem:dataSource;DB_CLOSE_DELAY=-1;DB_CLOSE_ON_EXIT=false"
      > f username = "sa"
      > f password = ""
        f catalog = null
        f schema = null
        f connectionProperties = null
      > f logger = {LogAdapter$JavaUtilLog@1721}
```

图 7.4　DataSourceFactory 数据源信息

在 HsqlEmbeddedDatabaseConfigurer 类和 DerbyEmbeddedDatabaseConfigurer 类中关于 configureConnectionProperties 方法的处理与 H2EmbeddedDatabaseConfigurer 类中的处理相似，在此不做具体分析。

7.2.2　DatabasePopulatorUtils.execute 分析

本节将对执行 DatabasePopulator 中可能存在的 SQL 语句进行分析，负责处理的代码如下。

```
public static void execute(DatabasePopulator populator, DataSource dataSource) throws
DataAccessException {
   Assert.notNull(populator, "DatabasePopulator must not be null");
   Assert.notNull(dataSource, "DataSource must not be null");
   try {
      Connection connection = DataSourceUtils.getConnection(dataSource);
      try {
         populator.populate(connection);
      }
      finally {
         DataSourceUtils.releaseConnection(connection, dataSource);
      }
   }
   catch (Throwable ex) {
      if (ex instanceof ScriptException) {
         throw (ScriptException) ex;
      }
      throw new UncategorizedScriptException("Failed to execute database script", ex);
   }
}
```

在上述代码中主要处理流程如下。

（1）获取数据库链接对象。

（2）处理 DatabasePopulator 中可能需要执行的 SQL 语句。

（3）释放数据库链接对象。

在这里需要重点关注 DatabasePopulator 接口，在 spring-jdbc 中该接口有 ResourceDatabasePopulator 类和 CompositeDatabasePopulator 类。这两个类中 ResourceDatabasePopulator 类使用频率较高。在 CompositeDatabasePopulator 类中 populate 处理代码如下。

```
@Override
public void populate(Connection connection) throws SQLException, ScriptException {
   for (DatabasePopulator populator : this.populators) {
      populator.populate(connection);
   }
}
```

在这个方法中还会去调用 DatabasePopulator 接口所提供的 populate 方法，在 spring-jdbc 中能够提供该方法的只有 ResourceDatabasePopulator，在 ResourceDatabasePopulator 中 populate 方法的代码如下。

```
@Override
public void populate(Connection connection) throws ScriptException {
   Assert.notNull(connection, "'connection' must not be null");
   for (Resource script : this.scripts) {
      EncodedResource encodedScript = new EncodedResource(script,
this.sqlScriptEncoding);
      ScriptUtils.executeSqlScript(connection, encodedScript, this.continueOnError,
this.ignoreFailedDrops,
            this.commentPrefixes, this.separator, this.blockCommentStartDelimiter,
this.blockCommentEndDelimiter);
   }
}
```

在这段代码中关键数据是 scripts，该数据就是在 SpringXML 配置文件中配置的脚本文件，具体信息如图 7.5 所示。

```
∨ oo scripts = {ArrayList@1996} size = 1
   ∨ 0 = {ClassPathResource@2004} "class path resource [create_table.sql]"
      > f path = "create_table.sql"
      > f classLoader = {Launcher$AppClassLoader@1984}
        f clazz = null
```

图 7.5　scripts 数据信息

关于这个数据的处理会遵循如下处理步骤。

（1）提取 scripts 中的元素，转换为 EncodedResource 对象。

（2）读取 EncodedResource 中的 SQL 语句并执行。

第（2）步中所使用的方法是 executeSqlScript，在该方法中通过 readScript 方法读取 SQL 语句，通过 Statement 对象执行 SQL 语句。

当执行完成所有配置的 SQL 脚本后实例化方法也就调用完成，关键变量 DataSource 被初始化成功，在 Spring 中会配合 FactoryBean 接口提取数据，在本节中 DataSource 数据信息如图 7.6 所示。

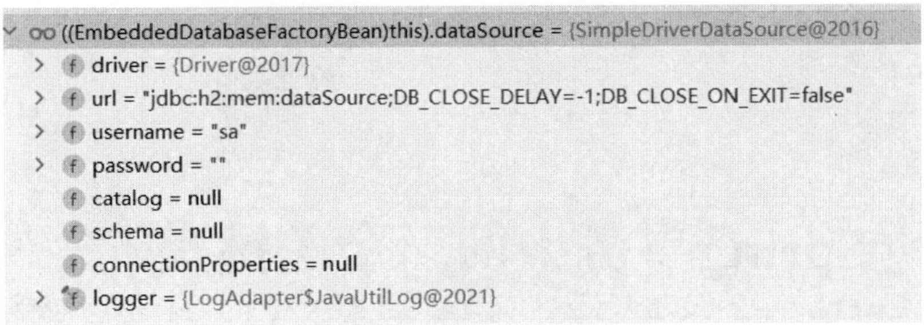

```
∨ oo ((EmbeddedDatabaseFactoryBean)this).dataSource = {SimpleDriverDataSource@2016}
  > f driver = {Driver@2017}
  > f url = "jdbc:h2:mem:dataSource;DB_CLOSE_DELAY=-1;DB_CLOSE_ON_EXIT=false"
  > f username = "sa"
  > f password = ""
    f catalog = null
    f schema = null
    f connectionProperties = null
  > f logger = {LogAdapter$JavaUtilLog@2021}
```

图 7.6　嵌入式 DataSource 数据信息

7.3　总结

在 spring-jdbc 中嵌入式数据库相关的处理操作本质上是为了构建一个嵌入式数据库的数据源对象，在 spring-jdbc 中负责处理的类是 EmbeddedDatabaseFactoryBean，本章对 EmbeddedDatabaseFactoryBean 中关于数据源对象的初始化和处理流程进行了分析。

第8章

Spring事务中的三个关键类

在本章之前对 spring-jdbc 模块进行了相关分析，从本章开始将进入 spring-tx（Spring 事务）模块相关的分析，本章主要分析的是 spring-tx 中的三个核心类，具体如下。

（1）AbstractPlatformTransactionManager。

（2）DataSourceTransactionManager。

（3）TransactionTemplate。

在本章中除了对三个核心类分析外还搭建了 Spring 事务的测试环境。

8.1 Spring 事务测试环境搭建

本节将搭建 Spring 事务测试环境，首先创建 SpringXML 配置文件，文件名为 spring-tx-01.xml，具体代码如下。

```
<?xml version="1.0" encoding="UTF-8"?>
<beans xmlns:xsi="http://www.w3.org/2001/XMLSchema-instance"
     xmlns="http://www.springframework.org/schema/beans"
     xsi:schemaLocation="http://www.springframework.org/schema/beans http://www.springframework.org/schema/beans/spring-beans.xsd">

   <bean id="dataSource"
       class="org.apache.tomcat.dbcp.dbcp2.BasicDataSource">
     <property name="driverClassName" value=""/>
     <property name="url"
            value=""/>
     <property name="username" value=""/>
     <property name="password" value=""/>
   </bean>
   <bean id="jdbcTemplate" class="org.springframework.jdbc.core.JdbcTemplate">
     <property name="dataSource" ref="dataSource"/>
   </bean>

   <bean id="transactionTemplate"
```

```
class="org.springframework.transaction.support.TransactionTemplate">
      <property name="transactionManager" ref="transactionManager"/>
   </bean>
   <bean id="transactionManager"
class="org.springframework.jdbc.datasource.DataSourceTransactionManager">
      <property name="dataSource" ref="dataSource"/>
   </bean>


   <bean class="com.github.source.hot.data.tx.WorkService">
      <property name="jdbcTemplate" ref="jdbcTemplate"/>
   </bean>
</beans>
```

在这个配置文件中读者需要配置下面 4 个数据值。

（1）数据库驱动名称 driverClassName。

（2）数据库链接地址 url。

（3）数据库账号 username。

（4）数据库密码 password。

在 spring-tx-01.xml 配置文件中配置了两个类：TransactionTemplate 和 DataSourceTransactionManager，TransactionTemplate 类提供了事务操作相关的模板方法，DataSourceTransactionManager 类提供了事务管理方法。接下来需要创建 Java 类，类名为 WorkService，在这个类中需要模拟一个事务操作，具体处理代码如下。

```
public class WorkService {
   private JdbcTemplate jdbcTemplate;

   public JdbcTemplate getJdbcTemplate() {
      return jdbcTemplate;
   }

   public void setJdbcTemplate(JdbcTemplate jdbcTemplate) {
      this.jdbcTemplate = jdbcTemplate;
   }

   @Transactional(rollbackFor = Exception.class)
   public void work() {
      jdbcTemplate.execute("INSERT INTO t_user(name) VALUES('12')");
      throw new RuntimeException("111");
   }
}
```

完成 WorkService 类的编写后编写一个测试类，类名为 TxDemo，具体代码如下。

```
public class TxDemo {
   public static void main(String[] args) {
      ClassPathXmlApplicationContext context = new
ClassPathXmlApplicationContext("spring-tx-01.xml");
      WorkService bean = context.getBean(WorkService.class);
      bean.work();
   }
}
```

当执行 main 方法后不会向数据库中插入数据并抛出异常，此时会触发回滚机制，如果将 WorkService 类中 work 方法上的 Transactional 注解删除将会插入数据并抛出异常。

8.2 事务相关接口说明

在 Spring 事务模块中关于事务有很多接口的定义，比如 TransactionDefinition 接口表示事务的定义，再如 TransactionStatus 接口表示事务的状态，本节将对一些常用的事务相关接口进行说明。

8.2.1 TransactionExecution 接口

接口 TransactionExecution 表示事务当前状态的通用表示，关于 TransactionExecution 的定义代码如下。

```
public interface TransactionExecution {

   boolean isNewTransaction();

   void setRollbackOnly();

   boolean isRollbackOnly();

   boolean isCompleted();

}
```

在接口 TransactionExecution 中提供了四个方法，这四个方法的作用如下。

（1）方法 isNewTransaction 用于判断是否是一个新的事务。

（2）方法 setRollbackOnly 用于设置事务仅回滚标记位。

（3）方法 isRollbackOnly 用于判断事务是否是仅回滚的。

（4）方法 isCompleted 用于判断事务是否已经执行完成。

8.2.2 SavepointManager 接口

接口 SavepointManager 以通用方式和编程方式管理事务保存点，关于 SavepointManager 的定义代码如下。

```
public interface SavepointManager {

   Object createSavepoint() throws TransactionException;

   void rollbackToSavepoint(Object savepoint) throws TransactionException;

   void releaseSavepoint(Object savepoint) throws TransactionException;

}
```

在接口 SavepointManager 中提供了三个方法，这三个方法的作用如下。

（1）方法 createSavepoint 用于创建一个新的保存点。

（2）方法 rollbackToSavepoint 用于回滚某一个保存点。

（3）方法 releaseSavepoint 用于释放某一个保存点。

8.2.3　TransactionStatus 接口

接口 TransactionStatus 表示事务的状态，关于 TransactionStatus 的定义代码如下。

```
public interface TransactionStatus extends TransactionExecution, SavepointManager,
Flushable {
  boolean hasSavepoint();

  @Override
  void flush();

}
```

在接口 TransactionStatus 中提供了两个方法，这两个方法的作用如下。

（1）方法 hasSavepoint 用于判断是否存在保存点。

（2）方法 flush 用于刷新存储数据（与 session 相关的刷新）。

8.2.4　TransactionDefinition 接口

接口 TransactionDefinition 定义了事务对象的基础属性和属性获取方法，关于 TransactionDefinition 的定义代码如下。

```
public interface TransactionDefinition {
  int PROPAGATION_REQUIRED = 0;
  int PROPAGATION_SUPPORTS = 1;
  int PROPAGATION_MANDATORY = 2;
  int PROPAGATION_REQUIRES_NEW = 3;
  int PROPAGATION_NOT_SUPPORTED = 4;
  int PROPAGATION_NEVER = 5;
  int PROPAGATION_NESTED = 6;
  int ISOLATION_DEFAULT = -1;
  int ISOLATION_READ_UNCOMMITTED = 1;
  int ISOLATION_READ_COMMITTED = 2;
  int ISOLATION_REPEATABLE_READ = 4;
  int ISOLATION_SERIALIZABLE = 8;
  int TIMEOUT_DEFAULT = -1;

  static TransactionDefinition withDefaults() {
    return StaticTransactionDefinition.INSTANCE;
  }

  default int getPropagationBehavior() {
    return PROPAGATION_REQUIRED;
  }

  default int getIsolationLevel() {
    return ISOLATION_DEFAULT;
  }
```

```
    default int getTimeout() {
        return TIMEOUT_DEFAULT;
    }

    default boolean isReadOnly() {
        return false;
    }

    @Nullable
    default String getName() {
        return null;
    }

}
```

在接口 TransactionDefinition 中提供了 6 个方法，这六个方法的作用如下。

（1）方法 withDefaults 用于获取默认的不可修改的事务定义对象。

（2）方法 getPropagationBehavior 用于获取事务的传播行为。

（3）方法 getIsolationLevel 用于获取事务的隔离级别。

（4）方法 getTimeout 用于获取事务处理的超时时间。

（5）方法 isReadOnly 用于判断是否是只读事务。

（6）方法 getName 用于获取事务名称。

在接口 TransactionDefinition 中还有一些常量，这些常量用来表示事务传播行为和事务隔离级别。

8.2.5 PlatformTransactionManager 接口

接口 PlatformTransactionManager 定义了事务的操作行为，也可以理解为事务管理，关于 PlatformTransactionManager 的定义代码如下。

```
public interface PlatformTransactionManager extends TransactionManager {

    TransactionStatus getTransaction(@Nullable TransactionDefinition definition)
            throws TransactionException;

    void commit(TransactionStatus status) throws TransactionException;

    void rollback(TransactionStatus status) throws TransactionException;

}
```

在接口 TransactionDefinition 中提供了三个方法，这三个方法的作用如下。

（1）方法 getTransaction 用于获取事务状态对象。

（2）方法 commit 用于提交事务。

（3）方法 rollback 用于回滚事务。

在 Spring 事务项目中除了 PlatformTransactionManager 以外还有一个作用类似的事务管理器，它是 ReactiveTransactionManager，用于响应式事务管理，一般配合 R2JDBC 进行使用。

8.2.6　TransactionCallback 接口

接口 TransactionCallback 的作用是进行事务回调，关于 TransactionCallback 的定义代码如下。

```
@FunctionalInterface
public interface TransactionCallback<T> {

   @Nullable
   T doInTransaction(TransactionStatus status);

}
```

在接口 TransactionCallback 中提供了一个方法 doInTransaction，它用于执行事务。

8.2.7　TransactionOperations 接口

接口 TransactionOperations 的作用是进行事务回调操作，关于 TransactionOperations 的定义代码如下。

```
public interface TransactionOperations {
   @Nullable
   <T> T execute(TransactionCallback<T> action) throws TransactionException;

   default void executeWithoutResult(Consumer<TransactionStatus> action) throws
TransactionException {
      execute(status -> {
         action.accept(status);
         return null;
      });
   }

   static TransactionOperations withoutTransaction() {
      return WithoutTransactionOperations.INSTANCE;
   }

}
```

在接口 TransactionOperations 中提供了三个方法，这三个方法的作用如下。

（1）方法 execute 用于执行事务回调接口。

（2）方法 executeWithoutResult 用于执行事务。

（3）方法 withoutTransaction 用于返回 TransactionOperations 的实现类，默认实现类是 WithoutTransactionOperations。

8.2.8　TransactionFactory 接口

接口 TransactionFactory 表示事务工厂，主要用于创建事务，关于 TransactionFactory 的定义代码如下。

```
public interface TransactionFactory {

   Transaction createTransaction(@Nullable String name, int timeout) throws
```

```
NotSupportedException, SystemException;

    boolean supportsResourceAdapterManagedTransactions();

}
```

在接口 TransactionFactory 中提供了两个方法，这两个方法的作用如下。

（1）方法 createTransaction 用于创建事务对象。

（2）方法 supportsResourceAdapterManagedTransactions 用于确定是否支持由资源适配器管理的 XA 事务。

8.3 AbstractPlatformTransactionManager 类分析

接下来将对 AbstractPlatformTransactionManager 类中的 getTransaction 方法进行分析。在 AbstractPlatformTransactionManager 类中它实现了接口 PlatformTransactionManager 所提供的 getTransaction 方法，该方法是用于获取事务的方法，具体处理代码如下。

```
@Override
public final TransactionStatus getTransaction(@Nullable TransactionDefinition definition)
    throws TransactionException {

    // 获取事务的定义对象
    TransactionDefinition def = (definition != null ? definition
                                  : TransactionDefinition.withDefaults());

    // 获取事务
    Object transaction = doGetTransaction();
    boolean debugEnabled = logger.isDebugEnabled();

    // 是否存在事务
    if (isExistingTransaction(transaction)) {
        // 存在事务后处理什么操作,处理事务嵌套
        return handleExistingTransaction(def, transaction, debugEnabled);
    }

    // 超时的校验，如果小于默认值则抛出异常
    if (def.getTimeout() < TransactionDefinition.TIMEOUT_DEFAULT) {
        throw new InvalidTimeoutException("Invalid transaction timeout",
def.getTimeout());
    }

    // 没有事务则抛出异常
    if (def.getPropagationBehavior() ==
TransactionDefinition.PROPAGATION_MANDATORY) {
        throw new IllegalTransactionStateException(
            "No existing transaction found for transaction marked with propagation
'mandatory'");
    } else if (def.getPropagationBehavior() ==
TransactionDefinition.PROPAGATION_REQUIRED ||
```

```
            def.getPropagationBehavior() ==
TransactionDefinition.PROPAGATION_REQUIRES_NEW ||
            def.getPropagationBehavior() ==
TransactionDefinition.PROPAGATION_NESTED) {
        // 事务挂起
        SuspendedResourcesHolder suspendedResources = suspend(null);
        if (debugEnabled) {
            logger.debug("Creating new transaction with name [" + def.getName() + "]: "
+ def);
        }
        try {
            boolean newSynchronization = (getTransactionSynchronization()
                                    != SYNCHRONIZATION_NEVER);
            // 创建默认的事务
            DefaultTransactionStatus status = newTransactionStatus(
                def, transaction, true, newSynchronization, debugEnabled,
                suspendedResources);
            // 开始事务
            doBegin(transaction, def);
            // 同步事务处理
            prepareSynchronization(status, def);
            return status;
        }
        catch (RuntimeException | Error ex) {
            // 恢复挂起的事务
            resume(null, suspendedResources);
            throw ex;
        }
    } else {
        if (def.getIsolationLevel() != TransactionDefinition.ISOLATION_DEFAULT &&
logger
            .isWarnEnabled()) {
            logger.warn(
                "Custom isolation level specified but no actual transaction initiated; " +
                "isolation level will effectively be ignored: " + def);
        }
        boolean newSynchronization = (getTransactionSynchronization()
                                == SYNCHRONIZATION_ALWAYS);
        // 创建 TransactionStatus 对象
        return prepareTransactionStatus(def, null, true, newSynchronization,
debugEnabled, null);
    }
}
```

在 getTransaction 中主要处理流程如下。

（1）获取事务的定义对象。

（2）获取事务，交给抽象方法 doGetTransaction 处理。

（3）判断是否存在事务，如果存在则交给 handleExistingTransaction 方法进行事务处理。

（4）进行事务超时校验，如果第（1）步中获取的事务定义中的超时时间小于默认的事务超时时间将抛出异常。

（5）获取事务传播行为，如果事务传播行为标识为 2 则抛出异常。

（6）当事务传播行为标识为 0、3 或 6 时会进行下面处理。

① 挂起当前事务。

② 获取是否需要进行事务同步标记。注意，一般情况下不需要主动进行事务同步。

③ 创建事务对象，具体实例为 DefaultTransactionStatus。

④ 开始事务。

⑤ 同步事务相关处理。

⑥ 在上述操作过程中可能会出现异常，当出现异常时会将挂起的事务进行恢复。

（7）在事务传播标记不为 2、0、3 和 6 时会进行如下操作：通过 prepareTransactionStatus 方法创建 TransactionStatus 对象，将其作为方法返回值。

在上述操作流程中提及的事务传播行为标记具体内容有 7 个，详细信息见表 8.1 所示的事务传播类型说明。

表 8.1　事务传播类型说明

事务传播类型	事务传播说明	事务传播标记
PROPAGATION_REQUIRED	如果当前没有事务则新开一个事务，如果已经存在一个事务则在这个事务中追加事务	0
PROPAGATION_SUPPORTS	支持当前事务，如果当前没有事务则以非事务形式执行	1
PROPAGATION_MANDATORY	使用当前事务，如果没有事务则抛出异常	2
PROPAGATION_REQUIRES_NEW	新建事务，如果当前存在事务则挂起当前事务	3
PROPAGATION_NOT_SUPPORTED	以非事务的形式执行，如果当前存在事务则挂起当前事务	4
PROPAGATION_NEVER	以非事务的形式执行，如果当前存在事务则抛出异常	5
PROPAGATION_NESTED	如果当前存在事务则嵌套执行，如果当前没有事务则与 PROPAGATION_REQUIRED 执行操作类似	6

除了事务传播标记以外还需要关注如下 5 个方法。

（1）方法 handleExistingTransaction，作用是为当前事务创建一个事务对象，并且处理可能存在的嵌套事务。

（2）方法 suspend，作用是挂起事务。

（3）方法 newTransactionStatus，作用是根据指定参数创建事务对象。

（4）方法 prepareSynchronization，作用是初始化事务和同步事务。

（5）方法 prepareTransactionStatus，作用是根据指定参数创建事务对象。

8.3.1　handleExistingTransaction 方法分析

本节将对 handleExistingTransaction 方法进行分析，该方法的作用是为当前事务创建一个事务对象，并且处理可能存在的嵌套事务，具体处理代码如下。

```
private TransactionStatus handleExistingTransaction(
    TransactionDefinition definition, Object transaction, boolean debugEnabled)
    throws TransactionException {
```

```
// 获取事务传播行为 ,如果事务传播行为标记是 PROPAGATION_NEVER 则抛出异常
if (definition.getPropagationBehavior() ==
TransactionDefinition.PROPAGATION_NEVER) {
    throw new IllegalTransactionStateException(
        "Existing transaction found for transaction marked with propagation 'never'");
}


// 获取事务传播行为,如果事务传播行为标记是 PROPAGATION_NOT_SUPPORTED
if (definition.getPropagationBehavior()
    == TransactionDefinition.PROPAGATION_NOT_SUPPORTED) {
  if (debugEnabled) {
    logger.debug("Suspending current transaction");
  }
  // 挂起当前事务
  Object suspendedResources = suspend(transaction);
  // 获取是否需要进行事务同步的标记
  boolean newSynchronization = (getTransactionSynchronization()
      == SYNCHRONIZATION_ALWAYS);
  // 创建事务对象
  return prepareTransactionStatus(
      definition, null, false, newSynchronization, debugEnabled,
suspendedResources);
}

// 获取事务传播行为,如果事务传播行为标记是 PROPAGATION_REQUIRES_NEW
if (definition.getPropagationBehavior() ==
TransactionDefinition.PROPAGATION_REQUIRES_NEW) {
  if (debugEnabled) {
    logger.debug(
        "Suspending current transaction, creating new transaction with name [" +
            definition.getName() + "]");
  }
  // 挂起当前事务
  SuspendedResourcesHolder suspendedResources = suspend(transaction);
  try {
    // 获取是否需要进行事务同步的标记
    boolean newSynchronization = (getTransactionSynchronization()
        != SYNCHRONIZATION_NEVER);
    // 创建事务对象
    DefaultTransactionStatus status = newTransactionStatus(
        definition, transaction, true, newSynchronization, debugEnabled,
        suspendedResources);
    // 开始事务处理
    doBegin(transaction, definition);
    // 初始化事务和同步事务
    prepareSynchronization(status, definition);
    return status;
  } catch (RuntimeException | Error beginEx) {
```

```
            // 内部事务失败后开始恢复外部事务
            resumeAfterBeginException(transaction, suspendedResources, beginEx);
            throw beginEx;
        }
    }

    // 获取事务传播行为,如果事务传播行为标记是 PROPAGATION_NESTED
    if (definition.getPropagationBehavior() ==
TransactionDefinition.PROPAGATION_NESTED) {
        if (!isNestedTransactionAllowed()) {
            throw new NestedTransactionNotSupportedException(
                    "Transaction manager does not allow nested transactions by default - " +
                        "specify 'nestedTransactionAllowed' property with value 'true'");
        }
        if (debugEnabled) {
            logger.debug(
                    "Creating nested transaction with name [" + definition.getName() + "]");
        }
        // 是否需要对嵌套事务使用保存点
        if (useSavepointForNestedTransaction()) {
            // 初始化事务和同步事务
            DefaultTransactionStatus status =
                    prepareTransactionStatus(definition, transaction, false, false,
                        debugEnabled, null);
            // 创建一个保存点并将其保存在事务中
            status.createAndHoldSavepoint();
            return status;
        } else {
            boolean newSynchronization = (getTransactionSynchronization()
                    != SYNCHRONIZATION_NEVER);
            // 创建事务对象
            DefaultTransactionStatus status = newTransactionStatus(
                    definition, transaction, true, newSynchronization, debugEnabled, null);
            // 开始事务处理
            doBegin(transaction, definition);
            // 初始化事务和同步事务
            prepareSynchronization(status, definition);
            return status;
        }
    }

    if (debugEnabled) {
        logger.debug("Participating in existing transaction");
    }
    // 是否在参与现有事务之前进行验证
    if (isValidateExistingTransaction()) {
        // 事务隔离级别不为默认级别的处理
        if (definition.getIsolationLevel() != TransactionDefinition.ISOLATION_DEFAULT)
        {
            // 获取当前事务的隔离级别
```

```
        Integer currentIsolationLevel = TransactionSynchronizationManager
            .getCurrentTransactionIsolationLevel();
        // 当前事务隔离级别不为空或者当前事务隔离级别和事务定义中的隔离级别不相同
        if (currentIsolationLevel == null || currentIsolationLevel != definition
            .getIsolationLevel()) {
          // 获取常量对象，用于抛出异常
          Constants isoConstants = DefaultTransactionDefinition.constants;
          throw new IllegalTransactionStateException(
              "Participating transaction with definition [" +
                  definition
                  + "] specifies isolation level which is incompatible with existing
transaction: " + (currentIsolationLevel != null ?
                      isoConstants.toCode(currentIsolationLevel,
                          DefaultTransactionDefinition.PREFIX_ISOLATION) :
                      "(unknown)"));
        }
      }
      // 事务是否为只读的
      if (!definition.isReadOnly()) {
        // 若当前事务是只读的则抛出异常
        if (TransactionSynchronizationManager.isCurrentTransactionReadOnly()) {
          throw new IllegalTransactionStateException(
              "Participating transaction with definition [" + definition
                  + "] is not marked as read-only but existing transaction is");
        }
      }
    }
    boolean newSynchronization = (getTransactionSynchronization() !=
  SYNCHRONIZATION_NEVER);
    // 创建 TransactionStatus 对象
    return prepareTransactionStatus(definition, transaction, false, newSynchronization,
        debugEnabled, null);
  }
```

在 handleExistingTransaction 方法中根据不同的事务传播行为标记采取了不同的处理方法，具体处理如下。

（1）当事务传播行为是 PROPAGATION_NEVER 时将抛出异常。

（2）当事务传播行为是 PROPAGATION_NOT_SUPPORTED 时会进行如下操作。

① 挂起当前事务。

② 获取是否需要进行事务同步的标记。

③ 通过参数创建事务对象。

（3）当事务传播行为是 PROPAGATION_REQUIRES_NEW 时会进行如下操作。

① 挂起当前事务。

② 获取是否需要进行事务同步的标记。

③ 创建事务对象。

④ 开始事务处理。

⑤ 初始化事务和同步事务。

在上述五个操作中可能会出现异常，当有异常时会恢复外部的事务。

（4）当事务传播行为是 PROPAGATION_NESTED 时会进行如下操作。

① 判断是否支持嵌套事务，如果不支持则抛出异常。

② 判断是否需要对嵌套事务使用保存点。如果需要则会创建事务对象并初始化，并且通过事务对象创建一个保存点，并将保存点放在事务对象中。如果不需要则进行如下操作。

a. 获取是否需要进行事务同步标记。

b. 创建事务对象。

c. 开始事务处理。

d. 初始化事务和同步事务。

在 handleExistingTransaction 方法中除了对于事务传播行为的处理外还有如下处理，这部分处理是紧接着传播处理之后进行的：判断是否需要在参与现有事务之前对其进行验证，如果需要则会进行如下两种操作。

（1）当前事务隔离级别不是默认的事务隔离级别，并且当前事务隔离级别不为空或者当前事务隔离级别和事务定义中的隔离级别不相同时抛出异常。

（2）判断事务是否可读，如果不可读再进一步判断事务管理器中的事务是否只读，如果是将会抛出异常。

在上述处理操作都不出现异常时会进行事务对象的创建，在创建完成后完成该方法的处理。

8.3.2 suspend 方法分析

本节将对 suspend 方法进行分析，该方法的作用是挂起事务，具体处理代码如下。

```
@Nullable
protected final SuspendedResourcesHolder suspend(@Nullable Object transaction)
    throws TransactionException {
    // 判断事务是否处于活跃状态
    if (TransactionSynchronizationManager.isSynchronizationActive()) {
        // 挂起所有当前同步的事务，并停用当前线程的事务同步
        List<TransactionSynchronization> suspendedSynchronizations =
doSuspendSynchronization();
        try {
            Object suspendedResources = null;
            if (transaction != null) {
                // 挂起当前事务
                suspendedResources = doSuspend(transaction);
            }
            // 获取当前正在处理的事务名称
            String name =
TransactionSynchronizationManager.getCurrentTransactionName();
            // 设置事务名称
            TransactionSynchronizationManager.setCurrentTransactionName(null);
            // 获取事务只读标记
            boolean readOnly =
TransactionSynchronizationManager.isCurrentTransactionReadOnly();
            // 将只读标记设置为 false
            TransactionSynchronizationManager.setCurrentTransactionReadOnly(false);
            // 获取事务隔离级别
```

```
            Integer isolationLevel = TransactionSynchronizationManager
                .getCurrentTransactionIsolationLevel();
            // 设置事务隔离级别为 null
TransactionSynchronizationManager.setCurrentTransactionIsolationLevel(null);
            // 获取事务是否活跃
            boolean wasActive =
TransactionSynchronizationManager.isActualTransactionActive();
            // 设置事务激活状态
            TransactionSynchronizationManager.setActualTransactionActive(false);
            return new SuspendedResourcesHolder(
                suspendedResources, suspendedSynchronizations, name, readOnly,
                isolationLevel, wasActive);
        } catch (RuntimeException | Error ex) {
            // 重新激活事务
            doResumeSynchronization(suspendedSynchronizations);
            throw ex;
        }
    } else if (transaction != null) {
        Object suspendedResources = doSuspend(transaction);
        return new SuspendedResourcesHolder(suspendedResources);
    } else {
        return null;
    }
}
```

在 suspend 方法中根据事务处于激活状态会进行如下操作。

（1）挂起所有当前同步事务，并停用当前线程的事务同步。

（2）如果事务对象不为空则会进行事务挂起操作。

（3）获取当前正在处理的事务名称，将事务名称设置为 null。

（4）获取当前正在处理的事务中的只读标记，将事务只读标记设置为 false。

（5）获取当前正在处理的事务隔离级别，将事务隔离级别设置为 null。

（6）获取当前正在处理的事务是否活跃，将事务是否活跃设置为 false。

（7）通过挂起事务得到事务对象，通过获取事务名称、只读标记、隔离级别和是否活跃创建 SuspendedResourcesHolder 对象。

在上述 7 个操作过程中有可能出现异常情况，当出现异常时会将事务重新激活。在 suspend 方法中除了事务激活状态的处理外还会对参数事务对象进行非空判断，当事务对象不为空时会进行如下操作。

（1）挂起方法参数的事务对象。

（2）通过挂起的事务对象创建 SuspendedResourcesHolder 对象。

当不满足事务处于激活状态并且事务对象为空时会返回 null。

8.3.3 newTransactionStatus 方法分析

本节将对 newTransactionStatus 方法进行分析，该方法的作用是创建事务对象，具体处理代码如下。

```
protected DefaultTransactionStatus newTransactionStatus(
```

```
    TransactionDefinition definition, @Nullable Object transaction, boolean
newTransaction,
    boolean newSynchronization, boolean debug, @Nullable Object suspendedResources)
{

  boolean actualNewSynchronization = newSynchronization &&
      !TransactionSynchronizationManager.isSynchronizationActive();
  return new DefaultTransactionStatus(
      transaction, newTransaction, actualNewSynchronization,
      definition.isReadOnly(), debug, suspendedResources);
}
```

在 newTransactionStatus 方法中会根据参数创建 DefaultTransactionStatus 对象，所涉及的参数如下。

（1）transaction，表示事务对象。

（2）newTransaction，表示是否是一个新的事务。

（3）newSynchronization，表示是否给指定的事务开启一个新事务。

（4）readOnly，表示事务是否只读。

（5）debug，表示是否启动调试日志。

（6）suspendedResources，表示事务持有者。

8.3.4 prepareSynchronization 方法分析

本节将对 prepareSynchronization 方法进行分析，该方法的作用是初始化事务和同步事务，具体处理代码如下。

```
protected void prepareSynchronization(DefaultTransactionStatus status,
    TransactionDefinition definition) {
  // 是否开启新事务同步
  if (status.isNewSynchronization()) {
    // 设置是否有新的事务
TransactionSynchronizationManager.setActualTransactionActive(status.hasTransaction());
    // 设置事务隔离级别
    TransactionSynchronizationManager.setCurrentTransactionIsolationLevel(
        definition.getIsolationLevel() !=
TransactionDefinition.ISOLATION_DEFAULT ?
            definition.getIsolationLevel() : null);
    // 设置事务是否只读
    TransactionSynchronizationManager
        .setCurrentTransactionReadOnly(definition.isReadOnly());
    // 设置事务名称
TransactionSynchronizationManager.setCurrentTransactionName(definition.getName());
    // 初始化并同步事务
    TransactionSynchronizationManager.initSynchronization();
  }
}
```

在 prepareSynchronization 方法中主要处理目标是开启事务同步的事务，这类事务会进行如

下处理。

（1）设置线程变量中的事务是否存在新的事务标记。

（2）设置线程变量中的事务隔离级别，事务隔离级别从事务对象中来。

（3）设置线程变量中的事务是否只读。

（4）设置线程变量中的事务名称。

（5）初始化线程变量中的事务并同步事务。

这个方法中的设置行为都是通过 TransactionSynchronizationManager 对象进行的，主要操作的是 TransactionSynchronizationManager 中的成员变量，具体包含的成员变量如下。

（1）成员变量 actualTransactionActive。

（2）成员变量 currentTransactionIsolationLevel。

（3）成员变量 currentTransactionReadOnly。

（4）成员变量 currentTransactionName。

（5）成员变量 synchronizations。

8.3.5　prepareTransactionStatus 方法分析

本节将对 prepareTransactionStatus 方法进行分析，该方法的作用是创建事务并同步事务，具体处理代码如下。

```
protected final DefaultTransactionStatus prepareTransactionStatus(
      TransactionDefinition definition, @Nullable Object transaction, boolean
newTransaction,
      boolean newSynchronization, boolean debug, @Nullable Object suspendedResources)
{

   // 创建事务对象
   DefaultTransactionStatus status = newTransactionStatus(
         definition, transaction, newTransaction, newSynchronization, debug,
         suspendedResources);
   // 初始化事务并同步事务
   prepareSynchronization(status, definition);
   return status;
}
```

在 prepareTransactionStatus 方法中主要调用 newTransactionStatus 方法和 prepareSynchronization 方法来完成事务的创建和同步。

8.3.6　doSuspendSynchronization 方法分析

本节将对 doSuspendSynchronization 方法进行分析，该方法的作用是挂起同步事务，具体处理代码如下。

```
private List<TransactionSynchronization> doSuspendSynchronization() {
   // 从事务同步管理器中提取当前所有的事务回调接口
   List<TransactionSynchronization> suspendedSynchronizations =
         TransactionSynchronizationManager.getSynchronizations();
```

```
    // 执行事务接口中的挂起方法
    for (TransactionSynchronization synchronization : suspendedSynchronizations) {
      synchronization.suspend();
    }
    // 停用事务
    TransactionSynchronizationManager.clearSynchronization();
    return suspendedSynchronizations;
}
```

在 doSuspendSynchronization 方法中具体处理流程如下。

（1）从同步事务管理器中获取所有的事务回调接口并调用挂起方法。

（2）停止当前线程中的事务。

停止当前线程中的事务具体处理方法是 clearSynchronization，具体代码如下。

```
public static void clearSynchronization() throws IllegalStateException {
    if (!isSynchronizationActive()) {
      throw new IllegalStateException(
          "Cannot deactivate transaction synchronization - not active");
    }
    logger.trace("Clearing transaction synchronization");
    synchronizations.remove();
}
```

在这个方法中将成员变量 synchronizations 中的整个数据移除，即删除事务。

8.3.7 doResumeSynchronization 方法分析

本节将对 doSuspendSynchronization 方法进行分析，该方法的作用是恢复同步事务，具体处理代码如下。

```
private void doResumeSynchronization(
      List<TransactionSynchronization> suspendedSynchronizations) {
    // 初始化并同步事务
    TransactionSynchronizationManager.initSynchronization();
    for (TransactionSynchronization synchronization : suspendedSynchronizations) {
      // 恢复事务
      synchronization.resume();
      // 注册同步事务
      TransactionSynchronizationManager.registerSynchronization(synchronization);
    }
}
```

在 doResumeSynchronization 方法中主要处理流程如下。

（1）初始化并同步事务。

（2）将方法参数 suspendedSynchronizations 进行恢复函数调用，并将元素进行同步事务注册。

8.3.8 AbstractPlatformTransactionManager 中 commit 方法分析

接下来将对 AbstractPlatformTransactionManager 类中的 commit 方法进行分析。在 Abstract-

PlatformTransactionManager 类中，它实现了接口 PlatformTransactionManager 所提供的 commit 方法，该方法是用于提交事务的方法，具体处理代码如下。

```
@Override
public final void commit(TransactionStatus status) throws TransactionException {
   // 事务是否已经处理完成
   if (status.isCompleted()) {
      // 完成则抛出异常
      throw new IllegalTransactionStateException(
            "Transaction is already completed - do not call commit or rollback more than
once per transaction");
   }

   // 事务状态
   DefaultTransactionStatus defStatus = (DefaultTransactionStatus) status;

   if (defStatus.isLocalRollbackOnly()) {
      if (defStatus.isDebug()) {
         logger.debug("Transactional code has requested rollback");
      }
      // 处理回滚
      processRollback(defStatus, false);
      return;
   }

   if (!shouldCommitOnGlobalRollbackOnly() && defStatus.isGlobalRollbackOnly()) {
      if (defStatus.isDebug()) {
         logger.debug(
               "Global transaction is marked as rollback-only but transactional code
requested commit");
      }
      // 处理回滚
      processRollback(defStatus, true);
      return;
   }
   // 真正的处理提交
   processCommit(defStatus);
}
```

在 commit 方法中主要处理流程如下。

（1）判断事务是否已经处理完成，事务如果已经处理完成将会抛出异常。

（2）判断事务是否需要进行回滚操作，如果需要则进行回滚并结束处理。

（3）事务提交处理。

在判断事务是否需要进行回滚操作时提供了两类判断方法。

（1）通过事务本身的 isLocalRollbackOnly 方法来判断。

（2）通过 shouldCommitOnGlobalRollbackOnly 和事务本身的 isGlobalRollbackOnly 方法来判断。

上述两个判断中涉及三个方法，这三个方法的说明如下。

（1）方法 isLocalRollbackOnly 通过检查 TransactionStatus 确定回滚标记。

（2）方法 shouldCommitOnGlobalRollbackOnly 默认返回 false，该方法的作用是判断是否以

doCommit 方法对已标记为仅回滚的事务调用 doCommit 方法。

（3）方法 isGlobalRollbackOnly 用于确定基础事务的全局回滚标记。

在 commit 方法中还需要关注两个方法，它们是 processRollback 和 processCommit，前者用于处理回滚，后者用于处理提交，下面将对它们进行分析。

1. processRollback 方法分析

本节将对 processRollback 方法进行分析，具体处理代码如下。

```
private void processRollback(DefaultTransactionStatus status, boolean unexpected) {
   try {
      boolean unexpectedRollback = unexpected;

      try {
         // 触发 beforeCompletion 方法调用
         triggerBeforeCompletion(status);

         // 是否存在保存点
         if (status.hasSavepoint()) {
            if (status.isDebug()) {
               logger.debug("Rolling back transaction to savepoint");
            }
            // 回滚保存点
            status.rollbackToHeldSavepoint();
         }
         // 是否存在一个新的事务
         else if (status.isNewTransaction()) {
            if (status.isDebug()) {
               logger.debug("Initiating transaction rollback");
            }
            // 执行回滚
            doRollback(status);
         } else {
            // 是否存在事务
            if (status.hasTransaction()) {
               if (status.isLocalRollbackOnly()
                     || isGlobalRollbackOnParticipationFailure()) {
                  if (status.isDebug()) {
                     logger.debug(
                           "Participating transaction failed - marking existing
transaction as rollback-only");
                  }
                  // 设置回滚
                  doSetRollbackOnly(status);
               } else {
                  if (status.isDebug()) {
                     logger.debug(
                           "Participating transaction failed - letting transaction
originator decide on rollback");
                  }
               }
```

```
            } else {
               logger.debug(
                     "Should roll back transaction but cannot - no transaction
available");
            }
            if (!isFailEarlyOnGlobalRollbackOnly()) {
               unexpectedRollback = false;
            }
         }
      } catch (RuntimeException | Error ex) {
         // 触发 afterCompletion 方法
         triggerAfterCompletion(status, TransactionSynchronization.STATUS_UNKNOWN);
         throw ex;
      }
      // 触发 afterCompletion 方法
      triggerAfterCompletion(status, TransactionSynchronization.STATUS_ROLLED_BACK);

      if (unexpectedRollback) {
         throw new UnexpectedRollbackException(
               "Transaction rolled back because it has been marked as rollback-only");
      }
   } finally {
      // 完成后进行清理事务，必要时清除同步事务，然后调用 doCleanupAfterCompletion 方法
      cleanupAfterCompletion(status);
   }
}
```

在 processRollback 方法中主要处理流程如下。

（1）触发 beforeCompletion 方法调用，具体处理方法为 triggerBeforeCompletion。

（2）判断是否存在保存点，如果存在保存点将回滚到保存点，具体处理方法为 rollbackToHeldSavepoint。

（3）判断当前事务中是否存在一个新的事务，如果存在将进行回滚操作，具体处理方法为 doRollback。

（4）当不满足第（2）号和第（3）号时进行如下操作：判断当前事务是否存在事务，如果存在则进行回滚操作，具体处理方法为 doSetRollbackOnly。

在上述四个主要处理操作执行时可能会出现异常，当出现异常时会触发 afterCompletion 方法的调用，具体处理方法为 triggerAfterCompletion。在最后不管是否处理成功都会执行 cleanupAfterCompletion 方法，该方法会将事务完成，如果有必要会进行同步事务的清理。

在上述四个主要处理操作中用到的 doSetRollbackOnly 方法和 doRollback 方法都是抽象方法，需要子类独立实现来完成具体功能。下面对 rollbackToHeldSavepoint 方法进行说明，具体处理代码如下。

```
public void rollbackToHeldSavepoint() throws TransactionException {
   // 获取保存点
   Object savepoint = getSavepoint();
   if (savepoint == null) {
      throw new TransactionUsageException(
            "Cannot roll back to savepoint - no savepoint associated with current
```

```
transaction");
   }
   // 从保存点管理器进行回滚到指定保存点
   getSavepointManager().rollbackToSavepoint(savepoint);
   // 从保存点管理器进行释放保存点
   getSavepointManager().releaseSavepoint(savepoint);
   // 设置保存点为 null
   setSavepoint(null);
}
```

在 rollbackToHeldSavepoint 方法中主要处理流程如下。

（1）获取保存点，判断保存点是否为空，如果保存点为空则会抛出异常。

（2）通过保存点管理器进行回滚到指定保存点操作。

（3）通过保存点管理器进行释放保存点操作。

（4）将保存点设置为 null。

通过上述四个操作来完成回滚到某个保存点。在方法中还有两个同类型的处理方法，这两个方法是 triggerBeforeCompletion 和 triggerAfterCompletion，这两个方法的执行流程大同小异，都是通过事务同步管理器获取 TransactionSynchronization 对象列表，再调用 TransactionSynchronization 接口所提供的 beforeCompletion 方法或者 afterCommit 方法。

2. processCommit 方法分析

本节将对 processCommit 方法进行分析，具体处理代码如下。

```
private void processCommit(DefaultTransactionStatus status) throws TransactionException {
   try {
      boolean beforeCompletionInvoked = false;

      try {
         boolean unexpectedRollback = false;
         // 为提交做准备
         prepareForCommit(status);
         // 提交前的执行操作,执行 beforeCommit 方法
         triggerBeforeCommit(status);
         // 提交前的执行操作,执行 beforeCompletion 方法
         triggerBeforeCompletion(status);
         // 前置任务是否已经执行
         beforeCompletionInvoked = true;

         // 判断是否存在保存点
         if (status.hasSavepoint()) {
            if (status.isDebug()) {
               logger.debug("Releasing transaction savepoint");
            }
            // 获取全局回滚标记
            unexpectedRollback = status.isGlobalRollbackOnly();
            // 释放持有的保存点
            status.releaseHeldSavepoint();
         }
         // 事务中存在一个新的事务
```

```
            else if (status.isNewTransaction()) {
               if (status.isDebug()) {
                  logger.debug("Initiating transaction commit");
               }
               // 获取全局回滚标记
               unexpectedRollback = status.isGlobalRollbackOnly();
               // 进行提交的实际操作，抽象方法
               doCommit(status);
            } else if (isFailEarlyOnGlobalRollbackOnly()) {
               unexpectedRollback = status.isGlobalRollbackOnly();
            }

            if (unexpectedRollback) {
               throw new UnexpectedRollbackException(
                     "Transaction silently rolled back because it has been marked as
rollback-only");
            }
         } catch (UnexpectedRollbackException ex) {
            // 事务的同步状态：回滚
            triggerAfterCompletion(status, TransactionSynchronization.STATUS_ROLLED_BACK);
            throw ex;
         } catch (TransactionException ex) {
            // 提交失败，做回滚
            if (isRollbackOnCommitFailure()) {
               doRollbackOnCommitException(status, ex);
            } else {
               // 事务的同步状态：未知
               triggerAfterCompletion(status, TransactionSynchronization.STATUS_UNKNOWN);
            }
            throw ex;
         } catch (RuntimeException | Error ex) {
            if (!beforeCompletionInvoked) {
               triggerBeforeCompletion(status);
            }
            // 调用 doRollback
            doRollbackOnCommitException(status, ex);
            throw ex;
         }

         try {
            // 触发 afterCommit 方法调用
            triggerAfterCommit(status);
         } finally {
            // 触发 afterCompletion 方法调用
            triggerAfterCompletion(status, TransactionSynchronization.STATUS_COMMITTED);
         }

      } finally {
```

```
        // 完成后清理
        cleanupAfterCompletion(status);
    }
}
```

在 processCommit 方法中主要处理操作如下。

（1）为提交做准备，具体处理方法有三个：prepareForCommit、triggerBeforeCommit 和 trigger-BeforeCompletion。

（2）在提交准备完成后将准备标记置为 true，设置变量名称为 beforeCompletionInvoked。

（3）判断是否存在保存点，如果存在则会释放这个保存点，具体处理方法为 releaseHeld-Savepoint。

（4）判断事务中是否存在一个新的事务，如果存在则会进行提交操作，具体处理方法为 doCommit。

在上述四个主要处理操作中可能会出现 UnexpectedRollbackException、TransactionException、RuntimeException 或者 Error 异常，当出现这些异常时会做分类处理。

当出现 UnexpectedRollbackException 异常时会调用 afterCompletion 方法。当出现异常时会进行如下两种处理。

（1）判断提交是否失败，如果提交失败则会进行 doRollbackOnCommitException 方法调用。

（2）判断提交是否失败，如果提交成功则会执行 afterCompletion 方法调用。

当出现 RuntimeException 异常或者 Error 异常时会进行如下操作。

（1）判断前置任务是否已经执行，如果未执行则会调用 beforeCompletion 方法。

（2）统一调用 doRollbackOnCommitException 方法。

在 processCommit 方法的四个处理操作之后还有一个操作，主要是进行 afterCommit 方法调用。在完成 afterCommit 方法调用后会执行 cleanupAfterCompletion 方法，该方法会将事务完成，如果有必要会进行同步事务的清理。

接下来将对 processCommit 方法处理流程中的一些方法进行说明。首先是 processCommit 方法的说明，processCommit 方法目前是一个空方法，并未做处理操作。其次是 doCommit 方法的说明，doCommit 方法是一个抽象方法，子类会有独立实现。最后是 doRollbackOnCommitException 方法，doRollbackOnCommitException 方法的具体处理代码如下。

```
private void doRollbackOnCommitException(DefaultTransactionStatus status, Throwable ex)
    throws TransactionException {
    try {
        // 判断是否存在新事务
        if (status.isNewTransaction()) {
            if (status.isDebug()) {
                logger.debug("Initiating transaction rollback after commit exception", ex);
            }
            doRollback(status);
        }
        // 判断是否存在事务并且参与事务操作失败后是否将现有事务全局标记为仅回滚
        else if (status.hasTransaction() && isGlobalRollbackOnParticipationFailure()) {
            if (status.isDebug()) {
                logger.debug(
                    "Marking existing transaction as rollback-only after commit
exception", ex);
```

```
            }
            doSetRollbackOnly(status);
        }
    } catch (RuntimeException | Error rbex) {
        logger.error("Commit exception overridden by rollback exception", ex);
        triggerAfterCompletion(status, TransactionSynchronization.STATUS_UNKNOWN);
        throw rbex;
    }
    // 执行 afterCompletion 方法
    triggerAfterCompletion(status, TransactionSynchronization.STATUS_ROLLED_BACK);
}
```

在 doRollbackOnCommitException 方法中主要处理逻辑如下。

（1）判断事务是否是一个新事务，如果是则会进行 doRollback 方法调用。

（2）判断是否存在事务并且参与事务操作失败后是否将现有事务全局标记为仅回滚，如果通过验证则会进行 doSetRollbackOnly 方法调用。

（3）进行 afterCompletion 方法调用。

在第（2）步中所用到的 doSetRollbackOnly 方法是一个允许子类重写的方法。

8.3.9 AbstractPlatformTransactionManager 中 rollback 方法分析

接下来将对 AbstractPlatformTransactionManager 类中的 rollback 方法进行分析。在 AbstractPlatformTransactionManager 类中，它实现了接口 PlatformTransactionManager 所提供的 rollback 方法，该方法是用于回滚事务的方法，具体处理代码如下。

```
@Override
public final void rollback(TransactionStatus status) throws TransactionException {
    // 事务是否已完成
    if (status.isCompleted()) {
        throw new IllegalTransactionStateException(
                "Transaction is already completed - do not call commit or rollback more than
once per transaction");
    }

    DefaultTransactionStatus defStatus = (DefaultTransactionStatus) status;
    // 执行回滚
    processRollback(defStatus, false);
}
```

在该方法中主要处理流程如下。

（1）判断事务是否已完成，如果完成则会抛出异常。

（2）通过 processRollback 方法来进行最终的回滚处理。

8.3.10 AbstractPlatformTransactionManager 特殊方法说明

在 AbstractPlatformTransactionManager 类中有很多需要子类去进行重写的方法，对于这些方法的作用需要有一定的了解，具体方法说明如下。

（1）isExistingTransaction 方法用于检查给定的事务对象是否指示现有事务（即已经开始的事务）。

（2）useSavepointForNestedTransaction 方法用于检查是否对嵌套事务使用保存点。

（3）doBegin 方法会根据给定的事务对象进行事务处理。

（4）doSuspend 方法会进行挂起（暂停）事务操作。

（5）doResume 方法会进行事务恢复操作。

（6）shouldCommitOnGlobalRollbackOnly 方法用于返回是否以 doCommit 方法对已标记为仅回滚的事务调用。

（7）doCommit 方法用于进行事务提交的具体处理。

（8）doRollback 方法用于进行事务的回滚处理。

（9）doSetRollbackOnly 方法根据给定的事务进行回滚。仅在当前事务参与现有事务时才进行回滚调用。

（10）registerAfterCompletionWithExistingTransaction 方法用于将给定的事务注册到事务同步集合中。

（11）doCleanupAfterCompletion 方法负责事务完成后清理资源，会在 doCommit 方法和 doRollback 方法之后执行。

8.4 DataSourceTransactionManager 类分析

本节将对 DataSourceTransactionManager 类进行分析，这个类是数据源事务管理类，如图 8.1 所示。

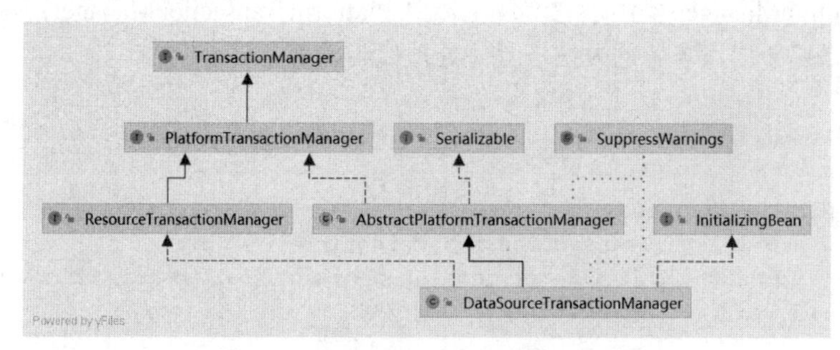

图 8.1 DataSourceTransactionManager 类

在 TransactionTemplate 的类图中可以看到它实现了四个接口和一个父类。

（1）实例化接口 InitializingBean，该接口会在实例化完成后执行一些自定义行为。

（2）事务管理接口 TransactionManager，该接口是一个空接口并未定义方法。

（3）平台事务管理接口 PlatformTransactionManager，该接口是 Spring 事务中的基础接口。

（4）接口 ResourceTransactionManager，该接口拓展自 PlatformTransactionManager 接口，在原有方法基础上增加了 getResourceFactory 方法用于获取资源工厂。

（5）抽象类 AbstractPlatformTransactionManager。

8.4.1 DataSourceTransactionManager 中 InitializingBean 接口实现分析

本节将对 DataSourceTransactionManager 中 InitializingBean 接口实现进行分析，具体方法是 afterPropertiesSet，详细代码如下。

```
@Override
```

```
public void afterPropertiesSet() {
  if (getDataSource() == null) {
    throw new IllegalArgumentException("Property 'dataSource' is required");
  }
}
```

在 afterPropertiesSet 方法中会判断是否存在数据源，当不存在数据源对象时会抛出异常。

8.4.2　DataSourceTransactionManager 中 doBegin 方法分析

在 DataSourceTransactionManager 中提供的 doBegin 方法是从 AbstractPlatformTransaction-Manager 类中继承过来的，具体作用是根据给定的事务对象进行事务处理。doBegin 方法详情如下。

```
@Override
protected void doBegin(Object transaction, TransactionDefinition definition) {
   // 获取事务对象
   DataSourceTransactionObject txObject = (DataSourceTransactionObject) transaction;
   // 链接对象
   Connection con = null;

   try {
      // 判断链接对象是否已经持有
      // 判断是否是同步事务
      if (!txObject.hasConnectionHolder() ||
         txObject.getConnectionHolder().isSynchronizedWithTransaction()) {
         // 数据库链接对象
         Connection newCon = obtainDataSource().getConnection();
         if (logger.isDebugEnabled()) {
            logger.debug("Acquired Connection [" + newCon + "] for JDBC
transaction");
         }
         // 设置数据库链接
         txObject.setConnectionHolder(new ConnectionHolder(newCon), true);
      }
      // 获取链接对象并且设置同步事务
      txObject.getConnectionHolder().setSynchronizedWithTransaction(true);
      // 链接对象赋值
      con = txObject.getConnectionHolder().getConnection();

      // 获取事务级别
      Integer previousIsolationLevel = DataSourceUtils
         .prepareConnectionForTransaction(con, definition);
      // 设置事务隔离级别
      txObject.setPreviousIsolationLevel(previousIsolationLevel);
      // 设置只读
      txObject.setReadOnly(definition.isReadOnly());

      // 判断是否自动提交
      if (con.getAutoCommit()) {
```

```
            txObject.setMustRestoreAutoCommit(true);
            if (logger.isDebugEnabled()) {
               logger.debug("Switching JDBC Connection [" + con + "] to manual
commit");
            }
            con.setAutoCommit(false);
         }

         // 进行事务链接准备
         prepareTransactionalConnection(con, definition);
         // 事务激活
         txObject.getConnectionHolder().setTransactionActive(true);

         // 获取超时时间
         int timeout = determineTimeout(definition);
         // 默认超时时间设置
         if (timeout != TransactionDefinition.TIMEOUT_DEFAULT) {
            txObject.getConnectionHolder().setTimeoutInSeconds(timeout);
         }

         // 将链接和当前线程绑定
         if (txObject.isNewConnectionHolder()) {
            // k: datasource v: connectionHolder
            TransactionSynchronizationManager
               .bindResource(obtainDataSource(), txObject.getConnectionHolder());
         }
      }
      catch (Throwable ex) {
         if (txObject.isNewConnectionHolder()) {
            // 释放链接
            DataSourceUtils.releaseConnection(con, obtainDataSource());
            txObject.setConnectionHolder(null, false);
         }
         throw new CannotCreateTransactionException(
            "Could not open JDBC Connection for transaction", ex);
      }
   }
```

在 doBegin 方法中主要处理流程如下。

（1）判断数据库链接对象是否已经持有，如果不是已经持有的数据库链接对象，或者链接持有对象是同步事务则会重新创建数据库链接对象。

（2）将数据库链接持有对象获取设置同步标记为 true。

（3）从数据库链接持有对象中获取数据库链接对象。

（4）获取事务隔离级别，将事务隔离级别设置给事务对象。

（5）为事务对象设置只读标记。

（6）判断是否自动提交，如果是自动提交则对数据库链接对象和事务对象进行自动提交相关设置。

（7）进行事务链接准备，会执行 SET TRANSACTION READ ONLY 代码。执行的前提是事务是只读的。

（8）将事务标记为激活状态。

（9）从事务对象中获取超时时间，如果和默认超时时间不相同则进行超时时间设置。默认超时时间为-1。

（10）判断事务对象中是否包含新的数据库链接对象，如果包含则进行数据源和数据库链接对象持有器的绑定关系。

上述 10 个步骤为 doBegin 的核心处理步骤，在这 10 个步骤中如果出现异常会进行如下操作。

（1）判断事务对象中是否包含新的数据库链接对象，如果包含则进行数据库链接的释放并将链接持有关系设置为 null。

（2）抛出异常。

8.4.3　DataSourceTransactionManager 中 doSuspend 方法分析

在 DataSourceTransactionManager 中提供的 doSuspend 方法是从 AbstractPlatformTransactionManager 类中继承过来的，具体作用是将事务挂起。doSuspend 方法详情如下。

```
@Override
protected Object doSuspend(Object transaction) {
   // 获取事务对象
   DataSourceTransactionObject txObject = (DataSourceTransactionObject) transaction;
   // 将链接持有者设置为 null
   txObject.setConnectionHolder(null);
   // 解除资源绑定
   return TransactionSynchronizationManager.unbindResource(obtainDataSource());
}
```

在 doSuspend 方法中主要处理操作有如下三个。

（1）获取事务对象。

（2）将事务对象中的链接持有者设置为 null。

（3）解除数据源对象相关的资源绑定。

这里对 TransactionSynchronizationManager 中的资源绑定做一个简单说明，关于资源绑定这里采用的是 Map 结构进行存储，不过在这个 Map 结构外还有一层对象，这个对象是 ThreadLocal，通过它来保证线程安全。

8.4.4　DataSourceTransactionManager 中 doResume 方法分析

在 DataSourceTransactionManager 中提供的 doResume 方法是从 AbstractPlatformTransactionManager 类中继承过来的，具体作用是恢复当前事务。doResume 方法详情如下。

```
@Override
protected void doResume(@Nullable Object transaction, Object suspendedResources) {
   // 资源绑定
   TransactionSynchronizationManager.bindResource(obtainDataSource(),
suspendedResources);
}
```

在 doResume 方法中主要处理操作是将数据源对象和资源对象进行绑定，这里的恢复操作

（绑定操作）和挂起操作（doSuspend 方法）相互呼应。

8.4.5 DataSourceTransactionManager 中 doCommit 方法分析

在 DataSourceTransactionManager 中提供的 doCommit 方法是从 AbstractPlatformTransaction-Manager 类中继承过来的，具体作用是进行事务提交操作。doCommit 方法详情如下。

```
@Override
protected void doCommit(DefaultTransactionStatus status) {
   // 获取事务对象
   DataSourceTransactionObject txObject = (DataSourceTransactionObject) status
         .getTransaction();
   // 获取链接
   Connection con = txObject.getConnectionHolder().getConnection();
   if (status.isDebug()) {
      logger.debug("Committing JDBC transaction on Connection [" + con + "]");
   }
   try {
      // 链接提交
      con.commit();
   } catch (SQLException ex) {
      throw new TransactionSystemException("Could not commit JDBC transaction", ex);
   }
}
```

在 doCommit 方法中主要处理操作如下。

（1）获取事务对象。

（2）从事务对象中获取数据库链接持有对象，再从数据库链接持有对象中获取数据库链接。

（3）通过数据库链接对象进行提交。

8.4.6 DataSourceTransactionManager 中 doRollback 方法分析

在 DataSourceTransactionManager 中提供的 doRollback 方法是从 AbstractPlatformTransaction-Manager 类中继承过来的，具体作用是进行回滚操作。doRollback 方法详情如下。

```
@Override
protected void doRollback(DefaultTransactionStatus status) {
   // 获取事务对象
   DataSourceTransactionObject txObject = (DataSourceTransactionObject) status
         .getTransaction();
   // 获取链接对象
   Connection con = txObject.getConnectionHolder().getConnection();
   if (status.isDebug()) {
      logger.debug("Rolling back JDBC transaction on Connection [" + con + "]");
   }
   try {
      // 执行回滚方法
      con.rollback();
   } catch (SQLException ex) {
      throw new TransactionSystemException("Could not roll back JDBC transaction", ex);
```

```
    }
}
```

在 doRollback 方法中主要处理操作如下。

（1）获取事务对象。

（2）从事务对象中获取数据库链接对象。

（3）通过数据库链接对象进行回滚操作。

8.4.7 DataSourceTransactionManager 中 doSetRollbackOnly 方法分析

在 DataSourceTransactionManager 中提供的 doSetRollbackOnly 方法是从 AbstractPlatform-TransactionManager 类中继承过来的，具体作用是根据给定的事务进行回滚。doSetRollbackOnly 方法详情如下。

```
@Override
protected void doSetRollbackOnly(DefaultTransactionStatus status) {
   DataSourceTransactionObject txObject = (DataSourceTransactionObject) status
         .getTransaction();
   if (status.isDebug()) {
      logger.debug(
            "Setting JDBC transaction [" +
txObject.getConnectionHolder().getConnection() +
                  "] rollback-only");
   }
   // 将事务标记为只读事务
   txObject.setRollbackOnly();
}
```

在 doSetRollbackOnly 方法中会将事务标记为只读事务。

8.4.8 DataSourceTransactionManager 中 doCleanupAfterCompletion 方法分析

在 DataSourceTransactionManager 中提供的 doCleanupAfterCompletion 方法是从 Abstract-PlatformTransactionManager 类中继承过来的，该方法负责事务完成后清理资源。doCleanupAfter-Completion 方法详情如下。

```
@Override
protected void doCleanupAfterCompletion(Object transaction) {
   DataSourceTransactionObject txObject = (DataSourceTransactionObject) transaction;

   if (txObject.isNewConnectionHolder()) {
      // 释放 DataSource 绑定的资源
      TransactionSynchronizationManager.unbindResource(obtainDataSource());
   }

   Connection con = txObject.getConnectionHolder().getConnection();
   try {
      if (txObject.isMustRestoreAutoCommit()) {
```

```
            con.setAutoCommit(true);
        }
        // 重置链接
        DataSourceUtils.resetConnectionAfterTransaction(
              con, txObject.getPreviousIsolationLevel(), txObject.isReadOnly());
    } catch (Throwable ex) {
        logger.debug("Could not reset JDBC Connection after transaction", ex);
    }

    if (txObject.isNewConnectionHolder()) {
        if (logger.isDebugEnabled()) {
            logger.debug("Releasing JDBC Connection [" + con + "] after transaction");
        }
        // 释放数据库链接
        DataSourceUtils.releaseConnection(con, this.dataSource);
    }

    txObject.getConnectionHolder().clear();
}
```

在 doCleanupAfterCompletion 方法中主要处理操作如下。

（1）判断事务对象中是否有新的数据库链接持有器，如果存在则需要释放数据源对应的资源。

（2）从数据库链接持有器中获取数据库链接对象。

（3）根据事务对象的 mustRestoreAutoCommit 属性对数据库是否自动提交进行设置。

（4）重置数据库链接中只读标记和事务隔离级别。

（5）判断事务对象中是否有新的数据库链接持有器，如果存在则需要释放数据库链接。

（6）将事务对象中的数据库链接持有器进行清空。

8.5 TransactionTemplate 类分析

本节将对 TransactionTemplate 类进行分析。这个类是一个模板类，用来简化 Java 程序对于事务的处理，核心方法是 execute，execute 支持 TransactionCallback 参数，用于事务回调。TransactionTemplate 类如图 8.2 所示。

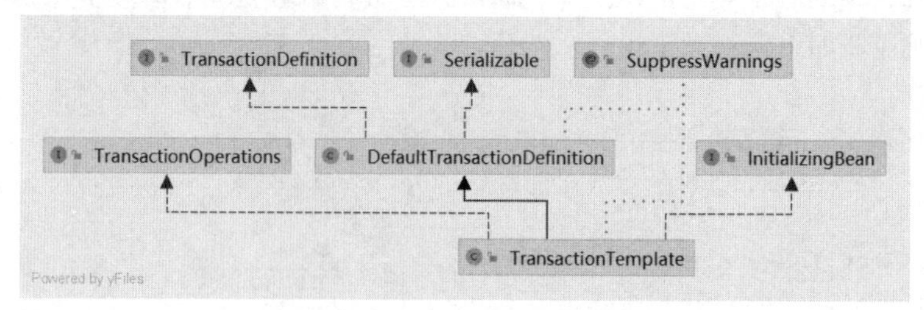

图 8.2 TransactionTemplate 类

在 TransactionTemplate 的类图中可以看到它实现了三个接口和一个父类。

（1）实例化接口 InitializingBean。

（2）事务定义接口 TransactionDefinition。

（3）事务操作接口 TransactionOperations。

（4）父类 DefaultTransactionDefinition，定义了默认的事务定义。

对于 TransactionTemplate 的分析需要先对 InitializingBean 接口的实现方法进行分析，具体处理代码如下。

```
@Override
public void afterPropertiesSet() {
   if (this.transactionManager == null) {
      throw new IllegalArgumentException("Property 'transactionManager' is required");
   }
}
```

在这段代码中会判断事务管理器是否存在，如果不存在则会抛出异常。常见的事务管理器都是基于 AbstractPlatformTransactionManager 类进行开发的。在 TransactionTemplate 类中主要关注的是事务模板操作，在 TransactionTemplate 类中的模板操作主要都是通过成员变量 transactionManager 进行处理的。

在 TransactionTemplate 类中只有一个需要关注的方法，这个方法是 execute，具体处理代码如下。

```
@Override
@Nullable
public <T> T execute(TransactionCallback<T> action) throws TransactionException {
    Assert.state(this.transactionManager != null, "No PlatformTransactionManager set");

    // 事务管理是否是 CallbackPreferringPlatformTransactionManager 接口
    if (this.transactionManager instanceof CallbackPreferringPlatformTransactionManager)
    {
        // 强转执行
        return ((CallbackPreferringPlatformTransactionManager) this.transactionManager)
            .execute(this, action);
    } else {
        // 获取事务状态
        TransactionStatus status = this.transactionManager.getTransaction(this);
        // 返回结果
        T result;
        try {
            // 事务回调执行
            result = action.doInTransaction(status);
        } catch (RuntimeException | Error ex) {
            // 回滚异常
            rollbackOnException(status, ex);
            throw ex;
        } catch (Throwable ex) {
            // 回滚异常
            rollbackOnException(status, ex);
            throw new UndeclaredThrowableException(ex, "TransactionCallback threw
undeclared checked exception");
        }
        // 事务提交
        this.transactionManager.commit(status);
        return result;
```

```
    }
}
```

在 execute 方法中会根据事务管理器的不同类型做出不同的处理。当事务管理器类型是 CallbackPreferringPlatformTransactionManager 时会调用 CallbackPreferringPlatformTransactionManager 接口所提供的 execute 方法，在 spring-tx 中 CallbackPreferringPlatformTransactionManager 的实现是 WebSphereUowTransactionManager。当事务管理器类型不是 CallbackPreferringPlatform-TransactionManager 类型时会进行如下操作。

（1）从事务管理器中获取需要处理的事务对象。

（2）准备一个处理结果对象，通过 execute 方法参数获取处理结果。

（3）通过事务管理器将事务进行提交。

在上述操作过程中的第（2）步有可能出现异常，当出现异常时会进行 rollbackOnException 方法的调用，具体处理代码如下。

```
private void rollbackOnException(TransactionStatus status, Throwable ex)
    throws TransactionException {
  Assert.state(this.transactionManager != null, "No PlatformTransactionManager set");

  logger.debug("Initiating transaction rollback on application exception", ex);
  try {
    this.transactionManager.rollback(status);
  } catch (TransactionSystemException ex2) {
    logger.error("Application exception overridden by rollback exception", ex);
    ex2.initApplicationException(ex);
    throw ex2;
  } catch (RuntimeException | Error ex2) {
    logger.error("Application exception overridden by rollback exception", ex);
    throw ex2;
  }
}
```

在 rollbackOnException 方法中会通过事务管理器进行回滚处理。

8.6 总结

本章从 Spring 事务的测试环境搭建开始，在 Spring 事务测试环境搭建时引出了 Transaction-Template 类和 DataSourceTransactionManager 类，毋庸置疑这两个类成为了本章分析的目标，此外对 Spring 事务中的一些核心接口进行相关说明，介绍了接口中定义的方法和作用，并对 AbstractPlatformTransactionManager 类进行了分析。了解这些内容后对 Spring 事务的核心对象就会有一定的认知。

第9章 EnableTransactionManagement相关分析

在 Spring 事务中支持通过注解 EnableTransactionManagement 来开启 Spring 事务相关支持。本章将对 EnableTransactionManagement 注解进行相关分析。

9.1 EnableTransactionManagement 注解简介

在 spring-tx 中 EnableTransactionManagement 注解用于启动 Spring 事务管理，EnableTransactionManagement 注解的作用和 SpringXML 配置文件中的 tx 标签类似，下面将编写两个用例。第一个用例基于注解模式，具体代码如下。

```
@Configuration
@EnableTransactionManagement
public class AppConfig {

   @Bean
   public DataSource dataSource() {
      BasicDataSource dataSource = new BasicDataSource();
      dataSource.setDriverClassName("");
      dataSource.setUrl("");
      dataSource.setUsername("");
      dataSource.setPassword("");
      return dataSource;
   }

   @Bean
   public PlatformTransactionManager txManager() {
      return new DataSourceTransactionManager(dataSource());
   }
}
```

第二个用例基于 SpringXML，具体代码如下。

```
<?xml version="1.0" encoding="UTF-8"?>
<beans xmlns:xsi="http://www.w3.org/2001/XMLSchema-instance"
```

```
        xmlns:tx="http://www.springframework.org/schema/tx" xmlns="http://www.
springframework.org/schema/beans"
        xsi:schemaLocation="http://www.springframework.org/schema/beans http://www.
springframework.org/schema/beans/spring-beans.xsd http://www.springframework.org/schema/tx
http://www.springframework.org/schema/tx/spring-tx.xsd">

    <bean id="dataSource" class="org.apache.tomcat.dbcp.dbcp2.BasicDataSource">
        <property name="driverClassName" value=""/>
        <property name="url" value=""/>
        <property name="username" value=""/>
        <property name="password" value=""/>
    </bean>

    <tx:annotation-driven/>

    <bean id="transactionManager"
class="org.springframework.jdbc.datasource.DataSourceTransactionManager">
        <constructor-arg ref="dataSource"/>
    </bean>

</beans>
```

通过上述两种方式可以开启 Spring 事务。在 Spring 中关于 EnableTransactionManagement 类的定义如下。

```
@Target(ElementType.TYPE)
@Retention(RetentionPolicy.RUNTIME)
@Documented
@Import(TransactionManagementConfigurationSelector.class)
public @interface EnableTransactionManagement {

   boolean proxyTargetClass() default false;

   AdviceMode mode() default AdviceMode.PROXY;

   int order() default Ordered.LOWEST_PRECEDENCE;

}
```

在 EnableTransactionManagement 类的定义中可以看到它通过 Import 注解将 TransactionManagementConfigurationSelector 类进行了导入，这将是后续分析的入口。关于注解的三个属性含义如下。

（1）proxyTargetClass 表示是否基于子类进行代理对象创建。

（2）mode 表示使用的事务顾问模式。

（3）order 表示排序号。

9.2 TransactionManagementConfigurationSelector 类分析

本节将对 TransactionManagementConfigurationSelector 类进行分析，TransactionManagementConfigurationSelector 类是开启 Spring 事务的入口，TransactionManagementConfigurationSelector

类如图 9.1 所示。

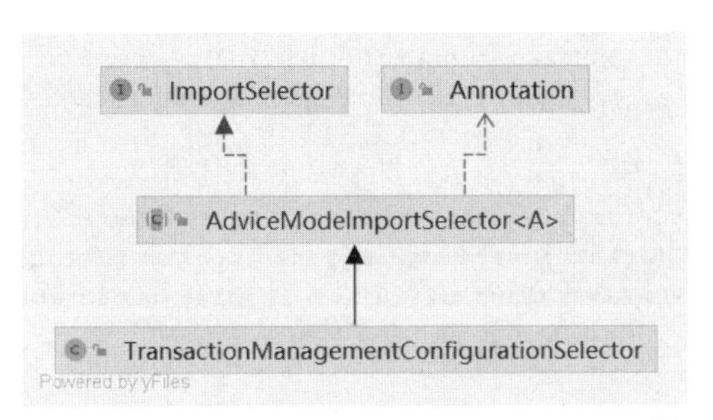

图 9.1　TransactionManagementConfigurationSelector 类

在图 9.1 中可以发现，TransactionManagementConfigurationSelector 的接口实现中存在 ImportSelector 接口，该接口中 selectImports 方法返回的数据会被 Spring 容器进行自动初始化，在 TransactionManagementConfigurationSelector 类中关于 selectImports 方法的实现是由 AdviceModeImportSelector 类进行的，具体处理代码如下。

```
// org.springframework.context.annotation.AdviceModeImportSelector#selectImports
// (org.springframework.core.type.AnnotationMetadata)
@Override
public final String[] selectImports(AnnotationMetadata importingClassMetadata) {
   Class<?> annType = GenericTypeResolver.resolveTypeArgument(getClass(),
AdviceModeImportSelector.class);
   Assert.state(annType != null, "Unresolvable type argument for
AdviceModeImportSelector");

   // 获取注解属性
   AnnotationAttributes attributes =
AnnotationConfigUtils.attributesFor(importingClassMetadata, annType);
   if (attributes == null) {
      throw new IllegalArgumentException(String.format(
            "@%s is not present on importing class '%s' as expected",
            annType.getSimpleName(), importingClassMetadata.getClassName()));
   }

   // 获取代理模型
   AdviceMode adviceMode = attributes.getEnum(getAdviceModeAttributeName());
   String[] imports = selectImports(adviceMode);
   if (imports == null) {
      throw new IllegalArgumentException("Unknown AdviceMode: " + adviceMode);
   }
   return imports;
}
```

在这段代码中主要处理流程如下。

（1）获取当前类的 Class 对象。

（2）从参数 importingClassMetadata 中获取注解属性。

（3）从注解属性中获取 mode 对应的数据。

（4）调用子类的 selectImports 方法获取需要进行初始化的类。

在上述处理流程中主要关注第（4）步的操作，在 TransactionManagementConfigurationSelector

类中具体处理代码如下。

```
public class TransactionManagementConfigurationSelector extends
AdviceModeImportSelector<EnableTransactionManagement> {

   /**
    * Returns {@link ProxyTransactionManagementConfiguration} or
    * {@code AspectJ(Jta)TransactionManagementConfiguration} for {@code PROXY}
    * and {@code ASPECTJ} values of {@link EnableTransactionManagement#mode()},
    * respectively.
    */
   @Override
   protected String[] selectImports(AdviceMode adviceMode) {
      // 根据切面类型进行初始化
      switch (adviceMode) {
         case PROXY:
            // 默认值
            return new String[] {AutoProxyRegistrar.class.getName(),
                  ProxyTransactionManagementConfiguration.class.getName()};
         case ASPECTJ:
            return new String[] {determineTransactionAspectClass()};
         default:
            return null;
      }
   }

   private String determineTransactionAspectClass() {
      return (ClassUtils.isPresent("javax.transaction.Transactional",
getClass().getClassLoader()) ?
            TransactionManagementConfigUtils.JTA_TRANSACTION_ASPECT_CONFIGURATION_
CLASS_NAME :
            TransactionManagementConfigUtils.TRANSACTION_ASPECT_CONFIGURATION_
CLASS_NAME);
   }

}
```

在 selectImports 方法中会根据不同的 AdviceMode 数据返回两种不同的数据集。

（1）当类型是 PROXY 时返回 AutoProxyRegistrar 名称和 ProxyTransactionManagement-Configuration 名称。

（2）当类型是 ASPECTJ 时返回 AspectJJtaTransactionManagementConfiguration 名称或者 AspectJTransactionManagementConfiguration 名称。

在这个方法中出现了 4 个类，这 4 个类会作为本章后续的分析重点。

9.3 AutoProxyRegistrar 类分析

本节将对 AutoProxyRegistrar 类进行分析，关于 AutoProxyRegistrar 的定义代码如下。

```
public class AutoProxyRegistrar implements ImportBeanDefinitionRegistrar {}
```

从 AutoProxyRegistrar 的定义代码中发现它实现了 ImportBeanDefinitionRegistrar 接口，该接

口的作用是根据 AnnotationMetadata 数据进行 Bean 实例注册，具体的实现代码如下。

```
@Override
public void registerBeanDefinitions(AnnotationMetadata importingClassMetadata,
BeanDefinitionRegistry registry) {

   // 是否找到候选对象
   boolean candidateFound = false;
   // 获取注解名称列表
   Set<String> annTypes = importingClassMetadata.getAnnotationTypes();
   for (String annType : annTypes) {
      // 获取注解属性表
      AnnotationAttributes candidate =
AnnotationConfigUtils.attributesFor(importingClassMetadata, annType);
      if (candidate == null) {
         continue;
      }
      // 获取 mode 属性
      Object mode = candidate.get("mode");
      // 获取 proxyTargetClass 属性
      Object proxyTargetClass = candidate.get("proxyTargetClass");
      if (mode != null && proxyTargetClass != null && AdviceMode.class ==
mode.getClass() &&
            Boolean.class == proxyTargetClass.getClass()) {
         // 搜索成功标记
         candidateFound = true;
         if (mode == AdviceMode.PROXY) {

            // 注册自动代理创建器
            AopConfigUtils.registerAutoProxyCreatorIfNecessary(registry);
            if ((Boolean) proxyTargetClass) {
               // 强制自动代理创建器使用类代理
               AopConfigUtils.forceAutoProxyCreatorToUseClassProxying(registry);
               return;
            }
         }
      }
   }
   // 日志输出
   if (!candidateFound && logger.isInfoEnabled()) {
      String name = getClass().getSimpleName();
      logger.info(String.format("%s was imported but no annotations were found " +
            "having both 'mode' and 'proxyTargetClass' attributes of type " +
            "AdviceMode and boolean respectively. This means that auto proxy " +
            "creator registration and configuration may not have occurred as " +
            "intended, and components may not be proxied as expected. Check to " +
            "ensure that %s has been @Import'ed on the same class where these " +
            "annotations are declared; otherwise remove the import of %s " +
            "altogether.", name, name, name));
   }
}
```

在 registerBeanDefinitions 方法中主要处理流程如下。

（1）创建是否找到候选对象的标记，默认为 false。

（2）从方法参数 importingClassMetadata 中获取注解名称列表。

（3）对获取的注解名称列表按照如下形式做单个处理。

① 提取注解中的属性集合，如果属性集合为空则不做处理。

② 从注解属性表中获取 mode 属性和 proxyTargetClass 属性。

③ 当 mode 类型是 PROXY 时会进行 registerAutoProxyCreatorIfNecessary 方法调用，当 proxyTargetClass 属性为 true 时会进行 forceAutoProxyCreatorToUseClassProxying 方法调用。

在第（3）步的处理操作中会进行 registerAutoProxyCreatorIfNecessary 方法和 forceAutoProxyCreatorToUseClassProxying 方法的调用，前者会注册 InfrastructureAdvisorAutoProxyCreator 对象，后者会从容器中找到"org.springframework.aop.config.internalAutoProxyCreator"对应的 Bean 定义，找到后再进行注册操作。对于 AutoProxyRegistrar 类在 Spring 事务处理中可以稍微降低重要程度，多关注 ProxyTransactionManagementConfiguration 类。

9.4 ProxyTransactionManagementConfiguration 类分析

本节将对 ProxyTransactionManagementConfiguration 类进行分析。它是 Spring 注解模式下使用事务时所需要的默认对象，关于 ProxyTransactionManagementConfiguration 类如图 9.2 所示。

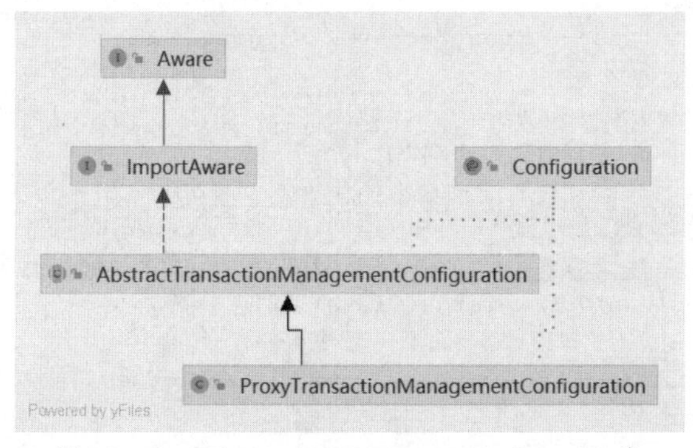

图 9.2 ProxyTransactionManagementConfiguration 类

从图 9.2 中可以发现 ProxyTransactionManagementConfiguration 类继承 AbstractTransactionManagementConfiguration 类，关于 AbstractTransactionManagementConfiguration 的分析将在本章后半部分进行，首先需要关注的是 ProxyTransactionManagementConfiguration 类中的 Bean 初始化。在 ProxyTransactionManagementConfiguration 类中进行了三个 Spring Bean 的初始化，具体信息见表 9.1 所示的 ProxyTransactionManagementConfiguration 实例化 Bean 信息。

表 9.1 ProxyTransactionManagementConfiguration 实例化 Bean 信息

Bean 名称	Bean 类型	Bean 含义
org.springframework.transaction.config.internalTransactionAdvisor	BeanFactoryTransactionAttributeSourceAdvisor	表示事务切面
transactionAttributeSource	类型是 TransactionAttributeSource 接口，具体实现类是 AnnotationTransactionAttributeSource	表示事务属性源
transactionInterceptor	TransactionInterceptor	表示事务拦截器

首先查看事务属性源的 Bean 初始化，初始化了 AnnotationTransactionAttributeSource 对象，具体代码如下。

```
@Bean
@Role(BeanDefinition.ROLE_INFRASTRUCTURE)
public TransactionAttributeSource transactionAttributeSource() {
  return new AnnotationTransactionAttributeSource();
}
```

接下来查看事务拦截器的 Bean 初始化，具体处理代码如下。

```
@Bean
@Role(BeanDefinition.ROLE_INFRASTRUCTURE)
public TransactionInterceptor transactionInterceptor(
    TransactionAttributeSource transactionAttributeSource) {
  TransactionInterceptor interceptor = new TransactionInterceptor();
  // 设置事务属性源
  interceptor.setTransactionAttributeSource(transactionAttributeSource);
  if (this.txManager != null) {
    // 事务管理器注入
    interceptor.setTransactionManager(this.txManager);
  }
  return interceptor;
}
```

在事务拦截器初始化过程中需要依赖事务属性源（TransactionAttributeSource）对象，在 ProxyTransactionManagementConfiguration 类中所依赖的是 AnnotationTransactionAttributeSource 类型，关于事务拦截器的初始化将设置事务属性源和事务管理器两个变量，其中事务管理器只有在事务管理存在时才进行设置。最后查看事务切面的初始化，具体处理代码如下。

```
@Bean(name =
TransactionManagementConfigUtils.TRANSACTION_ADVISOR_BEAN_NAME)
@Role(BeanDefinition.ROLE_INFRASTRUCTURE)
public BeanFactoryTransactionAttributeSourceAdvisor transactionAdvisor(
    TransactionAttributeSource transactionAttributeSource,
    TransactionInterceptor transactionInterceptor) {
  // 事务切面对象
  BeanFactoryTransactionAttributeSourceAdvisor advisor = new
BeanFactoryTransactionAttributeSourceAdvisor();
  // 设置事务属性源对象
  advisor.setTransactionAttributeSource(transactionAttributeSource);
  // 设置事务拦截器
  advisor.setAdvice(transactionInterceptor);
  if (this.enableTx != null) {
    // 设置执行顺序
    advisor.setOrder(this.enableTx.<Integer>getNumber("order"));
  }
  return advisor;
}
```

在事务切面初始化中需要依赖前两个对象：第一个是事务属性源；第二个是事务拦截器。关于事务切面的初始化具体流程如下。

（1）创建事务切面对象 BeanFactoryTransactionAttributeSourceAdvisor。

（2）设置切面对象的事务属性源对象。

（3）设置切面对象的事务拦截器。

（4）设置事务切面的排序号。

至此对于 ProxyTransactionManagementConfiguration 类中的三个 Spring Bean 的初始化流程介绍完毕。

9.5 AspectJTransactionManagementConfiguration 类分析

本节将对 AspectJTransactionManagementConfiguration 类进行分析，关于 AspectJTransaction-ManagementConfiguration 类如图 9.3 所示。

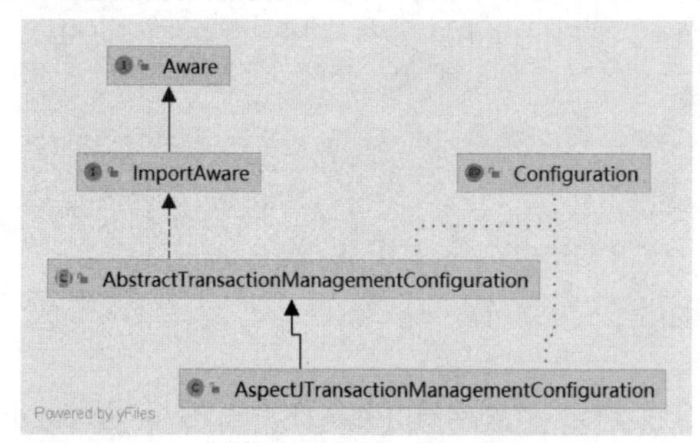

图 9.3 AspectJTransactionManagementConfiguration 类

从图 9.3 中可以发现，AspectJTransactionManagementConfiguration 类继承 AbstractTransaction-ManagementConfiguration 类，本节主要关注 AspectJTransactionManagementConfiguration 类中的 Bean 初始化，在 AspectJTransactionManagementConfiguration 类中初始化了 Bean 名称为 org .springframework.transaction.config.internalTransactionAspect 的 Bean 实例，具体处理代码如下。

```
@Bean(name =
TransactionManagementConfigUtils.TRANSACTION_ASPECT_BEAN_NAME)
@Role(BeanDefinition.ROLE_INFRASTRUCTURE)
public AnnotationTransactionAspect transactionAspect() {
   // 事务切面
   AnnotationTransactionAspect txAspect = AnnotationTransactionAspect.aspectOf();
   if (this.txManager != null) {
      // 设置事务管理器
      txAspect.setTransactionManager(this.txManager);
   }
   return txAspect;
}
```

9.6 AspectJJtaTransactionManagementConfiguration 类分析

本节将对 AspectJJtaTransactionManagementConfiguration 类进行分析，关于 AspectJJtaTransaction-ManagementConfiguration 类如图 9.4 所示。

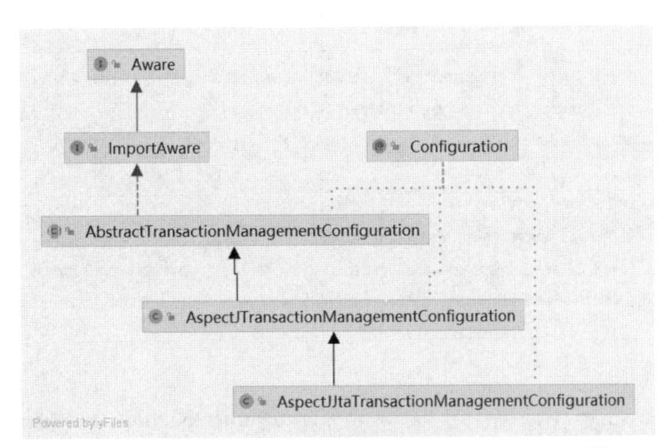

图 9.4　AspectJJtaTransactionManagementConfiguration 类

从图 9.4 中可以发现，AspectJJtaTransactionManagementConfiguration 类继承 AspectJTransactionManagementConfiguration 类，本节主要关注 AspectJJtaTransactionManagementConfiguration 类中的 Bean 初始化，在 AspectJJtaTransactionManagementConfiguration 中初始化了 JtaAnnotationTransactionAspect 对象，具体处理代码如下。

```
@Bean(name =
TransactionManagementConfigUtils.JTA_TRANSACTION_ASPECT_BEAN_NAME)
@Role(BeanDefinition.ROLE_INFRASTRUCTURE)
public JtaAnnotationTransactionAspect jtaTransactionAspect() {
   // 事务切面
   JtaAnnotationTransactionAspect txAspect = JtaAnnotationTransactionAspect.aspectOf();
   if (this.txManager != null) {
      // 设置事务管理器
      txAspect.setTransactionManager(this.txManager);
   }
   return txAspect;
}
```

9.7　AbstractTransactionManagementConfiguration 类分析

通过 ProxyTransactionManagementConfiguration 类、AspectJTransactionManagementConfiguration 类和 AspectJJtaTransactionManagementConfiguration 类的类图可以发现，它们都继承了 AbstractTransactionManagementConfiguration 类，本节将对 AbstractTransactionManagementConfiguration 类进行分析，在 AbstractTransactionManagementConfiguration 类中有两个成员变量，具体信息如表 9.2 所示的 AbstractTransactionManagementConfiguration 变量。

表 9.2　AbstractTransactionManagementConfiguration 变量

变量名称	变量类型	变量含义
enableTx	AnnotationAttributes	注解属性表，存储注解 EnableTransactionManagement 对应的属性
txManager	TransactionManager	事务管理器

下面查看 ImportMetadata 接口的实现方法，具体代码如下。

```
@Override
public void setImportMetadata(AnnotationMetadata importMetadata) {
   this.enableTx = AnnotationAttributes.fromMap(
         importMetadata.getAnnotationAttributes(EnableTransactionManagement.class
.getName(), false));
   if (this.enableTx == null) {
      throw new IllegalArgumentException(
            "@EnableTransactionManagement is not present on importing class " +
importMetadata.getClassName());
   }
}
```

在这段代码中会从注解元数据中获取 EnableTransactionManagement 注解对应的数据，如果数据获取结果为空则会抛出异常。

在 AbstractTransactionManagementConfiguration 类中还有关于事务事件监听工厂的初始化，具体处理代码如下。

```
@Bean(name =
TransactionManagementConfigUtils.TRANSACTIONAL_EVENT_LISTENER_FACTORY_BEAN_NAME)
@Role(BeanDefinition.ROLE_INFRASTRUCTURE)
public static TransactionalEventListenerFactory transactionalEventListenerFactory() {
   return new TransactionalEventListenerFactory();
}
```

9.8 TransactionalEventListenerFactory 类分析

本节将对 TransactionalEventListenerFactory 类进行分析，该类实现了 EventListenerFactory 接口，主要关注 EventListenerFactory 接口提供的方法实现，具体处理代码如下。

```
@Override
public boolean supportsMethod(Method method) {
   return AnnotatedElementUtils.hasAnnotation(method, TransactionalEventListener.class);
}

@Override
public ApplicationListener<?> createApplicationListener(String beanName, Class<?>
type, Method method) {
   return new ApplicationListenerMethodTransactionalAdapter(beanName, type, method);
}
```

在 supportsMethod 方法中会判断是否存在 TransactionalEventListener 注解来表示是否支持处理的函数，此外还通过 createApplicationListener 方法创建了应用监听器 ApplicationListener-MethodTransactionalAdapter。这个应用监听器很重要，它负责处理事务切面，具体关注 onApplicationEvent 方法，该方法表示事件发生时做什么。

下面将对 onApplicationEvent 的细节进行说明，关于 onApplicationEvent 的方法代码如下。

```
@Override
public void onApplicationEvent(ApplicationEvent event) {
   // 同步事务是否处于活动状态
   // 同步事务是否激活
   if (TransactionSynchronizationManager.isSynchronizationActive() &&
```

```
         TransactionSynchronizationManager.isActualTransactionActive()) {
       // 创建同步事务
       TransactionSynchronization transactionSynchronization =
createTransactionSynchronization(event);
       // 注册同步事务
       TransactionSynchronizationManager.registerSynchronization(transactionSynchronization);
    }
    // 判断 TransactionalEventListener 注解中的 fallbackExecution 数据是否为 true
    else if (this.annotation.fallbackExecution()) {
       if (this.annotation.phase() == TransactionPhase.AFTER_ROLLBACK &&
logger.isWarnEnabled()) {
          logger.warn("Processing " + event + " as a fallback execution on
AFTER_ROLLBACK phase");
       }
       // 处理事件
       processEvent(event);
    }
    else {
       // No transactional event execution at all
       if (logger.isDebugEnabled()) {
          logger.debug("No transaction is active - skipping " + event);
       }
    }
}
```

在 onApplicationEvent 方法中主要处理流程如下。

（1）判断同步事务是否处于活动状态，判断同步事务是否处于激活状态，在这两个条件都满足时会创建同步事务回调对象，并将同步事务回调对象进行注册。

（2）判断 TransactionalEventListener 注解中的 fallbackExecution 数据是否为 true，如果为 true 则会进行事件处理。

在第（2）步中对于事件的处理其本质就是进行同步事务回调对象的注册。在 TransactionalEventListenerFactory 对象中还藏有一个类，这个类是 TransactionSynchronizationEventAdapter，它用于进行事件推送，具体处理方法有两个，详细说明如下。

（1）beforeCommit 方法，该方法表示提交前做推送。

（2）afterCompletion 方法，该方法表示处理完成后做推送。

9.9　总结

本章对 EnableTransactionManagement 注解相关内容进行分析。在 EnableTransactionManagement 注解中包含三个属性，分别是 proxyTargetClass、mode 和 order。在 EnableTransactionManagement 注解中导入了 TransactionManagementConfigurationSelector 类。在 TransactionManagementConfigurationSelector 类中引出了三个事务配置类，分别是 ProxyTransactionManagementConfiguration、AspectJJtaTransactionManagementConfiguration 和 AspectJTransactionManagementConfiguration，本章对这三个事务配置类进行了相关说明。除对三个配置类进行说明外还对它们共同的父类 AbstractTransactionManagementConfiguration 进行了说明。

第10章

Spring事务切面支持

在 ProxyTransactionManagementConfiguration 对象分析时遇到了事务拦截器对象，当时并未对事务拦截器对象的相关内容进行分析，在本章将会对其进行分析。在 Spring 事务拦截器中还有父类 TransactionAspectSupport，该对象也是本章分析的重点。

10.1 TransactionAspectSupport 类分析

本节将对 TransactionAspectSupport 类进行分析，关于 TransactionAspectSupport 类如图 10.1 所示。

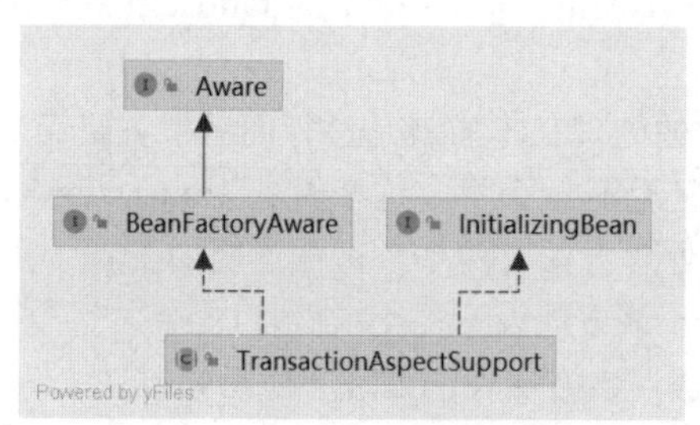

图 10.1 TransactionAspectSupport 类

从图 10.1 中可以发现 TransactionAspectSupport 类实现了 BeanFactoryAware 接口和 InitializingBean 接口，这两个接口可以作为 TransactionAspectSupport 对象分析的切入点。下面先对 BeanFactoryAware 接口的实现方法进行分析，具体处理代码如下。

```
@Override
public void setBeanFactory(@Nullable BeanFactory beanFactory) {
  this.beanFactory = beanFactory;
}
```

在 setBeanFactory 方法中将方法参数 beanFactory 设置给了成员变量 beanFactory。

下面对 InitializingBean 接口的实现方法进行分析，具体处理代码如下。

```
@Override
```

```
public void afterPropertiesSet() {
   // 事务管理对象为空，并且 BeanFactory 为空
   if (getTransactionManager() == null && this.beanFactory == null) {
      throw new IllegalStateException(
            "Set the 'transactionManager' property or make sure to run within a
BeanFactory " + "containing a TransactionManager bean!");
   }
   // 事务属性源对象为空
   if (getTransactionAttributeSource() == null) {
      throw new IllegalStateException(
            "Either 'transactionAttributeSource' or 'transactionAttributes' is required: " +
                  "If there are no transactional methods, then don't use a transaction aspect.");
   }
}
```

在 afterPropertiesSet 方法中会进行数据验证，具体验证操作如下。

（1）判断事务管理对象是否为空，判断 BeanFactory 对象是否为空，当事务管理对象和 BeanFactory 都为空时抛出异常。

（2）判断事务属性源对象是否为空，当事务属性源对象为空时抛出异常。

在 BeanFactoryAware 接口和 InitializingBean 接口的方法实现过程中都使用到了 TransactionAspectSupport 对象的成员变量，下面将对 TransactionAspectSupport 对象中的成员变量进行说明，具体信息见表 10.1。

表 10.1　TransactionAspectSupport 成员变量

变量名称	变量类型	变量含义
DEFAULT_TRANSACTION_MANAGER_KEY	Object	用于存储默认事务管理器的键
vavrPresent	boolean	用于标记是否存在 io.vavr.control.Try 类
reactiveStreamsPresent	boolean	是否存在 org.reactivestreams.Publisher 类
transactionInfoHolder	ThreadLocal<TransactionInfo>	线程变量，用于存储事务信息
reactiveAdapterRegistry	ReactiveAdapterRegistry	响应式适配器注册表
transactionManagerCache	ConcurrentMap<Object, TransactionManager>	事务管理器缓存
transactionSupportCache	ConcurrentMap<Method, Reactive TransactionSupport>	响应式事务支持（反应式事务支持）缓存
transactionManagerBeanName	String	事务管理器名称
transactionManager	TransactionManager	事务管理器
transactionAttributeSource	TransactionAttributeSource	事务属性源
beanFactory	BeanFactory	Bean 工程，用于存储 Bean 实例或者创建 Bean 实例

接下来将对 TransactionAspectSupport 类中的核心方法 invokeWithinTransaction 进行分析，该方法是事务处理的核心，在 invokeWithinTransaction 方法中可以分为下面五个主要处理步骤。

（1）通用数据提取。

（2）对响应式事务处理。

（3）事务处理前数据准备。

（4）事务管理器类型不是 CallbackPreferringPlatformTransactionManager 的处理。

（5）事务管理器类型是 CallbackPreferringPlatformTransactionManager 的处理。

接下来将对上述 5 个处理步骤进行详细分析。

对 invokeWithinTransaction 方法处理中的通用数据提取做分析，在通用数据提取中所涉及的数据信息如下。

（1）事务属性源对象，数据来源是成员变量 transactionAttributeSource。

（2）事务属性，数据从事务属性源对象中获取。

（3）根据事务属性确认事务管理器。

关于上述三个属性的提取代码如下。

```
// 获取事务属性源对象
TransactionAttributeSource tas = getTransactionAttributeSource();
// 获取事务属性
final TransactionAttribute txAttr = (tas != null ? tas
    .getTransactionAttribute(method, targetClass) : null);
// 确定事务管理器
final TransactionManager tm = determineTransactionManager(txAttr);
```

在上述三行代码中主要对 determineTransactionManager 方法进行分析，该方法用于确定具体的事务管理器，具体处理代码如下。

```
@Nullable
protected TransactionManager determineTransactionManager(
   @Nullable TransactionAttribute txAttr) {
   // 空判断返回一个事务管理器
   if (txAttr == null || this.beanFactory == null) {
      return getTransactionManager();
   }

   // 属性是否有限定词
   String qualifier = txAttr.getQualifier();
   // 如果有别名
   if (StringUtils.hasText(qualifier)) {
      // 从 ioc 容器中根据类型和名称获取事务管理器
      return determineQualifiedTransactionManager(this.beanFactory, qualifier);
   }
   else if (StringUtils.hasText(this.transactionManagerBeanName)) {
      // 从 ioc 容器中根据类型和名称获取事务管理器
      return determineQualifiedTransactionManager(this.beanFactory,
this.transactionManagerBeanName);
   }
   else {
      // 通过 get 方法获取
      TransactionManager defaultTransactionManager = getTransactionManager();
      // 如果没有
      if (defaultTransactionManager == null) {
         // 尝试从缓存中获取
         defaultTransactionManager = this.transactionManagerCache
```

```
                .get(DEFAULT_TRANSACTION_MANAGER_KEY);
            // 若缓存中没有则从 ioc 容器中获取并且设置缓存
            if (defaultTransactionManager == null) {
                defaultTransactionManager =
this.beanFactory.getBean(TransactionManager.class);
                this.transactionManagerCache.putIfAbsent(
                    DEFAULT_TRANSACTION_MANAGER_KEY, defaultTransactionManager);
            }
        }
        return defaultTransactionManager;
    }
}
```

在 determineTransactionManager 方法中关于事务管理器的确认具体流程如下。

（1）方法参数事务属性对象为空或者成员变量 beanFactory 为空将采用成员变量 transactionManager 作为返回值。

（2）从事务属性对象中获取限定词，关于限定词可以理解为 Bean 的名称或者 Bean 的别名，注意别名理解时需要存在别名。

（3）判断限定词是否存在，如果存在则会在 Spring ioc 容器中获取事务管理器。

（4）判断成员变量 transactionManagerBeanName 是否存在，如果存在则会在 Spring ioc 容器中获取事务管理器。

（5）获取成员变量 transactionManager，判断成员变量 transactionManager 是否存在，如果存在则会直接返回，如果不存在则会尝试从缓存（transactionManagerCache）中获取，如果获取成功则会直接返回，如果获取失败则会从 beanFactory 中根据类型（TransactionManager）获取实例，并且将这个实例放入缓存（transactionManagerCache）中。

在上述 5 个处理流程中还会使用到 determineQualifiedTransactionManager 方法，该方法用于从 Spring ioc 容器中获取事务管理器，具体处理代码如下。

```
private TransactionManager determineQualifiedTransactionManager(BeanFactory
beanFactory,
      String qualifier) {
   // 从缓存中获取
   TransactionManager txManager = this.transactionManagerCache.get(qualifier);
   // 缓存中获取失败
   if (txManager == null) {
      // 通过工具类获取
      txManager = BeanFactoryAnnotationUtils.qualifiedBeanOfType(
            beanFactory, TransactionManager.class, qualifier);
      // 将数据放入缓存
      this.transactionManagerCache.putIfAbsent(qualifier, txManager);
   }
   return txManager;
}
```

在 determineQualifiedTransactionManager 方法中获取 TransactionManager 的处理流程如下。

（1）从缓存（transactionManagerCache）中获取，获取成功后直接返回。

（2）从 Spring ioc 容器中根据类型+限定名（BeanName）进行获取。

至此对于 determineTransactionManager 方法的分析就完成了，总结获取方式有如下三种。

（1）从成员变量 transactionManager 中获取。

（2）从 BeanFactory 中获取。

（3）从缓存（transactionManagerCache）中获取。

对 invokeWithinTransaction 方法处理中的响应式事务处理细节进行分析，具体处理代码如下。

```
if (this.reactiveAdapterRegistry != null && tm instanceof ReactiveTransactionManager) {
   // 从响应式事务缓存中获取响应式事务支持对象
   ReactiveTransactionSupport txSupport = this.transactionSupportCache
         .computeIfAbsent(method, key -> {
            if (KotlinDetector.isKotlinType(method.getDeclaringClass())
                  && KotlinDelegate.isSuspend(method)) {
               throw new TransactionUsageException(
                     "Unsupported annotated transaction on suspending function detected: "
 + method + ". Use TransactionalOperator.transactional extensions instead.");
            }
            // 响应式适配器注册表中获取响应式适配器
            ReactiveAdapter adapter = this.reactiveAdapterRegistry
                  .getAdapter(method.getReturnType());
            if (adapter == null) {
               throw new IllegalStateException(
                     "Cannot apply reactive transaction to non-reactive return type: "
                           + method.getReturnType());
            }
            return new ReactiveTransactionSupport(adapter);
         });
   // 响应式事务执行方法
   return txSupport.invokeWithinTransaction(
         method, targetClass, invocation, txAttr, (ReactiveTransactionManager) tm);
}
```

在进行响应式事务处理时需要满足下面两个条件。

（1）响应式适配器注册表不为空。

（2）通用数据提取的事务管理器类型是 ReactiveTransactionManager。

在满足上述两个条件后进行的操作细节如下。

（1）从响应式事务支持缓存对象中获取响应式事务支持对象（ReactiveTransactionSupport）。

（2）通过响应式事务支持对象进行事务和方法处理。

在第一个操作过程中关于响应式事务支持对象的获取在缓存（transactionSupportCache）中的获取细节如下。

（1）判断缓存（transactionSupportCache）的键是否是 Kotlin 相关代码，如果是则会抛出异常。

（2）从响应式适配器注册表中根据缓存键的返回类型找到响应式适配器对象，如果响应式适配器对象为空则会抛出异常，当响应式适配器对象不为空时通过 ReactiveTransactionSupport 构造方式创建响应式事务支持对象。

对 invokeWithinTransaction 方法处理中事务处理前的前置数据准备进行分析，具体处理代码如下。

```
// 事务类型转换
PlatformTransactionManager ptm = asPlatformTransactionManager(tm);
// 确定切点
final String joinpointIdentification = methodIdentification(method, targetClass,
txAttr);
```

在进行前置数据准备时有两个步骤。

（1）进行事务类型转换，将通用数据提取得到的事务管理器对象转换为 PlatformTransactionManager 对象。

（2）确认切点。

下面先查看事务转换的细节代码。

```
@Nullable
private PlatformTransactionManager asPlatformTransactionManager(
    @Nullable Object transactionManager) {
  // 判断事务管理器对象是否为空或者事务管理器对象类型是否为 PlatformTransactionManager
  if (transactionManager == null
      || transactionManager instanceof PlatformTransactionManager) {
    return (PlatformTransactionManager) transactionManager;
  }
  else {
    throw new IllegalStateException(
        "Specified transaction manager is not a PlatformTransactionManager: "
            + transactionManager);
  }
}
```

在事务类型转换过程中会进行类型的强制转换，转换需要满足下面两个条件中的一个。

（1）事务对象为空。

（2）事务对象的类型是 PlatformTransactionManager。

当无法满足上述两个条件时会抛出异常。在事务类型转换完成后会进行切点的获取，具体代码如下。

```
private String methodIdentification(Method method, @Nullable Class<?> targetClass,
    @Nullable TransactionAttribute txAttr) {

  // 方法签名
  String methodIdentification = methodIdentification(method, targetClass);
  // 方法签名为空时
  if (methodIdentification == null) {
    // 事务属性类型是 DefaultTransactionAttribute
    if (txAttr instanceof DefaultTransactionAttribute) {
      // 通过 DefaultTransactionAttribute 提供给的 getDescriptor 方法获取切入点
      methodIdentification = ((DefaultTransactionAttribute) txAttr).getDescriptor();
    }
    if (methodIdentification == null) {
      // 获取方法签名
      methodIdentification = ClassUtils.getQualifiedMethodName(method,
targetClass);
    }
  }
  return methodIdentification;
}
```

在 methodIdentification 方法中主要处理流程如下。

（1）通过 methodIdentification 方法获取方法签名，如果获取成功则直接返回。注意，methodIdentification 方法在 TransactionAspectSupport 中返回的是空。

（2）在步骤（1）中获取方法签名无法得到实际数据后会判断事务属性的类型是否是 DefaultTransactionAttribute，如果是会通过 getDescriptor 方法获取结果，将 getDescriptor 方法的执行结果作为返回值。

（3）在步骤（2）中无法获取实际数据后会通过 method 和 targetClass 变量来确定方法签名。

在步骤（3）中方法签名的确认代码如下。

```
public static String getQualifiedMethodName(Method method, @Nullable Class<?> clazz) {
   Assert.notNull(method, "Method must not be null");
   return (clazz != null ? clazz : method.getDeclaringClass()).getName() + '.' + method
.getName();
}
```

从 getQualifiedMethodName 方法中可以发现方法签名的生成规则有如下两个。

（1）返回类。

（2）返回方法所在的类名+"."+方法名称。

在 invokeWithinTransaction 方法处理中对事务管理器类型不是 CallbackPreferringPlatform-TransactionManager 的情况进行分析，具体处理代码如下。

```
if (txAttr == null || !(ptm instanceof CallbackPreferringPlatformTransactionManager)) {
   // 创建一个新的事务信息
   TransactionInfo txInfo = createTransactionIfNecessary(ptm, txAttr,
        joinpointIdentification);

   Object retVal;
   try {
      // 回调方法
      retVal = invocation.proceedWithInvocation();
   }
   catch (Throwable ex) {
      // 回滚异常
      completeTransactionAfterThrowing(txInfo, ex);
      throw ex;
   }
   finally {
      // 清除事务信息对象
      cleanupTransactionInfo(txInfo);
   }

   // vavr 相关处理
   if (vavrPresent && VavrDelegate.isVavrTry(retVal)) {
      TransactionStatus status = txInfo.getTransactionStatus();
      if (status != null && txAttr != null) {
         retVal = VavrDelegate.evaluateTryFailure(retVal, txAttr, status);
      }
   }
```

```
    // 提交事务的后置操作
    commitTransactionAfterReturning(txInfo);
    return retVal;
}
```

在上述代码中的核心处理流程如下。

（1）通过事务管理器、事务属性表和切点（方法名称）创建事务信息对象。处理方法是 createTransactionIfNecessary。

（2）通过 InvocationCallback 接口进行方法处理获取返回值。

（3）清除事务信息对象。处理方法是 cleanupTransactionInfo。

（4）如果存在与 vavr 相关的 jar 会进行 vavr 的逻辑处理。

（5）进行事务提交后的处理操作。处理方法是 commitTransactionAfterReturning。

在上述五个操作流程中的第（2）步会存在异常，当出现异常时会进行异常回滚操作。处理方法是 completeTransactionAfterThrowing。下面先对 createTransactionIfNecessary 方法进行分析，具体处理代码如下。

```
@SuppressWarnings("serial")
protected TransactionInfo createTransactionIfNecessary(@Nullable
PlatformTransactionManager tm,
    @Nullable TransactionAttribute txAttr, final String joinpointIdentification) {

  // If no name specified, apply method identification as transaction name.
  // 将切面地址作为 DelegatingTransactionAttribute 的 getName 方法返回值
  if (txAttr != null && txAttr.getName() == null) {
    txAttr = new DelegatingTransactionAttribute(txAttr) {
      @Override
      public String getName() {
        return joinpointIdentification;
      }
    };
  }

  // 准备事务状态对象
  TransactionStatus status = null;
  if (txAttr != null) {
    if (tm != null) {
      // 获取事务状态对象
      status = tm.getTransaction(txAttr);
    }
    else {
      if (logger.isDebugEnabled()) {
        logger.debug("Skipping transactional joinpoint [" + joinpointIdentification +
            "] because no transaction manager has been configured");
      }
    }
  }
  // 处理出一个 TransactionInfo
  return prepareTransactionInfo(tm, txAttr, joinpointIdentification, status);
}
```

在 createTransactionIfNecessary 方法中主要处理流程如下。

（1）创建事务属性对象，通过 DelegatingTransactionAttribute 进行创建，方法 getName 会返回切点数据（方法签名）。创建事务属性对象的前提是满足下面两个条件。

① 事务属性对象不为空。

② 事务属性对象中的名称为空。

（2）在事务属性对象不为空并且事务管理器对象不为空的情况下通过事务管理对象获取事务状态。

（3）通过 prepareTransactionInfo 方法进行事务信息对象的创建。

接下来对回滚异常的 completeTransactionAfterThrowing 方法进行分析，具体处理代码如下。

```
protected void completeTransactionAfterThrowing(@Nullable TransactionInfo txInfo,
    Throwable ex) {
  if (txInfo != null && txInfo.getTransactionStatus() != null) {
    if (logger.isTraceEnabled()) {
      logger.trace("Completing transaction for [" + txInfo.getJoinpointIdentification() +
          "] after exception: " + ex);
    }
    // 判断是否需要进行回滚
    if (txInfo.transactionAttribute != null && txInfo.transactionAttribute.rollbackOn(ex))
    {
      try {
        // 做回滚操作
        txInfo.getTransactionManager().rollback(txInfo.getTransactionStatus());
      }
      catch (TransactionSystemException ex2) {
        logger.error("Application exception overridden by rollback exception", ex);
        ex2.initApplicationException(ex);
        throw ex2;
      }
      catch (RuntimeException | Error ex2) {
        logger.error("Application exception overridden by rollback exception", ex);
        throw ex2;
      }
    }
    else {
      try {
        // org.springframework.transaction.support.AbstractPlatformTransactionManager
        // .commit 的方法
        txInfo.getTransactionManager().commit(txInfo.getTransactionStatus());
      }
      catch (TransactionSystemException ex2) {
        logger.error("Application exception overridden by commit exception", ex);
        ex2.initApplicationException(ex);
        throw ex2;
      }
      catch (RuntimeException | Error ex2) {
        logger.error("Application exception overridden by commit exception", ex);
        throw ex2;
      }
```

```
        }
    }
}
```

在 completeTransactionAfterThrowing 方法中如果需要正式执行代码逻辑，则需要同时满足下面两个条件。

（1）事务信息对象不为空。

（2）事务信息对象中的事务状态对象不为空。

在满足上述两个条件后具体的异常回滚处理操作如下。

（1）日志输出。

（2）判断是否需要进行回滚操作，有两个判断条件需要同时满足。

① 事务信息对象中的事务属性对象不为空。

② 通过事务信息对象中的事务属性来判断当前异常是否是需要处理的异常。

（3）经过第（2）步的判断如果需要进行异常处理则会进行回滚操作，回滚操作的方法提供者是事务信息对象中的事务管理器。

（4）经过第（2）步的判断如果不需要进行异常处理会进行事务提交，事务提交的方法提供者是事务信息对象中的事务管理器。

在上述 4 个处理操作过程中，第（3）步和第（4）步可能会出现异常，当出现异常时会进行异常信息日志输出和设置应用异常对象。

接下来将对 cleanupTransactionInfo 方法进行分析，该方法用于清除事务信息，具体处理代码如下。

```
protected void cleanupTransactionInfo(@Nullable TransactionInfo txInfo) {
   if (txInfo != null) {
      txInfo.restoreThreadLocalStatus();
   }
}
private void restoreThreadLocalStatus() {
    // 旧的数据放回去
    transactionInfoHolder.set(this.oldTransactionInfo);
}
```

在清除事务信息的代码中主要目的是操作成员变量 transactionInfoHolder，成员变量 transactionInfoHolder 是一个线程变量，在清除事务信息时会设置历史的事务信息，当历史的事务信息对象不存在时就会设置 null 从而达到清除的目的。

最后对 commitTransactionAfterReturning 方法进行分析，该方法负责进行事务提交后的操作，具体处理代码如下。

```
protected void commitTransactionAfterReturning(@Nullable TransactionInfo txInfo) {
   if (txInfo != null && txInfo.getTransactionStatus() != null) {
      if (logger.isTraceEnabled()) {
         logger.trace(
               "Completing transaction for [" + txInfo.getJoinpointIdentification() + "]");
      }
      txInfo.getTransactionManager().commit(txInfo.getTransactionStatus());
   }
}
```

在 commitTransactionAfterReturning 方法中核心是进行事务状态对象的提交操作，在执行这个操作前需要满足下面两个条件。

（1）事务信息对象不为空。

（2）事务信息对象中的事务状态对象不为空。

至此对于事务管理器类型不是 CallbackPreferringPlatformTransactionManager 的处理流程分析完毕，下面将进入事务管理器类型是 CallbackPreferringPlatformTransactionManager 的处理流程分析。

在 invokeWithinTransaction 方法处理中对事务管理器类型是 CallbackPreferringPlatform-TransactionManager 的情况进行分析，具体处理代码如下。

```
// 异常持有器
final ThrowableHolder throwableHolder = new ThrowableHolder();

try {
    // 执行
    Object result = ((CallbackPreferringPlatformTransactionManager) ptm)
        .execute(txAttr, status -> {
            // 根据事务属性 + 切点 + 事务状态创建事务属性对象
            TransactionInfo txInfo = prepareTransactionInfo(ptm, txAttr,
joinpointIdentification, status);
            try {
                // 调用实际方法
                Object retVal = invocation.proceedWithInvocation();
                // vavr 支持处理
                if (vavrPresent && VavrDelegate.isVavrTry(retVal)) {
                    retVal = VavrDelegate
                        .evaluateTryFailure(retVal, txAttr, status);
                }
                return retVal;
            }
            catch (Throwable ex) {
                // 判断是否是需要处理的异常
                if (txAttr.rollbackOn(ex)) {
                    if (ex instanceof RuntimeException) {
                        throw (RuntimeException) ex;
                    }
                    else {
                        throw new ThrowableHolderException(ex);
                    }
                }
                else {
                    // 异常对象设置
                    throwableHolder.throwable = ex;
                    return null;
                }
            }
            finally {
                // 清除事务信息对象
                cleanupTransactionInfo(txInfo);
```

```
            }
        });

        // 异常持有器中持有异常时抛出异常
        if (throwableHolder.throwable != null) {
            throw throwableHolder.throwable;
        }
        // 处理结果返回
        return result;
    }
    catch (ThrowableHolderException ex) {
        throw ex.getCause();
    }
    catch (TransactionSystemException ex2) {
        if (throwableHolder.throwable != null) {
            logger.error("Application exception overridden by commit exception",
                    throwableHolder.throwable);
            ex2.initApplicationException(throwableHolder.throwable);
        }
        throw ex2;
    }
    catch (Throwable ex2) {
        if (throwableHolder.throwable != null) {
            logger.error("Application exception overridden by commit exception",
                    throwableHolder.throwable);
        }
        throw ex2;
    }
```

在上述代码中主要分析目标是 CallbackPreferringPlatformTransactionManager 提供的 execute 方法的第二个参数的实现，核心实现细节如下。

（1）根据事务属性、切点（方法签名）和事务状态创建事务属性对象。

（2）通过 InvocationCallback 接口进行方法处理获取返回值。

（3）如果存在与 vavr 相关的 jar 会进行 vavr 的逻辑处理。

（4）清除事务信息对象。

在第（2）步和第（3）步处理过程中会出现异常，当出现异常时会将异常抛出，当异常不是需要处理的异常时会将异常对象设置给异常持有器。在 CallbackPreferringPlatformTransactionManager 的 execute 方法执行完成后会判断异常持有器中是否存在异常，如果存在异常则将异常抛出，如果不存在异常则将第（2）步中得到的结果作为返回值返回。

下面给出 invokeWithinTransaction 方法的详细代码用来对前面所述的处理流程进行回顾，具体处理代码如下。

```
@Nullable
protected Object invokeWithinTransaction(Method method, @Nullable Class<?> targetClass,
        final InvocationCallback invocation) throws Throwable {

    // 获取事务属性
    TransactionAttributeSource tas = getTransactionAttributeSource();
```

```
// 获取事务属性
final TransactionAttribute txAttr = (tas != null ? tas
    .getTransactionAttribute(method, targetClass) : null);
// 确定事务管理器
final TransactionManager tm = determineTransactionManager(txAttr);

// 事务管理器是响应式的处理
if (this.reactiveAdapterRegistry != null && tm instanceof ReactiveTransactionManager)
{
  // 从响应式事务缓存中获取响应式事务支持对象
  ReactiveTransactionSupport txSupport = this.transactionSupportCache
      .computeIfAbsent(method, key -> {
        if (KotlinDetector.isKotlinType(method.getDeclaringClass())
            && KotlinDelegate.isSuspend(method)) {
          throw new TransactionUsageException(
              "Unsupported annotated transaction on suspending function
detected: " + method + ". Use TransactionalOperator.transactional extensions instead.");
        }
        // 响应式适配器注册表中获取响应式适配器
        ReactiveAdapter adapter = this.reactiveAdapterRegistry
            .getAdapter(method.getReturnType());
        if (adapter == null) {
          throw new IllegalStateException(
              "Cannot apply reactive transaction to non-reactive return type: "
                  + method.getReturnType());
        }
        return new ReactiveTransactionSupport(adapter);
      });
  // 响应式事务执行方法
  return txSupport.invokeWithinTransaction(
      method, targetClass, invocation, txAttr, (ReactiveTransactionManager) tm);
}

// 事务类型转换
PlatformTransactionManager ptm = asPlatformTransactionManager(tm);
// 确定切点
final String joinpointIdentification = methodIdentification(method, targetClass, txAttr);

// 事务属性为空，事务类型不是 CallbackPreferringPlatformTransactionManager
if (txAttr == null || !(ptm instanceof CallbackPreferringPlatformTransactionManager)) {
  // 创建一个新的事务信息
  TransactionInfo txInfo = createTransactionIfNecessary(ptm, txAttr,
      joinpointIdentification);

  Object retVal;
  try {
    // 回调方法
    retVal = invocation.proceedWithInvocation();
```

```
    }
    catch (Throwable ex) {
      // 回滚异常
      completeTransactionAfterThrowing(txInfo, ex);
      throw ex;
    }
    finally {
      // 清除事务信息
      cleanupTransactionInfo(txInfo);
    }

    // vavr 相关处理
    if (vavrPresent && VavrDelegate.isVavrTry(retVal)) {
      TransactionStatus status = txInfo.getTransactionStatus();
      if (status != null && txAttr != null) {
        retVal = VavrDelegate.evaluateTryFailure(retVal, txAttr, status);
      }
    }

    // 提交事务的后置操作
    commitTransactionAfterReturning(txInfo);
    return retVal;
  }
  // 事务管理器是 CallbackPreferringPlatformTransactionManager 时的处理
  else {
    // 异常持有器
    final ThrowableHolder throwableHolder = new ThrowableHolder();

    // It's a CallbackPreferringPlatformTransactionManager: pass a TransactionCallback in
    try {
      // 执行
      Object result = ((CallbackPreferringPlatformTransactionManager) ptm)
            .execute(txAttr, status -> {
              // 根据事务属性 + 切点 + 事务状态创建事务属性对象
              TransactionInfo txInfo = prepareTransactionInfo(ptm, txAttr,
                    joinpointIdentification, status);
              try {
                // 调用实际方法
                Object retVal = invocation.proceedWithInvocation();
                // vavr 支持处理
                if (vavrPresent && VavrDelegate.isVavrTry(retVal)) {
                  retVal = VavrDelegate
                        .evaluateTryFailure(retVal, txAttr, status);
                }
                return retVal;
              }
              catch (Throwable ex) {
                // 判断是否是需要处理的异常
```

```
                  if (txAttr.rollbackOn(ex)) {
                     if (ex instanceof RuntimeException) {
                        throw (RuntimeException) ex;
                     }
                     else {
                        throw new ThrowableHolderException(ex);
                     }
                  }
                  else {
                     // 异常对象设置
                     throwableHolder.throwable = ex;
                     return null;
                  }
               }
               finally {
                  // 清除事务信息对象
                  cleanupTransactionInfo(txInfo);
               }
            });

         // 异常持有器中持有异常时抛出异常
         if (throwableHolder.throwable != null) {
            throw throwableHolder.throwable;
         }
         // 处理结果返回
         return result;
      }
      catch (ThrowableHolderException ex) {
         throw ex.getCause();
      }
      catch (TransactionSystemException ex2) {
         if (throwableHolder.throwable != null) {
            logger.error("Application exception overridden by commit exception",
                  throwableHolder.throwable);
            ex2.initApplicationException(throwableHolder.throwable);
         }
         throw ex2;
      }
      catch (Throwable ex2) {
         if (throwableHolder.throwable != null) {
            logger.error("Application exception overridden by commit exception",
                  throwableHolder.throwable);
         }
         throw ex2;
      }
   }
}
```

10.2　TransactionInterceptor 类分析

本节将对事务拦截器进行分析，首先查看事务拦截器 TransactionInterceptor 类，具体如图 10.2 所示。

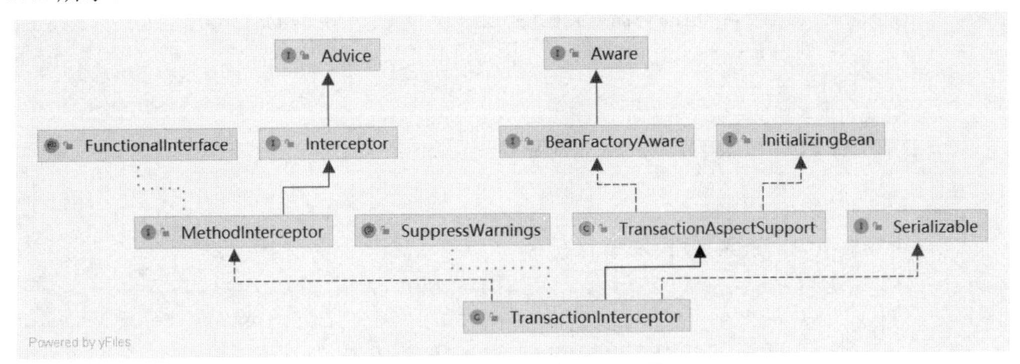

图 10.2　TransactionInterceptor 类

在图 10.2 中可以发现 TransactionInterceptor 类实现了 MethodInterceptor 接口，这个接口的实现方法就是分析目标，具体实现代码如下。

```
@Override
@Nullable
public Object invoke(MethodInvocation invocation) throws Throwable {
   // 获取目标对象
   Class<?> targetClass = (invocation.getThis() != null ?
AopUtils.getTargetClass(invocation.getThis()) : null);

   // 带着事务执行
   return invokeWithinTransaction(invocation.getMethod(), targetClass,
invocation::proceed);
}
```

在这段代码中主要处理流程如下。

（1）获取目标对象的类对象。

（2）交给父类的 invokeWithinTransaction 方法进行切面方法和事务处理。

10.3　ReactiveTransactionSupport 类分析

本节将对 ReactiveTransactionSupport 类进行分析，在该类中主要对 prepareTransactionInfo 方法进行分析，具体处理代码如下。

```
private ReactiveTransactionInfo prepareTransactionInfo(
      @Nullable ReactiveTransactionManager tm,
      @Nullable TransactionAttribute txAttr, String joinpointIdentification,
      @Nullable ReactiveTransaction transaction) {

   // 根据响应式事务管理器、事务信息和切点创建响应式事务信息对象
   ReactiveTransactionInfo txInfo = new ReactiveTransactionInfo(tm, txAttr,
```

```
            joinpointIdentification);
    // 事务属性对象不为空
    if (txAttr != null) {
        // We need a transaction for this method...
        if (logger.isTraceEnabled()) {
            logger.trace("Getting transaction for [" + txInfo.getJoinpointIdentification()
                    + "]");
        }
        // 设置响应式事务对象
        txInfo.newReactiveTransaction(transaction);
    }
    else {
        if (logger.isTraceEnabled()) {
            logger.trace(
                    "Don't need to create transaction for [" + joinpointIdentification +
                            "]: This method isn't transactional.");
        }
    }

    return txInfo;
}
```

上述代码的主要处理流程如下。

（1）根据响应式事务管理器、事务信息和切点创建响应式事务信息对象。

（2）当事务属性对象不为空时会将响应式事务对象放到响应式事务信息对象中。

10.3.1 响应式 createTransactionIfNecessary 方法分析

接下来将对响应式 createTransactionIfNecessary 方法进行分析，在响应式 createTransactionIf-Necessary 方法中主要处理操作是创建响应式事务信息对象，具体处理代码如下。

```
@SuppressWarnings("serial")
private Mono<ReactiveTransactionInfo> createTransactionIfNecessary(
        ReactiveTransactionManager tm,
        @Nullable TransactionAttribute txAttr, final String joinpointIdentification) {


    if (txAttr != null && txAttr.getName() == null) {
        // 设置切面信息为 getName 的方法返回值
        txAttr = new DelegatingTransactionAttribute(txAttr) {
            @Override
            public String getName() {
                return joinpointIdentification;
            }
        };
    }

    final TransactionAttribute attrToUse = txAttr;
    // 从响应式事务管理器中获取响应式事务对象
```

```
    Mono<ReactiveTransaction> tx = (attrToUse != null ?
tm.getReactiveTransaction(attrToUse)
        : Mono.empty());
    // 从响应式事务对象中获取响应式事务信息对象
    return tx.map(it -> prepareTransactionInfo(tm, attrToUse, joinpointIdentification, it))
        .switchIfEmpty(
            Mono.defer(() -> Mono.just(prepareTransactionInfo(tm, attrToUse,
                joinpointIdentification, null))));
}
```

上述代码的主要处理流程如下。

（1）在事务属性对象为空并且事务属性对象的 getName 方法返回为空的情况下会初始化一个新的事务信息对象。

（2）从响应式事务管理器中根据事务信息对象获取响应式事务对象。

（3）通过 prepareTransactionInfo 方法进行响应式事务信息对象的创建。

10.3.2 响应式 prepareTransactionInfo 方法分析

接下来将对响应式 prepareTransactionInfo 方法进行分析，具体处理代码如下。

```
private ReactiveTransactionInfo prepareTransactionInfo(
      @Nullable ReactiveTransactionManager tm,
      @Nullable TransactionAttribute txAttr, String joinpointIdentification,
      @Nullable ReactiveTransaction transaction) {

   // 根据响应式事务管理器、事务信息和切点创建响应式事务信息对象
   ReactiveTransactionInfo txInfo = new ReactiveTransactionInfo(tm, txAttr,
         joinpointIdentification);
   // 事务属性对象不为空
   if (txAttr != null) {
      if (logger.isTraceEnabled()) {
         logger.trace("Getting transaction for [" + txInfo.getJoinpointIdentification()
               + "]");
      }
      // 设置响应式事务对象
      txInfo.newReactiveTransaction(transaction);
   }
   else {
      if (logger.isTraceEnabled()) {
         logger.trace(
               "Don't need to create transaction for [" + joinpointIdentification +
                     "]: This method isn't transactional.");
      }
   }

   return txInfo;
}
```

上述代码的主要处理流程如下。

（1）根据响应式事务管理器、事务信息和切点创建响应式事务信息对象。

（2）当事务属性对象不为空时会将响应式事务对象放到响应式事务信息对象中。

10.3.3 响应式 commitTransactionAfterReturning 方法分析

接下来将对响应式 commitTransactionAfterReturning 方法进行分析，具体处理代码如下。

```
private Mono<Void> commitTransactionAfterReturning(
      @Nullable ReactiveTransactionInfo txInfo) {
   if (txInfo != null && txInfo.getReactiveTransaction() != null) {
      if (logger.isTraceEnabled()) {
         logger.trace(
               "Completing transaction for [" + txInfo.getJoinpointIdentification()
                     + "]");
      }
      // 响应式事务提交
      return txInfo.getTransactionManager().commit(txInfo.getReactiveTransaction());
   }
   return Mono.empty();
}
```

在 commitTransactionAfterReturning 方法中主要目标是进行响应式事务提交。在进行提交前需要同时满足下面两个条件。

（1）响应式事务信息对象不为空。

（2）响应式事务信息对象中的响应式事务不为空。

10.3.4 响应式 completeTransactionAfterThrowing 方法分析

接下来将对响应式 completeTransactionAfterThrowing 方法进行分析，具体处理代码如下。

```
private Mono<Void> completeTransactionAfterThrowing(
      @Nullable ReactiveTransactionInfo txInfo, Throwable ex) {
   if (txInfo != null && txInfo.getReactiveTransaction() != null) {
      if (logger.isTraceEnabled()) {
         logger.trace(
               "Completing transaction for [" + txInfo.getJoinpointIdentification() +
                     "] after exception: " + ex);
      }
      // 判断是否存在事务属性
      // 判断是不是需要处理的异常
      if (txInfo.transactionAttribute != null && txInfo.transactionAttribute
            .rollbackOn(ex)) {
         return txInfo.getTransactionManager().rollback(txInfo.getReactiveTransaction())
               .onErrorMap(ex2 -> {
                        logger.error(
                              "Application exception overridden by rollback exception", ex);
                        if (ex2 instanceof TransactionSystemException) {
                           ((TransactionSystemException) ex2).initApplicationException(ex);
```

```
                        }
                        return ex2;
                    }
                );
        }
        else {
            // 提交响应式事务
            return txInfo.getTransactionManager().commit(txInfo.getReactiveTransaction())
                .onErrorMap(ex2 -> {
                        logger.error("Application exception overridden by commit exception", ex);
                        if (ex2 instanceof TransactionSystemException) {
                            ((TransactionSystemException) ex2).initApplicationException(ex);
                        }
                        return ex2;
                    }
                );
        }
    }
    return Mono.empty();
}
```

上述代码主要处理流程如下。

（1）在满足事务属性存在并且当前异常是需要处理的异常时会进行响应式事务回滚操作。

（2）在不满足事务属性存在和当前异常是不需要处理的异常时会进行事务提交操作。

在执行上述两个流程时需要满足下面两个前置条件。

（1）响应式事务信息对象存在。

（2）响应式事务信息对象中的响应式事务存在。

10.3.5　响应式 invokeWithinTransaction 方法分析

接下来将对响应式 invokeWithinTransaction 方法进行分析，具体处理代码如下。

```
public Object invokeWithinTransaction(Method method, @Nullable Class<?> targetClass,
        InvocationCallback invocation, @Nullable TransactionAttribute txAttr,
        ReactiveTransactionManager rtm) {

    // 获取切入点
    String joinpointIdentification = methodIdentification(method, targetClass, txAttr);

    // Optimize for Mono
    // 判断方法返回值是不是 Mono
    if (Mono.class.isAssignableFrom(method.getReturnType())) {

        // 进行实际处理操作
        return TransactionContextManager.currentContext().flatMap(context ->
            // 创建响应式事务对象
            createTransactionIfNecessary(rtm, txAttr, joinpointIdentification)
                .flatMap(it -> {
```

```
                    try {
                        return Mono.<Object, ReactiveTransactionInfo>usingWhen(
                            Mono.just(it),
                            txInfo -> {
                                try {
                                    // 进行回调函数执行操作
                                    return (Mono<?>) invocation
                                        .proceedWithInvocation();
                                }
                                catch (Throwable ex) {
                                    return Mono.error(ex);
                                }
                            },
                            // 事务提交后的处理
                            this::commitTransactionAfterReturning,
                            (txInfo, err) -> Mono.empty(),
                            this::commitTransactionAfterReturning)
                            .onErrorResume(ex ->
                                // 异常处理
                                completeTransactionAfterThrowing(it, ex)
                                    .then(Mono.error(ex)));
                    }
                    catch (Throwable ex) {
                        return completeTransactionAfterThrowing(it, ex)
                            .then(Mono.error(ex));
                    }
                }))
            .subscriberContext(TransactionContextManager.getOrCreateContext())
            .subscriberContext(TransactionContextManager.getOrCreateContextHolder());
    }

    // 通过响应式适配器对象进行事务处理
    return this.adapter
        .fromPublisher(TransactionContextManager.currentContext().flatMapMany(con
text -> createTransactionIfNecessary(rtm, txAttr, joinpointIdentification)
                .flatMapMany(it -> {
                    try {
                            .usingWhen(
                                Mono.just(it),
                                txInfo -> {
                                    try {
                                        // 响应式对象将需要处理的事务和方法进行提交
                                        return this.adapter.toPublisher(
                                            invocation
                                                .proceedWithInvocation());
                                    }
                                    catch (Throwable ex) {
                                        return Mono.error(ex);
                                    }
```

```
                    },
                    // 事务提交后的处理
                    this::commitTransactionAfterReturning,
                    (txInfo, ex) -> Mono.empty(),
                    // 事务提交后的处理
                    this::commitTransactionAfterReturning)
                .onErrorResume(ex ->
                    // 异常处理
                    completeTransactionAfterThrowing(it, ex)
                        .then(Mono.error(ex)));
            }
            catch (Throwable ex) {
                return completeTransactionAfterThrowing(it, ex)
                    .then(Mono.error(ex));
            }
        }))
        .subscriberContext(TransactionContextManager.getOrCreateContext())
        .subscriberContext(
            TransactionContextManager.getOrCreateContextHolder()));
}
```

在 invokeWithinTransaction 方法中主要处理流程如下。

（1）执行接口 InvocationCallback 的 proceedWithInvocation 方法。

（2）在 proceedWithInvocation 方法执行成功后进行事务提交方法处理，具体处理方法是 commitTransactionAfterReturning。

（3）在 proceedWithInvocation 方法执行时出现异常会进行异常处理，具体处理方法是 completeTransactionAfterThrowing。

上述三个是核心处理流程，在 invokeWithinTransaction 方法中会有如下两种模式的处理。

（1）直接处理。

（2）使用响应式适配器（adapter）处理。

响应式事务处理和非响应式事务（同步事务）处理的差异是响应式事务处理接入了响应式相关的对象，如 Function、Publisher 和 Mono。

10.4　总结

本章对 Spring 事务切面支持类 TransactionAspectSupport 进行了分析，本章着重对事务切面支持类中 invokeWithinTransaction 方法进行分析。除此之外还对事务拦截器和响应式事务支持类进行分析。

第11章

事务定义及事务属性源对象分析

本章将对 Spring 事务中的事务定义对象（TransactionDefinition）及事务属性源对象进行分析。在事务定义对象的分析中还包括事务属性对象（TransactionAttribute）的分析。

11.1 事务定义和事务属性介绍

在 Spring 事务模块中关于事务定义的接口是 TransactionDefinition，在 Spring 事务模块中事务定义对象有如下两个子类接口。

（1）事务属性接口 TransactionAttribute。

（2）资源事务定义接口 ResourceTransactionDefinition。

关于事务定义对象的 TransactionDefinition 类如图 11.1 所示。

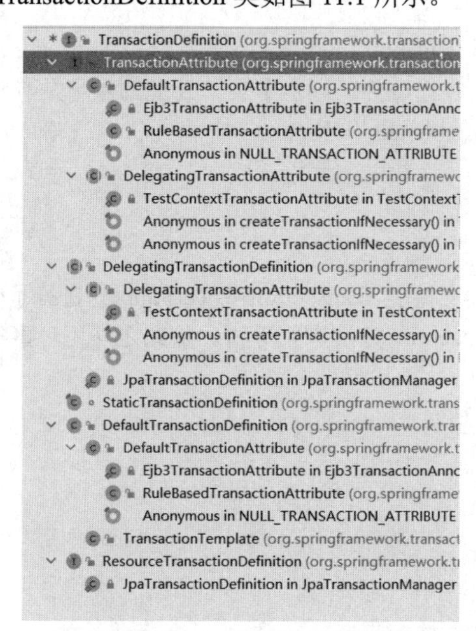

图 11.1　TransactionDefinition 类

下面对事务属性接口进行分析，事务属性是事务定义接口的子类，具体定义代码如下。

```
public interface TransactionAttribute extends TransactionDefinition {

   /**
    * 获取事务定义的限定符
    */
   @Nullable
   String getQualifier();

   /**
    * 判断是不是需要处理的异常
    */
   boolean rollbackOn(Throwable ex);

}
```

11.2　默认的事务属性对象及其子类

在 Spring 事务模块中关于事务属性接口有一个默认实现，它是 DefaultTransactionAttribute，关于它的定义代码如下。

```
public class DefaultTransactionAttribute extends DefaultTransactionDefinition implements
TransactionAttribute {

   /**
    * 限定符
    */
   @Nullable
   private String qualifier;

   /**
    * 描述符
    */
   @Nullable
   private String descriptor;
}
```

在 DefaultTransactionAttribute 对象中有如下两个属性。

（1）用于存储事务限定符的 qualifier。

（2）用于存储事务描述的 descriptor。

除了这两个属性外在 DefaultTransactionAttribute 中还有 rollbackOn 方法的实现，具体代码如下。

```
public boolean rollbackOn(Throwable ex) {
   return (ex instanceof RuntimeException || ex instanceof Error);
}
```

在 rollbackOn 方法中会对异常进行判断，当异常的类型是 RuntimeException 或者 Error 时表示这个异常是需要处理的异常。因为这个方法的存在，在日常开发过程中在使用 Transactional 注解时需要特别注意抛出的异常处理。为了提高异常处理范围，一般情况下会以@Transactional (rollbackFor = Exception.class)进行 Transactional 注解使用。

在 Spring 事务模块中 DefaultTransactionAttribute 的子类还有 Ejb3TransactionAttribute 和 RuleBasedTransactionAttribute，下面先对 Ejb3TransactionAttribute 中 rollbackOn 方法实现细节进行分析，在 Ejb3TransactionAttribute 中重载了 rollbackOn 方法的实现，具体代码如下。

```
@Override
public boolean rollbackOn(Throwable ex) {
  ApplicationException ann = ex.getClass().getAnnotation(ApplicationException.class);
  return (ann != null ? ann.rollback() : super.rollbackOn(ex));
}
```

在 rollbackOn 方法中在父类的基础上增加了 ApplicationException 注解的使用，通过反射获取异常类上的 ApplicationException 注解，通过注解的 rollback 方法来判断是不是需要处理的异常。

最后对 RuleBasedTransactionAttribute 中 rollbackOn 方法的实现细节进行分析，具体处理代码如下。

```
@Override
public boolean rollbackOn(Throwable ex) {
    if (logger.isTraceEnabled()) {
        logger.trace(
            "Applying rules to determine whether transaction should rollback on " + ex);
    }

    // 回滚规则属性表
    RollbackRuleAttribute winner = null;
    int deepest = Integer.MAX_VALUE;

    // 回滚规则存在的情况下进行规则确认
    if (this.rollbackRules != null) {
        for (RollbackRuleAttribute rule : this.rollbackRules) {
            // 深度
            int depth = rule.getDepth(ex);
            if (depth >= 0 && depth < deepest) {
                deepest = depth;
                winner = rule;
            }
        }
    }

    if (logger.isTraceEnabled()) {
        logger.trace("Winning rollback rule is: " + winner);
    }

    // 如果回滚规则为空则调用父类的 rollbackOn 方法
    if (winner == null) {
        logger.trace("No relevant rollback rule found: applying default rules");
        return super.rollbackOn(ex);
    }

    // 判断回滚规则的类型是不是 NoRollbackRuleAttribute
    return !(winner instanceof NoRollbackRuleAttribute);
}
```

在 rollbackOn 方法中主要处理流程如下。

（1）在成员变量回滚规则属性表（rollbackRules）存在的前提下从回滚规则属性表中确定需要处理的规则。确认规则是深度最低的当选。

（2）在步骤（1）确认回滚规则对象后如果回滚规则为空则调用父类的 rollbackOn 方法进行处理。在回滚规则对象不为空时会判断是不是 NoRollbackRuleAttribute 类型作为返回值。

至此对于 Spring 事务模块中的默认事务属性对象及其子类的分析就全部完成了，它们主要对 rollbackOn 方法做了拓展，关于限定符都采用的是成员变量的直接获取方式。

11.3 默认的事务定义

在 Spring 事务模块中关于事务的定义提供了一个默认的实现，这个类是 DefaultTransactionDefinition，在 DefaultTransactionDefinition 类中出现的成员变量如表 11.1 所示。

表 11.1 DefaultTransactionDefinition 成员变量

变 量 名 称	变 量 类 型	变 量 说 明
PREFIX_PROPAGATION	String	事务传播行为前缀。该前缀和 TransactionDefinition 接口中的静态变量有关
PREFIX_ISOLATION	String	事务隔离级别前缀。该前缀和 TransactionDefinition 接口中的静态变量有关
PREFIX_TIMEOUT	String	事务超时前缀。该前缀和 TransactionDefinition 接口中的静态变量有关
READ_ONLY_MARKER	String	事务只读属性标记
constants	Constants	存储了 TransactionDefinition 接口常量的数据对象
propagationBehavior	int	事务传播行为
isolationLevel	int	事务隔离级别
timeout	int	超时时间
readOnly	boolean	是否只读
name	String	事务名称

在 DefaultTransactionDefinition 类中的方法都属于 getter 方法和 setter 方法的范畴，分析点不多，主要关注成员变量即可。在 Spring 事务模块中 DefaultTransactionAttribute 类和 TransactionTemplate 都是它的子类。

11.4 静态事务定义

在 Spring 事务模块中有一个特殊的事务定义实现类，它是 StaticTransactionDefinition，这个类实现了 TransactionDefinition 接口，实现都采用的是 TransactionDefinition 接口的默认实现，并且 StaticTransactionDefinition 类的设计中采用了单例模式，具体代码如下。

```
final class StaticTransactionDefinition implements TransactionDefinition {

   static final StaticTransactionDefinition INSTANCE = new StaticTransactionDefinition();
```

```
  private StaticTransactionDefinition() {
  }

}
```

11.5　委派事务定义及其子类

在 Spring 事务模块中有基于委派模式开发的类，这个类是 DelegatingTransactionDefinition，在成员变量中存储了被委派的事务定义对象，具体处理代码如下。

```
private final TransactionDefinition targetDefinition;
```

在委派事务定义类中还有一个子类，这个子类适用于事务属性接口，具体定义代码如下。

```
public abstract class DelegatingTransactionAttribute extends
DelegatingTransactionDefinition
    implements TransactionAttribute, Serializable {

  private final TransactionAttribute targetAttribute;
}
```

在 DelegatingTransactionAttribute 类中存储了委托的事务属性对象，并且在该类中所有方法都需要使用成员变量 targetAttribute 进行处理。

11.6　TransactionAttributeSource 基础认识

在 Spring 事务模块中 TransactionAttributeSource 接口中定义了如下两个方法。

（1）方法 isCandidateClass，用于判断输入的类是否是事务属性源支持的对象。

（2）方法 getTransactionAttribute，根据方法和目标类搜索对应的事务属性对象。

接口 TransactionAttributeSource 的完整代码如下。

```
public interface TransactionAttributeSource {
  default boolean isCandidateClass(Class<?> targetClass) {
    return true;
  }

  @Nullable
  TransactionAttribute getTransactionAttribute(Method method, @Nullable Class<?>
targetClass);

}
```

在 Spring 事务模块中 TransactionAttributeSource 接口有六个子类，具体的继承关系如图 11.2 所示。

TransactionAttributeSource (org.springframework.transaction.interceptor)
NameMatchTransactionAttributeSource (org.springframework.transaction
AbstractFallbackTransactionAttributeSource (org.springframework.transac
AnnotationTransactionAttributeSource (org.springframework.transacti
MethodMapTransactionAttributeSource (org.springframework.transactior
CompositeTransactionAttributeSource (org.springframework.transaction.i
MatchAlwaysTransactionAttributeSource (org.springframework.transactio

图 11.2　TransactionAttributeSource 接口

11.7　NameMatchTransactionAttributeSource 类分析

在 Spring 中 NameMatchTransactionAttributeSource 类是 TransactionAttributeSource 接口的实现类，在 NameMatchTransactionAttributeSource 类中会建立方法名称和事务属性（TransactionAttribute）之间的关系，该关系的存储结构如下。

```
private Map<String, TransactionAttribute> nameMap = new HashMap<>();
```

除 NameMatchTransactionAttributeSource 类处理保存绑定关系的变量外还有一些方法需要关注。首先查看 addTransactionalMethod 方法，该方法用于进行绑定关系建设，具体处理代码如下。

```
public void addTransactionalMethod(String methodName, TransactionAttribute attr) {
   if (logger.isDebugEnabled()) {
      logger.debug("Adding transactional method [" + methodName + "] with attribute
[" + attr + "]");
   }
   this.nameMap.put(methodName, attr);
}
```

在上述代码中通过 put 方法将方法名称和事务属性进行映射关系绑定。

其次查看 setProperties 方法，该方法会从参数 Properties 对象中提取数据放入 nameMap 容器中，具体处理代码如下。

```
public void setProperties(Properties transactionAttributes) {
   // 事务属性编辑对象
   TransactionAttributeEditor tae = new TransactionAttributeEditor();
   // 属性名称列表
   Enumeration<?> propNames = transactionAttributes.propertyNames();

   while (propNames.hasMoreElements()) {
      // 获取属性名
      String methodName = (String) propNames.nextElement();
      // 获取属性值
      String value = transactionAttributes.getProperty(methodName);
      // 将属性值设置给事务属性编辑器对象
      tae.setAsText(value);
      // 通过事务属性编辑器对象获取事务属性对象
      TransactionAttribute attr = (TransactionAttribute) tae.getValue();
      // 关系绑定
      addTransactionalMethod(methodName, attr);
   }
}
```

在 setProperties 方法中主要处理流程如下。

（1）创建事务属性编辑器对象。

（2）获取参数 Properties 中的键。

（3）将第（2）步中得到的键都进行数值获取，将得到的数据值设置给事务属性编辑器对象。

（4）从事务属性编辑器对象中提取事务属性对象。

（5）将参数 Properties 中的键与第（4）步中提取的事务属性对象进行绑定。

最后查看 getTransactionAttribute 方法，该方法用于获取事务属性，具体处理方法如下。

```
@Override
@Nullable
public TransactionAttribute getTransactionAttribute(Method method, @Nullable Class<?>
targetClass) {
   if (!ClassUtils.isUserLevelMethod(method)) {
      return null;
   }

   // 获取方法名称
   String methodName = method.getName();
   // 从缓存中获取方法名称对应的事务属性
   TransactionAttribute attr = this.nameMap.get(methodName);

   // 事务属性为空的处理
   if (attr == null) {
      // 检索最佳匹配值
      String bestNameMatch = null;
      // 循环缓存容器中的 key
      for (String mappedName : this.nameMap.keySet()) {
         // 如果匹配则从缓存中获取事务属性对象
         if (isMatch(methodName, mappedName) &&
               (bestNameMatch == null || bestNameMatch.length() <=
mappedName.length())) {

            attr = this.nameMap.get(mappedName);
            bestNameMatch = mappedName;
         }
      }
   }

   return attr;
}
```

在 getTransactionAttribute 方法中主要处理流程如下。

（1）通过 ClassUtils.isUserLevelMethod 方法检查参数方法是否能够通过，若不能够通过则会返回 null。

（2）获取方法名称，从缓存中获取方法名称对应的事务属性对象，如果事务属性对象不为空则直接返回。

在第（2）步中事务属性对象为空会进行操作。循环名称缓存容器（nameMap）中的键数据，将单个键数据和方法名称进行比较，如果比较通过则会从缓存容器中获取事务属性对象。

11.8 AbstractFallbackTransactionAttributeSource 类分析

本节将对 AbstractFallbackTransactionAttributeSource 类进行分析，在这类中有三个需要子类实现的方法。

（1）方法 findTransactionAttribute，参数类型是 Class，该方法通过 Class 来搜索事务属性对象。

（2）方法 findTransactionAttribute，参数类型是 Method，该方法通过 Method 来搜索事务属

性对象。

（3）方法 allowPublicMethodsOnly，用来判断是否允许 public 修饰的方法获取事务属性对象。

除了上述三个需要子类实现的方法外，还有 getTransactionAttribute 方法和 computeTransactionAttribute 值得重点关注，在这两个方法中首先对后者进行分析，前者需要使用后者来进行一些处理操作。关于 computeTransactionAttribute 方法的代码如下。

```
@Nullable
protected TransactionAttribute computeTransactionAttribute(Method method,
      @Nullable Class<?> targetClass) {
   // 判断是否允许 public 修饰的方法获取事务属性对象
   // 判断方法是不是 public 修饰
   if (allowPublicMethodsOnly() && !Modifier.isPublic(method.getModifiers())) {
      return null;
   }

   // 可能存在 aop 代理类的情况下获取真实的方法
   Method specificMethod = AopUtils.getMostSpecificMethod(method, targetClass);

   // 通过方法搜索事务属性对象
   TransactionAttribute txAttr = findTransactionAttribute(specificMethod);
   if (txAttr != null) {
      return txAttr;
   }

   // 通过类搜索事务属性对象
   txAttr = findTransactionAttribute(specificMethod.getDeclaringClass());
   if (txAttr != null && ClassUtils.isUserLevelMethod(method)) {
      return txAttr;
   }

   // 方法不相同
   if (specificMethod != method) {
      txAttr = findTransactionAttribute(method);
      if (txAttr != null) {
         return txAttr;
      }
      txAttr = findTransactionAttribute(method.getDeclaringClass());
      if (txAttr != null && ClassUtils.isUserLevelMethod(method)) {
         return txAttr;
      }
   }

   return null;
}
```

在 computeTransactionAttribute 方法中主要处理流程如下。

（1）判断方法是否不是 public 修饰的，并且不允许 public 修饰的方法获取事务属性对象将返回 null。

（2）通过 aop 工具类获取真正的方法对象。

（3）通过方法进行事务属性对象搜索，如果搜索成功则直接作为方法返回对象。

（4）当方法搜寻结果失败后会通过方法所在的类进行搜索，当通过类搜索事务属性对象成功后需要进行 ClassUtils.isUserLevelMethod 方法判断，当通过 ClassUtils.isUserLevelMethod 方法的判断后会直接返回。

（5）在参数方法和通过 aop 搜索出来的方法不相同时会进行如下处理。

① 通过参数方法搜索对应的事务属性，如果事务属性存在则返回。

② 在参数方法搜寻失败时通过参数方法所在的类进行事务属性对象搜索，如果搜索成功则返回。

在上述过程中如果无法搜索到事务属性对象将返回 null。最后对 getTransactionAttribute 方法进行分析，具体处理代码如下。

```
@Override
@Nullable
public TransactionAttribute getTransactionAttribute(Method method,
      @Nullable Class<?> targetClass) {
   if (method.getDeclaringClass() == Object.class) {
      return null;
   }

   // 获取缓存的 key
   Object cacheKey = getCacheKey(method, targetClass);
   // 从缓存中获取
   TransactionAttribute cached = this.attributeCache.get(cacheKey);
   if (cached != null) {
      // 判断是不是空的事务属性对象
      if (cached == NULL_TRANSACTION_ATTRIBUTE) {
         return null;
      } else {
         return cached;
      }
   } else {
      // 搜索事务属性对象
      TransactionAttribute txAttr = computeTransactionAttribute(method, targetClass);
      if (txAttr == null) {
         // 设置缓存
         this.attributeCache.put(cacheKey, NULL_TRANSACTION_ATTRIBUTE);
      } else {
         // 获取方法签名
         String methodIdentification = ClassUtils
               .getQualifiedMethodName(method, targetClass);
         // 事务属性对象类型是 DefaultTransactionAttribute
         if (txAttr instanceof DefaultTransactionAttribute) {
            // 设置描述
            ((DefaultTransactionAttribute) txAttr).setDescriptor(methodIdentification);
         }
         if (logger.isTraceEnabled()) {
```

```
            logger.trace("Adding transactional method '" + methodIdentification
                + "' with attribute: " + txAttr);
        }
        this.attributeCache.put(cacheKey, txAttr);
    }
    return txAttr;
  }
}
```

在 getTransactionAttribute 方法中主要处理流程如下。

（1）判断传入函数所在的类是不是 Object，如果是 Object 则返回 null。

（2）将方法和目标类作为参数创建缓存的键。

（3）从缓存中根据第（2）步创建的键获取缓存值，如果缓存值存在并且不等于空事务属性（NULL_TRANSACTION_ATTRIBUTE）则返回值，如果等于空事务属性则返回 null。

当第（2）步中的缓存键搜索不到缓存值时会进行如下操作。

（1）通过 computeTransactionAttribute 方法获取事务属性对象。如果获取的事务属性对象为空会进行缓存键和空事务属性对象的关系绑定。

（2）当通过 computeTransactionAttribute 方法搜索事务属性对象存在时会确定方法签名，并且在事务属性对象类型是 DefaultTransactionAttribute 时将方法签名作为事务的描述变量。最后进行缓存键和事务属性对象的关系绑定。

至此对于 AbstractFallbackTransactionAttributeSource 类的分析就全部完成了。在 Spring 事务模块中 AbstractFallbackTransactionAttributeSource 类还有一个子类 AnnotationTransactionAttributeSource，下面将对这个子类进行分析。

在 AnnotationTransactionAttributeSource 类中有四个成员变量，分别如下。

（1）jta12Present，表示是否存在 javax.transaction.Transactional 类。

（2）ejb3Present，表示是否存在 javax.ejb.TransactionAttribute 类。

（3）publicMethodsOnly，表示是否只支持带有 Transactional 的公共方法。

（4）annotationParsers，用于存储事务注解解析（TransactionAnnotationParser）接口。

在了解成员变量后对两个核心方法进行分析，首先是 isCandidateClass 方法的分析，该方法用于判断输入的类是否是事务属性源支持的对象，具体处理代码如下。

```
@Override
public boolean isCandidateClass(Class<?> targetClass) {
  for (TransactionAnnotationParser parser : this.annotationParsers) {
    if (parser.isCandidateClass(targetClass)) {
      return true;
    }
  }
  return false;
}
```

在 isCandidateClass 方法中会通过事务注解解析接口来判断是否可以支持处理，如果能够处理则返回 true，不能够处理则返回 false。最后对 determineTransactionAttribute 方法进行分析，该方法为 findTransactionAttribute 方法提供服务，具体处理代码如下。

```
@Nullable
```

```
protected TransactionAttribute determineTransactionAttribute(AnnotatedElement element) {
   // 通过事务注解解析接口来解析数据(类或者方法)对应的事务属性
   for (TransactionAnnotationParser parser : this.annotationParsers) {
      TransactionAttribute attr = parser.parseTransactionAnnotation(element);
      if (attr != null) {
         return attr;
      }
   }
   return null;
}
```

在 determineTransactionAttribute 方法中会通过事务注解解析接口来解析参数 element 对应的事务属性，如果事务属性解析结果不为 null 则返回。

11.9 CompositeTransactionAttributeSource 类分析

本节将对 CompositeTransactionAttributeSource 类进行分析，在这个对象中有一个成员变量用来存储事务属性源对象集合，具体代码如下。

```
private final TransactionAttributeSource[] transactionAttributeSources;
```

在了解成员变量的数据类型后下面对两个方法进行分析。首先是 isCandidateClass 方法，具体处理代码如下。

```
@Override
public boolean isCandidateClass(Class<?> targetClass) {
   for (TransactionAttributeSource source : this.transactionAttributeSources) {
      if (source.isCandidateClass(targetClass)) {
         return true;
      }
   }
   return false;
}
```

在这段代码中会依靠成员变量 transactionAttributeSources 中的各个元素判断输入的类是否是事务属性源支持的对象，当有一个支持时就会返回 true。

最后对 getTransactionAttribute 方法进行分析，具体处理代码如下。

```
@Override
@Nullable
public TransactionAttribute getTransactionAttribute(Method method, @Nullable Class<?>
targetClass) {
   for (TransactionAttributeSource source : this.transactionAttributeSources) {
      TransactionAttribute attr = source.getTransactionAttribute(method, targetClass);
      if (attr != null) {
         return attr;
      }
   }
   return null;
}
```

在这段代码中同样需要使用成员变量 transactionAttributeSources，通过该成员变量来获取元素中的事务属性对象。

11.10　MethodMapTransactionAttributeSource 类分析

下面对 MethodMapTransactionAttributeSource 类进行分析，这个类主要通过函数对象（Method）和事务属性（TransactionAttribute）进行关系绑定，主要存储容器代码如下。

```
private Map<String, TransactionAttribute> methodMap;

private final Map<Method, TransactionAttribute> transactionAttributeMap = new
HashMap<>();

private final Map<Method, String> methodNameMap = new HashMap<>();
```

在上述三个容器中每个容器的含义如下。

（1）methodMap，用于存储方法和事务属性之间的映射关系。

（2）transactionAttributeMap，用于存储方法和事务属性之间的映射关系。

（3）methodNameMap，用于存储方法和方法名称之间的映射关系，value 的存储符合公式：类名+"."+方法名。

在这三个容器中 methodMap 容器的数据是允许通过构造方法或者 setter 方法进行设置的，并且通过设置后会将数据转换到 transactionAttributeMap 容器中。在了解存储容器后先对容器数据转换的相关代码进行分析，具体处理代码如下。

```
@Override
public void afterPropertiesSet() {
  initMethodMap(this.methodMap);
  this.eagerlyInitialized = true;
  this.initialized = true;
}
```

在 afterPropertiesSet 方法中主要是 initMethodMap 方法的调用，具体处理代码如下。

```
protected void initMethodMap(@Nullable Map<String, TransactionAttribute> methodMap) {
  if (methodMap != null) {
    methodMap.forEach(this::addTransactionalMethod);
  }
}
```

在 initMethodMap 方法中核心目标是循环调用 addTransactionalMethod 方法，该方法是数据转换的重点，具体处理代码如下。

```
public void addTransactionalMethod(String name, TransactionAttribute attr) {
    Assert.notNull(name, "Name must not be null");
    int lastDotIndex = name.lastIndexOf('.');
    if (lastDotIndex == -1) {
        throw new IllegalArgumentException("'" + name + "' is not a valid method name:
format is FQN.methodName");
    }
    // 提取类名
```

```
    String className = name.substring(0, lastDotIndex);
    // 提取方法名
    String methodName = name.substring(lastDotIndex + 1);
    // 通过类名加载类对象
    Class<?> clazz = ClassUtils.resolveClassName(className, this.beanClassLoader);
    // 核心注册流程
    addTransactionalMethod(clazz, methodName, attr);
}
```

在 addTransactionalMethod 方法中主要处理流程如下。

（1）提取类名。

（2）提取方法名。

（3）通过类名加载类对象。

（4）调用核心注册流程。

在上述流程中主要的方法是 addTransactionalMethod，下面对具体的设置关系的方法 addTransactionalMethod 进行分析，具体处理代码如下。

```
public void addTransactionalMethod(Class<?> clazz, String mappedName,
TransactionAttribute attr) {
  Assert.notNull(clazz, "Class must not be null");
  Assert.notNull(mappedName, "Mapped name must not be null");
  // 类名和方法名组合
  String name = clazz.getName() + '.'  + mappedName;

  // 提取类中的方法列表
  Method[] methods = clazz.getDeclaredMethods();
  // 匹配的方法列表
  List<Method> matchingMethods = new ArrayList<>();
  // 循环
  for (Method method : methods) {
    // 判断方法名和参数 mappedName 是否匹配
    if (isMatch(method.getName(), mappedName)) {
      matchingMethods.add(method);
    }
  }
  if (matchingMethods.isEmpty()) {
    throw new IllegalArgumentException(
          "Could not find method '" + mappedName + "' on class [" + clazz.getName() +
"]");
  }

  // 注册匹配的方法
  for (Method method : matchingMethods) {
    // 从缓存中根据方法获取注册名称
    String regMethodName = this.methodNameMap.get(method);
    if (regMethodName == null || (!regMethodName.equals(name) &&
regMethodName.length() <= name.length())) {
      if (logger.isDebugEnabled() && regMethodName != null) {
        logger.debug("Replacing attribute for transactional method [" + method +
```

```
"]: current name '" + name + "' is more specific than '" + regMethodName + "'");
            }
            // 方法和方法名关系绑定
            this.methodNameMap.put(method, name);
            // 方法和事务属性进行关系绑定
            addTransactionalMethod(method, attr);
        }
        else {
            if (logger.isDebugEnabled()) {
                logger.debug("Keeping attribute for transactional method [" + method + "]:
current name '" + name + "' is not more specific than '" + regMethodName + "'");
            }
        }
    }
}
```

在 addTransactionalMethod 方法中主要处理流程如下。

（1）对参数 clazz 和 mappedName 进行非空判断，如果两个中有一个是空就会抛出异常。

（2）进行类名和方法名的组合，组合方式为类名+"."+方法名。

（3）提取参数 clazz 中的所有方法，遍历获取的方法将方法名和参数 mappedName 进行匹配，如果匹配则放入匹配容器（matchingMethods）中。

（4）将匹配容器中的数据进行注册，主要向 methodNameMap 和 transactionAttributeMap 中进行注册。

最后对获取事务属性的 getTransactionAttribute 方法进行分析，具体处理代码如下。

```
@Override
@Nullable
public TransactionAttribute getTransactionAttribute(Method method, @Nullable Class<?>
targetClass) {
    if (this.eagerlyInitialized) {
        return this.transactionAttributeMap.get(method);
    }
    else {
        synchronized (this.transactionAttributeMap) {
            // 没有实例化
            if (!this.initialized) {
                // 初始化
                initMethodMap(this.methodMap);
                this.initialized = true;
            }
            return this.transactionAttributeMap.get(method);
        }
    }
}
```

在获取事务属性对象的方法中可以发现主要获取数据的容器是 transactionAttributeMap，在获取属性之外还提供了可能需要的实例化策略：将成员变量 methodMap 转换到 transactionAttributeMap 的过程。

11.11 总结

在本章中对事务定义接口及其子类进行了分析，主要包括下面内容。

（1）默认的事务属性对象 DefaultTransactionAttribute。

（2）默认的事务对象 DefaultTransactionDefinition。

（3）静态事务对象 StaticTransactionDefinition。

（4）委派事务对象 DelegatingTransactionDefinition。

在本章分析了事务属性源接口和相关子类，在子类中主要是进行一个对象和事务属性关系绑定操作，具体的类如下。

（1）使用名称和事务属性对象进行关系绑定的 NameMatchTransactionAttributeSource 类。

（2）基于事务注解解析接口进行关系绑定的 TransactionAnnotationParser 类。

（3）基于函数对象和事务属性对象关系绑定的 MethodMapTransactionAttributeSource 类。

（4）基于事务属性源集合进行解析的 CompositeTransactionAttributeSource 类。

第12章

Spring事务注解解析接口

本章将对 Spring 事务中的事务注解解析接口（TransactionAnnotationParser）进行分析。

12.1 初识 TransactionAnnotationParser 接口

本节将对 TransactionAnnotationParser 接口做简单介绍，首先从接口定义出发，具体代码如下。

```
public interface TransactionAnnotationParser {

   /**
    * 判断当前类是否是候选类
    */
   default boolean isCandidateClass(Class<?> targetClass) {
      return true;
   }

   /**
    * 解析获取事务属性对象
    */
   @Nullable
   TransactionAttribute parseTransactionAnnotation(AnnotatedElement element);

}
```

在 TransactionAnnotationParser 接口中有如下两个方法。

（1）方法 isCandidateClass，用于判断当前输入的类是否是候选类，是否是需要处理的类。如果该方法返回 false 将不会进行 parseTransactionAnnotation 方法处理。

（2）方法 parseTransactionAnnotation，用于解析给定的类或者方法的事务属性。

关于 TransactionAnnotationParser 接口的使用可以在 AnnotationTransactionAttributeSource 类中看到，具体使用场景代码如下。

```
@Override
@Nullable
```

```
protected TransactionAttribute findTransactionAttribute(Class<?> clazz) {
   return determineTransactionAttribute(clazz);
}

@Override
@Nullable
protected TransactionAttribute findTransactionAttribute(Method method) {
   return determineTransactionAttribute(method);
}
@Nullable
protected TransactionAttribute determineTransactionAttribute(AnnotatedElement element) {
    // 通过事务注解解析接口来解析数据(类或者方法)对应的事务属性
    for (TransactionAnnotationParser parser : this.annotationParsers) {
       TransactionAttribute attr = parser.parseTransactionAnnotation(element);
       if (attr != null) {
          return attr;
       }
    }
    return null;
}
```

通过上述代码中的两个 findTransactionAttribute 方法可以确定 parseTransactionAnnotation 方法的作用是解析给定的类或者方法的事务属性。在 Spring 事务中关于事务注解解析类有三个实现类，具体信息如图 12.1 所示。

TransactionAnnotationParser (org.springframework.transaction.annotation)
Ejb3TransactionAnnotationParser (org.springframework.transaction.annotation)
JtaTransactionAnnotationParser (org.springframework.transaction.annotation)
SpringTransactionAnnotationParser (org.springframework.transaction.annotation)

图 12.1 TransactionAnnotationParser 类

12.2 Ejb3TransactionAnnotationParser 类分析

本节将对 Ejb3TransactionAnnotationParser 类进行分析，首先对 isCandidateClass 方法进行分析，具体处理代码如下。

```
@Override
public boolean isCandidateClass(Class<?> targetClass) {
   // 判断类是否有 TransactionAttribute 注解标记
   return AnnotationUtils.isCandidateClass(targetClass,
javax.ejb.TransactionAttribute.class);
}
```

在 Ejb3TransactionAnnotationParser 的 isCandidateClass 方法中会判断传入的类是否拥有 javax.ejb.TransactionAttribute 注解，如果拥有则返回 true，如果没有则返回 false。

接下来对 parseTransactionAnnotation 方法进行分析，具体处理代码如下。

```
@Override
@Nullable
public TransactionAttribute parseTransactionAnnotation(AnnotatedElement element) {
   // 提取注解
   javax.ejb.TransactionAttribute ann =
```

```
element.getAnnotation(javax.ejb.TransactionAttribute.class);
  if (ann != null) {
    // 解析方法
    return parseTransactionAnnotation(ann);
  }
  else {
    return null;
  }
}
```

在上述方法中主要处理流程如下。

（1）从参数 element 中获取 TransactionAttribute 注解。

（2）注解为空则返回 null。

（3）注解不为空会进行核心解析。

核心解析方法是 parseTransactionAnnotation，具体处理代码如下。

```
public TransactionAttribute parseTransactionAnnotation(javax.ejb.TransactionAttribute ann)
{
  return new Ejb3TransactionAttribute(ann.value());
}
```

在 parseTransactionAnnotation 方法中会创建 Ejb3TransactionAttribute 对象，该对象是事务定义接口（TransactionDefinition）、事务属性接口（TransactionAttribute）的实现类，关于 Ejb3TransactionAttribute 对象的定义代码如下。

```
private static class Ejb3TransactionAttribute extends DefaultTransactionAttribute {

  public Ejb3TransactionAttribute(TransactionAttributeType type) {
    // 设置传播行为
    setPropagationBehaviorName(PREFIX_PROPAGATION + type.name());
  }

  @Override
  public boolean rollbackOn(Throwable ex) {
    ApplicationException ann =
ex.getClass().getAnnotation(ApplicationException.class);
    return (ann != null ? ann.rollback() : super.rollbackOn(ex));
  }
}
```

在上述代码中通过构造函数可以发现它设置了自定义的事务传播行为标记，在 rollbackOn 方法中会根据应用异常注解来判断是否需要进行回滚。

12.3　JtaTransactionAnnotationParser 类分析

本节将对 JtaTransactionAnnotationParser 类进行分析，首先对 isCandidateClass 方法进行分析，具体处理代码如下。

```
@Override
public boolean isCandidateClass(Class<?> targetClass) {
  return AnnotationUtils.isCandidateClass(targetClass,
```

```
javax.transaction.Transactional.class);
}
```

在 JtaTransactionAnnotationParser 的 isCandidateClass 方法中会判断传入的类是否拥有 javax.transaction.Transactional 注解，如果拥有则返回 true，如果没有则返回 false。在 parseTransactionAnnotation 方法中处理逻辑和 Ejb3TransactionAnnotationParser 相似就不写出整个代码了，直接关注核心处理方法 parseTransactionAnnotation，具体代码如下。

```
protected TransactionAttribute parseTransactionAnnotation(AnnotationAttributes attributes)
{
   // 创建基于规则的事务属性对象
   RuleBasedTransactionAttribute rbta = new RuleBasedTransactionAttribute();

   // 设置事务传播行为
   rbta.setPropagationBehaviorName(
         RuleBasedTransactionAttribute.PREFIX_PROPAGATION +
attributes.getEnum("value").toString());

   // 回滚规则属性集合
   List<RollbackRuleAttribute> rollbackRules = new ArrayList<>();
   // 需要回滚的规则
   for (Class<?> rbRule : attributes.getClassArray("rollbackOn")) {
      rollbackRules.add(new RollbackRuleAttribute(rbRule));
   }
   // 不需要回滚的规则
   for (Class<?> rbRule : attributes.getClassArray("dontRollbackOn")) {
      rollbackRules.add(new NoRollbackRuleAttribute(rbRule));
   }
   // 规则集合设置
   rbta.setRollbackRules(rollbackRules);

   return rbta;
}
```

在 parseTransactionAnnotation 方法中主要处理流程如下。

（1）创建基于规则的事务属性对象。

（2）根据 Transactional 注解的 value 设置事务传播行为。

（3）创建回滚规则属性集合。

（4）提取 Transactional 注解中的 rollbackOn 数据集合放入回滚规则属性集合中。

（5）提取 Transactional 注解中的 dontRollbackOn 数据集合放入回滚规则属性集合中。

（6）将回滚规则属性集合放入基于规则的事务属性对象中。

12.4 SpringTransactionAnnotationParser 类分析

本节将对 SpringTransactionAnnotationParser 类进行分析，首先对 isCandidateClass 方法进行分析，具体处理代码如下。

```
@Override
public boolean isCandidateClass(Class<?> targetClass) {
   return AnnotationUtils.isCandidateClass(targetClass, Transactional.class);
```

```
}
```

在 JtaTransactionAnnotationParser 的 isCandidateClass 方法中会判断传入的类是否拥有 org.springframework.transaction.annotation.Transactional 注解，如果拥有则返回 true，如果没有则返回 false。parseTransactionAnnotation 方法中处理逻辑和 Ejb3TransactionAnnotationParser 相似，就不写出整个代码了，直接关注核心处理方法 parseTransactionAnnotation，具体代码如下。

```
protected TransactionAttribute parseTransactionAnnotation(AnnotationAttributes attributes)
{
   // 创建基于规则的事务属性对象
   RuleBasedTransactionAttribute rbta = new RuleBasedTransactionAttribute();

   // 提取事务传播类型
   Propagation propagation = attributes.getEnum("propagation");
   rbta.setPropagationBehavior(propagation.value());
   // 提取事务隔离级别
   Isolation isolation = attributes.getEnum("isolation");
   rbta.setIsolationLevel(isolation.value());
   // 提取超时时间
   rbta.setTimeout(attributes.getNumber("timeout").intValue());
   // 提取只读标记
   rbta.setReadOnly(attributes.getBoolean("readOnly"));
   // 提取限定名
   rbta.setQualifier(attributes.getString("value"));

   // 回滚规则属性集合
   List<RollbackRuleAttribute> rollbackRules = new ArrayList<>();
   // 需要回滚的类
   for (Class<?> rbRule : attributes.getClassArray("rollbackFor")) {
      rollbackRules.add(new RollbackRuleAttribute(rbRule));
   }
   for (String rbRule : attributes.getStringArray("rollbackForClassName")) {
      rollbackRules.add(new RollbackRuleAttribute(rbRule));
   }
   // 不需要回滚的类
   for (Class<?> rbRule : attributes.getClassArray("noRollbackFor")) {
      rollbackRules.add(new NoRollbackRuleAttribute(rbRule));
   }
   for (String rbRule : attributes.getStringArray("noRollbackForClassName")) {
      rollbackRules.add(new NoRollbackRuleAttribute(rbRule));
   }
   // 规则集合设置
   rbta.setRollbackRules(rollbackRules);

   return rbta;
}
```

在 parseTransactionAnnotation 方法中主要处理流程如下。

（1）创建基于规则的事务属性对象。

（2）从 Spring 事务注解中提取事务传播属性，将传播属性设置给事务属性对象。

（3）从 Spring 事务注解中提取事务隔离级别，将事务隔离级别设置给事务属性对象。

（4）从 Spring 事务注解中提取事务超时时间，将事务超时时间设置给事务属性对象。

（5）从 Spring 事务注解中提取事务只读标记，将事务只读标记设置给事务属性对象。

（6）从 Spring 事务注解中提取事务限定名，将事务限定名设置给事务属性对象。

（7）从 Spring 事务注解中提取 rollbackFor、rollbackForClassName、noRollbackFor 和 noRollbackForClassName 放入回滚规则集合中。

12.5 总结

本章对 Spring 事务注解解析接口进行了分析，在本章中主要围绕三种事务注解进行分析。

（1）EJB 中的事务注解 javax.ejb.TransactionAttribute。

（2）JTA 中的事务注解 javax.transaction.Transactional。

（3）Spring 中的事务注解 org.springframework.transaction.annotation.Transactional。

这三种注解分别对应 Spring 事务注解解析接口的三个类。

（1）javax.ejb.TransactionAttribute 的处理类 Ejb3TransactionAnnotationParser。

（2）javax.transaction.Transactional 的处理类 JtaTransactionAnnotationParser。

（3）org.springframework.transaction.annotation.Transactional 的处理类 SpringTransaction-AnnotationParser。

第13章

保存点管理器、事务工厂与事务执行器

本章将对 Spring 事务模块中的保存点管理器（SavepointManager）、事务工厂（TransactionFactory）和事务执行器进行分析。

13.1 初识 SavepointManager

在 Spring 事务模块中关于保存点管理器的定义代码如下。

```
public interface SavepointManager {

   /**
    * 创建一个保存点
    */
   Object createSavepoint() throws TransactionException;

   /**
    * 回滚某一个保存点
    */
   void rollbackToSavepoint(Object savepoint) throws TransactionException;

   /**
    * 释放保存点
    */
   void releaseSavepoint(Object savepoint) throws TransactionException;

}
```

在保存点管理器中有如下 3 个方法。

（1）方法 createSavepoint，用于创建一个保存点。

（2）方法 rollbackToSavepoint，回滚到指定的保存点。

（3）方法 releaseSavepoint，释放指定的保存点。

在 Spring 事务中关于保存点管理器的类如图 13.1 所示。

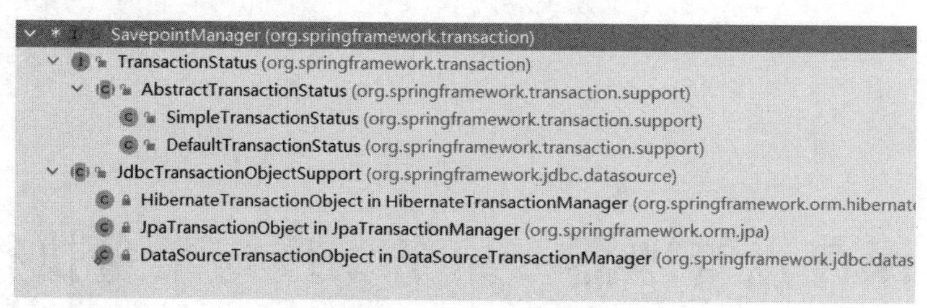

图 13.1 保存点管理器类

在 SavepointManager 的子类中包含 TransactionStatus 接口，TransactionStatus 接口用于表示事务状态。还有一个重点对象 JdbcTransactionObjectSupport，这个对象是为了支持 JDBC 事务处理而开发的，在它的子类中实现了不同 ORM 的事务实现。

13.2 AbstractTransactionStatus 及其子类分析

本节将对 AbstractTransactionStatus 及其子类进行分析。在 AbstractTransactionStatus 类中大部分代码都是 getter 和 setter 方法，抛开这类方法主要关注 releaseHeldSavepoint 方法和 rollbackToHeldSavepoint 方法，除了方法以外还需要关注 rollbackOnly、completed 和 savepoint 三个成员变量，具体说明见表 13.1 AbstractTransactionStatus 所示的成员变量。

表 13.1 AbstractTransactionStatus 成员变量

变量名称	变量类型	变量含义
rollbackOnly	boolean	该变量表示是否仅回滚，默认为 false
completed	boolean	该变量表示是否完成，默认为 false，表示未完成
savepoint	Object	该变量表示保存点

下面进行方法说明。首先对 rollbackToHeldSavepoint 方法进行分析，该方法用于回滚到保存点并且立即释放该保存点，具体处理代码如下。

```
public void rollbackToHeldSavepoint() throws TransactionException {
   // 获取保存点
   Object savepoint = getSavepoint();
   if (savepoint == null) {
      throw new TransactionUsageException(
            "Cannot roll back to savepoint - no savepoint associated with current
transaction");
   }
   // 从保存点管理器进行回滚到指定保存点
   getSavepointManager().rollbackToSavepoint(savepoint);
   // 从保存点管理器进行释放保存点
   getSavepointManager().releaseSavepoint(savepoint);
   // 设置保存点为 null
   setSavepoint(null);
}
```

在 rollbackToHeldSavepoint 方法中主要处理流程如下。

（1）获取保存点。如果保存点为空将抛出异常。

（2）从保存点管理器进行回滚到指定保存点。

（3）从保存点管理器进行释放保存点。

（4）设置保存点为 null。

下面来看另一个方法 releaseHeldSavepoint 方法，它用于释放保存点，具体处理代码如下。

```
public void releaseHeldSavepoint() throws TransactionException {
  // 获取保存点
  Object savepoint = getSavepoint();
  if (savepoint == null) {
    throw new TransactionUsageException(
        "Cannot release savepoint - no savepoint associated with current transaction");
  }
  // 从保存点管理器进行释放保存点
  getSavepointManager().releaseSavepoint(savepoint);
  // 设置保存点为 null
  setSavepoint(null);
}
```

在 releaseHeldSavepoint 方法中主要处理流程如下。

（1）获取保存点。如果保存点为空将抛出异常。

（2）从保存点管理器进行释放保存点。

（3）设置保存点为 null。

现在 releaseHeldSavepoint 方法相关内容都介绍完了，下面将对两个实现类 SimpleTransactionStatus 和 DefaultTransactionStatus 进行分析。首先查看 SimpleTransactionStatus 类，在这个类中有一个成员变量 newTransaction，它用来表示是不是一个新事务。在 SimpleTransactionStatus 类中代码处理逻辑不复杂，具体代码如下。

```
public class SimpleTransactionStatus extends AbstractTransactionStatus {
  /**
   * 是否是一个新事务
   */
  private final boolean newTransaction;


  public SimpleTransactionStatus() {
    this(true);
  }

  public SimpleTransactionStatus(boolean newTransaction) {
    this.newTransaction = newTransaction;
  }


  @Override
  public boolean isNewTransaction() {
    return this.newTransaction;
```

```
    }

}
```

通过上述代码对 SimpleTransactionStatus 类的分析就告一段落，下面将开始默认事务状态（DefaultTransactionStatus）对象的分析，首先关注六个成员变量，具体说明见表 13.2 所示的 DefaultTransactionStatus 成员变量。

表 13.2　DefaultTransactionStatus 成员变量

变量名称	变量类型	变量含义
transaction	Object	事务对象
newTransaction	boolean	是否是一个新的事务
newSynchronization	boolean	是否是一个新的同步事务
readOnly	boolean	是否只读
debug	boolean	是否 debug
suspendedResources	Object	对此事务暂停的资源的持有人

在 DefaultTransactionStatus 中所提供的方法都需要使用成员变量来进行，在各个方法中主要关注 isGlobalRollbackOnly 方法和 flush 方法，具体代码如下。

```
@Override
public boolean isGlobalRollbackOnly() {
   return ((this.transaction instanceof SmartTransactionObject) &&
         ((SmartTransactionObject) this.transaction).isRollbackOnly());
}

@Override
public void flush() {
   if (this.transaction instanceof SmartTransactionObject) {
      ((SmartTransactionObject) this.transaction).flush();
   }
}
```

从上述代码中可以发现主要使用的是 transaction 变量，并且在使用时对 transaction 变量的类型有一个明确的要求，必须是 SmartTransactionObject 类型。在 Spring 事务中关于该接口的实现类如图 13.2 所示。

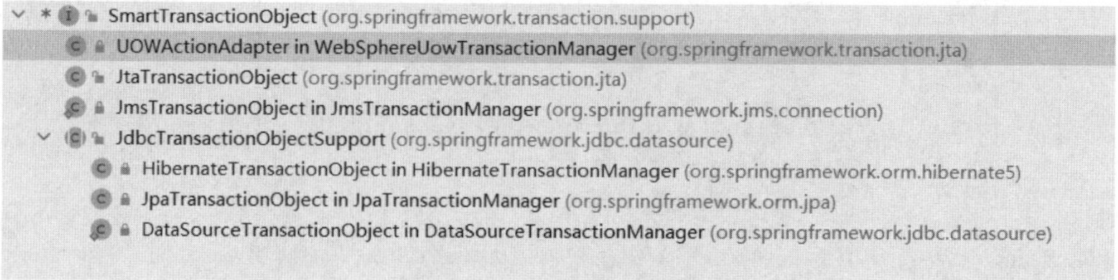

SmartTransactionObject (org.springframework.transaction.support)
- UOWActionAdapter in WebSphereUowTransactionManager (org.springframework.transaction.jta)
- JtaTransactionObject (org.springframework.transaction.jta)
- JmsTransactionObject in JmsTransactionManager (org.springframework.jms.connection)
- JdbcTransactionObjectSupport (org.springframework.jdbc.datasource)
  - HibernateTransactionObject in HibernateTransactionManager (org.springframework.orm.hibernate5)
  - JpaTransactionObject in JpaTransactionManager (org.springframework.orm.jpa)
  - DataSourceTransactionObject in DataSourceTransactionManager (org.springframework.jdbc.datasource)

图 13.2　SmartTransactionObject 类

从图 13.2 中可以发现 JdbcTransactionObjectSupport 类，这个类也是 SavepointManager 接口的实现类，下节将对 JdbcTransactionObjectSupport 进行分析。

13.3　JdbcTransactionObjectSupport 类分析

本节将对 JdbcTransactionObjectSupport 类进行分析，在该类中存在四个重要的成员变量，具体说明见表 13.3 所示的 JdbcTransactionObjectSupport 成员变量。

表 13.3　JdbcTransactionObjectSupport 成员变量

变量名称	变量类型	变量含义
connectionHolder	ConnectionHolder	链接持有者
previousIsolationLevel	Integer	上一个事务隔离级别
readOnly	boolean	只读标记
savepointAllowed	boolean	是否允许出现保存点

了解成员变量后下面对一些重点方法进行分析。首先是 createSavepoint 方法，该方法用于创建保存点，具体处理代码如下。

```
@Override
public Object createSavepoint() throws TransactionException {
   // 获取链接持有者
   ConnectionHolder conHolder = getConnectionHolderForSavepoint();
   try {
      // 链接持有者不支持保存点，抛出异常
      if (!conHolder.supportsSavepoints()) {
         throw new NestedTransactionNotSupportedException(
               "Cannot create a nested transaction because savepoints are not supported
by your JDBC driver");
      }
      // 链接持有者只支持回滚
      if (conHolder.isRollbackOnly()) {
         throw new CannotCreateTransactionException(
               "Cannot create savepoint for transaction which is already marked as
rollback-only");
      }
      // 链接持有者创建保存点
      return conHolder.createSavepoint();
   }
   catch (SQLException ex) {
      throw new CannotCreateTransactionException("Could not create JDBC savepoint", ex);
   }
}
```

在 createSavepoint 方法中主要处理流程如下。

（1）获取链接持有器。

（2）判断链接持有器是否不支持保存点，如果不支持则抛出异常。

（3）判断链接持有器是否只支持回滚，如果只支持回滚则抛出异常。

（4）通过链接持有器创建保存点。

接下来对 rollbackToSavepoint 方法进行分析，该方法用于回滚到某个保存点，具体处理代码如下。

```
@Override
public void rollbackToSavepoint(Object savepoint) throws TransactionException {
   ConnectionHolder conHolder = getConnectionHolderForSavepoint();
   try {
      conHolder.getConnection().rollback((Savepoint) savepoint);
      conHolder.resetRollbackOnly();
   }
   catch (Throwable ex) {
      throw new TransactionSystemException("Could not roll back to JDBC savepoint", ex);
   }
}
```

在 rollbackToSavepoint 方法中主要处理流程如下。

（1）获取链接持有器。

（2）通过链接持有器获取链接对象进行回滚操作。

（3）将链接持有器中的 rollbackOnly 属性设置为 false。

最后对 releaseSavepoint 方法进行分析，该方法用于释放保存点，具体处理代码如下。

```
@Override
public void releaseSavepoint(Object savepoint) throws TransactionException {
   ConnectionHolder conHolder = getConnectionHolderForSavepoint();
   try {
      conHolder.getConnection().releaseSavepoint((Savepoint) savepoint);
   }
   catch (Throwable ex) {
      logger.debug("Could not explicitly release JDBC savepoint", ex);
   }
}
```

在 rollbackToSavepoint 方法中主要处理流程如下。

（1）获取链接持有器。

（2）通过链接持有器获取链接对象进行释放操作。

通过对 createSavepoint、rollbackToSavepoint 和 releaseSavepoint 的分析可以发现它们都使用了一个关键对象 Connection（java.sql.Connection），通过这个对象完成了保存点的创建、回滚操作和释放操作。Spring 事务中的 JdbcTransactionObjectSupport 类仅仅是对 Connection 的二次封装，这个类的整体难度不大。下面将对三个子类进行分析说明，主要是对成员变量进行说明。

13.3.1 HibernateTransactionObject 类

在 Spring 事务中 JdbcTransactionObjectSupport 类存在 HibernateTransactionObject 子类，它是基于 hibernate 框架中的 Session（org.hibernate.Session）对象做的封装。在 HibernateTransactionObject 中存在四个成员变量，具体说明见表 13.4 所示的 HibernateTransactionObject 成员变量。

HibernateTransactionObject 类中所提供的方法大部分都需要依赖 sessionHolder 变量来进行处理，主要是 Hibernate 中 Session 相关使用。

表 13.4　HibernateTransactionObject 成员变量

变量名称	变量类型	变量含义
sessionHolder	SessionHolder	Session 持有器，主要用于持有 org.hibernate.Session、org.hibernate.Transaction 和 org.hibernate.FlushMode
newSessionHolder	boolean	是否是一个新的 Session 持有器
newSession	boolean	是否是新的 Session
previousHoldability	int	上一个的 Holdability 属性，数据从 java.sql.Connection#getHoldability() 方法中获取

13.3.2　JpaTransactionObject 类

在 Spring 事务中 JdbcTransactionObjectSupport 类存在 JpaTransactionObject 子类，它是基于 jpa 框架中的 EntityManager（javax.persistence.EntityManager）对象做的封装。在 JpaTransactionObject 中存在三个成员变量，具体说明见表 13.5 所示的 JpaTransactionObject 成员变量。

表 13.5　JpaTransactionObject 成员变量

变量名称	变量类型	变量含义
entityManagerHolder	EntityManagerHolder	EntityManager 持有器。主要持有 javax.persistence.EntityManager 和 org.springframework.transaction. SavepointManager
newEntityManagerHolder	boolean	是否是一个新的 EntityManager 持有器
transactionData	Object	事务数据

13.3.3　DataSourceTransactionObject 类

在 Spring 事务中 JdbcTransactionObjectSupport 类存在 DataSourceTransactionObject 子类，这个类仅在父类基础上增加了两个成员变量，具体说明见表 13.6 所示的 DataSourceTransactionObject 成员变量。

表 13.6　DataSourceTransactionObject 成员变量

变量名称	变量类型	变量含义
newConnectionHolder	boolean	是否是一个新的链接持有者
mustRestoreAutoCommit	boolean	是否自动提交

至此对于 JdbcTransactionObjectSupport 的各个子类的分析就完成了，下节开始将进入事务工厂相关分析。

13.4　初识事务工厂

在 Spring 事务模块中通过事务工厂（TransactionFactory）创建事务，关于事务工厂的定义代码如下。

```
public interface TransactionFactory {

   Transaction createTransaction(@Nullable String name, int timeout) throws
NotSupportedException, SystemException;

   boolean supportsResourceAdapterManagedTransactions();

}
```

在事务工厂中定义了如下两个方法。

（1）方法 createTransaction，根据名称和超时时间创建事务（Transaction）对象。

（2）方法 supportsResourceAdapterManagedTransactions，用于判断是否支持资源适配器管理的 XA 事务。

关于事务工厂接口在 Spring 事务模块中的类如图 13.3 所示。

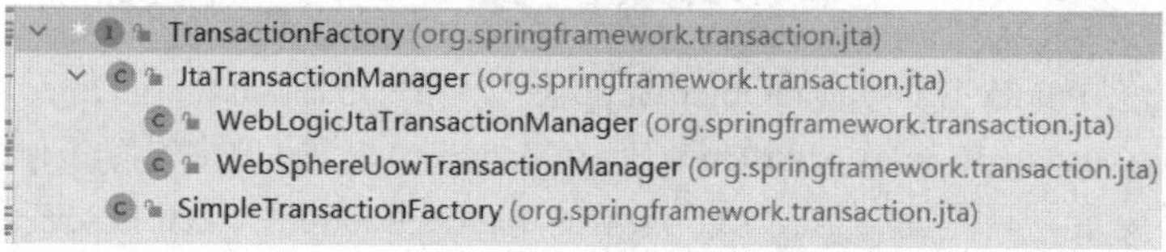

TransactionFactory (org.springframework.transaction.jta)
JtaTransactionManager (org.springframework.transaction.jta)
WebLogicJtaTransactionManager (org.springframework.transaction.jta)
WebSphereUowTransactionManager (org.springframework.transaction.jta)
SimpleTransactionFactory (org.springframework.transaction.jta)

图 13.3　TransactionFactory 类

在本章接下来的内容中将会对图 13.3 中的四个子类进行分析。

13.5　SimpleTransactionFactory 类分析

本节将对 SimpleTransactionFactory 类进行分析，SimpleTransactionFactory 类是一个十分简单的类，成员变量只有一个，并且方法的处理难度也比较低，首先介绍成员变量。在 SimpleTransactionFactory 中存在 TransactionManager 类型的一个成员变量，方法都基于该成员变量进行，应关注 createTransaction 方法，具体处理代码如下。

```
@Override
public Transaction createTransaction(@Nullable String name, int timeout) throws
NotSupportedException, SystemException {
   if (timeout >= 0) {
      this.transactionManager.setTransactionTimeout(timeout);
   }
   this.transactionManager.begin();
   return new ManagedTransactionAdapter(this.transactionManager);
}
```

在 createTransaction 方法中会判断超时时间是否大于或等于 0，在大于或等于 0 时会将超时时间设置给成员变量，在完成超时时间设置后会进行事务开启标记，即调用 javax.transaction.TransactionManager#begin 方法，最后通过 ManagedTransactionAdapter 构造函数返回事务对象。除了 createTransaction 方法外还需要关注 supportsResourceAdapterManagedTransactions 方法，该方法会返回 false，表示不支持资源适配器管理的 XA 事务。

13.6　JtaTransactionManager 及其子类分析

本节将对 JtaTransactionManager 及其子类进行分析，首先需要关注的是 JtaTransactionManager

类，具体如图 13.4 所示。

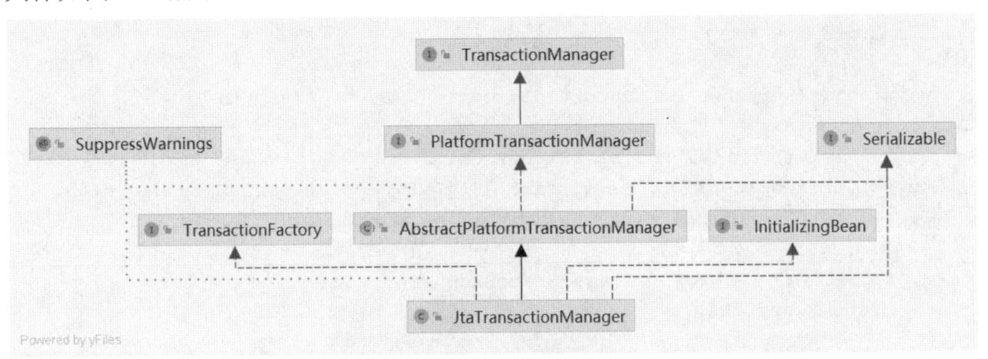

图 13.4　JtaTransactionManager 类

从图 13.4 中可以发现 JtaTransactionManager 类是事务管理器（TransactionManager）的子类，并且继承 AbstractPlatformTransactionManager 类，这将是对 JtaTransactionManager 类分析的一个切入点。在图 13.4 中还可以发现它实现了 InitializingBean 接口，这也是分析 JtaTransactionManager 类的一个切入点。在开始分析方法前需要先对成员变量进行说明，详细信息见表 13.7 所示的 JtaTransactionManager 成员变量。

表 13.7　JtaTransactionManager 成员变量

变 量 名 称	变 量 类 型	变 量 含 义
DEFAULT_USER_TRANSACTION_NAME	String	默认的 UserTransaction 名称
FALLBACK_TRANSACTION_MANAGER_NAMES	String[]	事务管理器名称列表
DEFAULT_TRANSACTION_SYNCHRONIZATION_REGISTRY_NAME	String	默认的同步事务注册器名称
jndiTemplate	JndiTemplate	jndi 模板类
userTransaction	UserTransaction	事务操作接口
userTransactionName	String	UserTransaction 名称
autodetectUserTransaction	boolean	是否需要检查 UserTransaction 对象
cacheUserTransaction	boolean	是否缓存 UserTransaction 对象
userTransactionObtainedFromJndi	boolean	是否从 jndi 中获取 UserTransaction
transactionManager	TransactionManager	事务管理器
transactionManagerName	String	事务管理器名称
autodetectTransactionManager	boolean	是否自动检测事务管理器
transactionSynchronizationRegistry	TransactionSynchronizationRegistry	同步事务注册器
transactionSynchronizationRegistryName	String	同步事务注册器名称
autodetectTransactionSynchronizationRegistry	boolean	是否自动检测同步事务注册表
allowCustomIsolationLevels	boolean	是否允许自定义事务隔离级别

在上述成员变量中需要关注 UserTransaction 接口，它是 javax-transaction 所提供的接口，具

体定义如下。

```
public interface UserTransaction {

    void begin() throws NotSupportedException, SystemException;

    void commit() throws RollbackException,
   HeuristicMixedException, HeuristicRollbackException, SecurityException,
   IllegalStateException, SystemException;

    void rollback() throws IllegalStateException, SecurityException,
        SystemException;

    void setRollbackOnly() throws IllegalStateException, SystemException;

    void setTransactionTimeout(int seconds) throws SystemException;
}
```

通过阅读 UserTransaction 接口的定义可以发现，它和事务管理接口（TransactionManager）的定义有一定的重合，下面查看 Spring 事务中 UserTransaction 接口的实现类 UserTransactionAdapter，具体定义代码如下。

```
public class UserTransactionAdapter implements UserTransaction {

    private final TransactionManager transactionManager;
    @Override
    public void setTransactionTimeout(int timeout) throws SystemException {
        this.transactionManager.setTransactionTimeout(timeout);
    }
    // 省略其他方法
}
```

通过 UserTransactionAdapter 类的简单阅读可以发现，实现 UserTransaction 接口的方法都依赖于内部的成员变量 transactionManager。

13.6.1 InitializingBean 接口实现细节

下面进入 InitializingBean 接口实现的分析中，首先对 InitializingBean 接口的实现方法进行分析，具体代码如下。

```
@Override
public void afterPropertiesSet() throws TransactionSystemException {
   // 初始化 UserTransaction 和 TransactionManager
   initUserTransactionAndTransactionManager();
   // 检查 UserTransaction 和 TransactionManager
   checkUserTransactionAndTransactionManager();
   // 初始化 TransactionSynchronizationRegistry
   initTransactionSynchronizationRegistry();
}
```

在 afterPropertiesSet 方法中主要处理流程如下。

（1）初始化 UserTransaction 和 TransactionManager。

（2）检查 UserTransaction 和 TransactionManager。

（3）初始化 TransactionSynchronizationRegistry。

1. initUserTransactionAndTransactionManage 方法分析

接下来将对上述处理流程中的三个方法进行细节分析，首先是 initUserTransactionAndTransactionManager 方法，该方法用于初始化 UserTransaction 和 TransactionManager，具体处理代码如下。

```
protected void initUserTransactionAndTransactionManager() throws
TransactionSystemException {
   // 事务操作接口为空
   if (this.userTransaction == null) {
      if (StringUtils.hasLength(this.userTransactionName)) {
         // 通过 JNDI 搜索 UserTransaction 对象
         this.userTransaction = lookupUserTransaction(this.userTransactionName);
         this.userTransactionObtainedFromJndi = true;
      }
      else {
         // 通过子类搜索
         this.userTransaction = retrieveUserTransaction();
         // 子类搜索失败的情况下通过 JNDI 进行搜索
         if (this.userTransaction == null && this.autodetectUserTransaction) {
            this.userTransaction = findUserTransaction();
         }
      }
   }

   // 事务管理器为空
   if (this.transactionManager == null) {
      if (StringUtils.hasLength(this.transactionManagerName)) {
         // 通过 JNDI 搜索 TransactionManager 对象
         this.transactionManager = lookupTransactionManager(this.transactionManagerName);
      }
      else {
         // 通过子类搜索
         this.transactionManager = retrieveTransactionManager();
         // 子类搜索失败的情况下通过 JNDI 进行搜索
         if (this.transactionManager == null && this.autodetectTransactionManager) {
            this.transactionManager = findTransactionManager(this.userTransaction);
         }
      }
   }

   // 在 UserTransaction 为空并且 TransactionManager 存在的情况下手工创建 UserTransaction
   if (this.userTransaction == null && this.transactionManager != null) {
      this.userTransaction = buildUserTransaction(this.transactionManager);
   }
}
```

在 initUserTransactionAndTransactionManager 方法中主要处理流程如下。

（1）判断事务操作对象（UserTransaction）是否为空，如果为空则进行 UserTransaction 名称是否为空的判断，如果不为空时则通过 JNDI 搜索 UserTransaction 对象并将 userTransactionObtainedFromJndi 标记设置为 true。当 UserTransaction 为空时会通过 retrieveUserTransaction 方法进行获取，该方法需要交给子类进行实现。在 retrieveUserTransaction 方法搜索失败时会通过 JNDI 根据默认的 UserTransaction 名称（关联的成员变量 DEFAULT_USER_TRANSACTION_NAME）进行搜索。

（2）判断事务管理器对象是否为空，如果为空则进行事务管理器名称是否非空的判断，如果不为空则会通过 JNDI 搜索事务管理器对象。当事务管理器名称为空时会通过 retrieveTransactionManager 方法进行获取，该方法需要交给子类实现。在 retrieveTransactionManager 方法搜索失败后会通过 JNDI 从备用的事务名称列表（关联的成员变量 FALLBACK_TRANSACTION_MANAGER_NAMES）中进行搜索，如果搜索成功则返回。

（3）在通过第（1）步和第（2）步操作后如果遇到 UserTransaction 对象为空并且 TransactionManager 不为空的情况下会通过 buildUserTransaction 方法创建 UserTransaction 对象。

在第（3）步中 buildUserTransaction 方法处理细节如下。

```
protected UserTransaction buildUserTransaction(TransactionManager transactionManager) {
  if (transactionManager instanceof UserTransaction) {
    return (UserTransaction) transactionManager;
  }
  else {
    return new UserTransactionAdapter(transactionManager);
  }
}
```

在 buildUserTransaction 方法中会根据事务管理器的类型来进行不同的处理，当类型是 UserTransaction 时将直接放回，反之则通过 UserTransactionAdapter 类进行包装。

2. checkUserTransactionAndTransactionManager 方法分析

接下来将对 checkUserTransactionAndTransactionManager 方法进行分析，该方法用于检查 UserTransaction 和 TransactionManager，具体处理代码如下。

```
protected void checkUserTransactionAndTransactionManager() throws IllegalStateException
{
  // 检查 UserTransaction
  if (this.userTransaction != null) {
    if (logger.isDebugEnabled()) {
      logger.debug("Using JTA UserTransaction: " + this.userTransaction);
    }
  }
  else {
    throw new IllegalStateException("No JTA UserTransaction available - specify
either " + "'userTransaction' or 'userTransactionName' or 'transactionManager' or
  'transactionManagerName'");
  }

  // 检查 TransactionManager
```

```
        if (this.transactionManager != null) {
            if (logger.isDebugEnabled()) {
                logger.debug("Using JTA TransactionManager: " + this.transactionManager);
            }
        }
        else {
            logger.warn("No JTA TransactionManager found: transaction suspension not
    available");
        }
    }
```

在 checkUserTransactionAndTransactionManager 方法中对 UserTransaction 对象的验证规则是在 UserTransaction 对象为空时会抛出异常，对 TransactionManager 的验证规则是在 TransactionManager 对象为空时通过日志输出。

3. initTransactionSynchronizationRegistry 方法分析

最后对 initTransactionSynchronizationRegistry 方法进行分析，该方法用于初始化 TransactionSynchronizationRegistry，具体处理代码如下。

```
    protected void initTransactionSynchronizationRegistry() {
        if (this.transactionSynchronizationRegistry == null) {
            // transactionSynchronizationRegistryName 不为空
            if (StringUtils.hasLength(this.transactionSynchronizationRegistryName)) {
                // 通过 JNDI 进行搜索
                this.transactionSynchronizationRegistry =
                        lookupTransactionSynchronizationRegistry(this.transactionSynchronization
RegistryName);
            }
            else {
                // 通过子类搜索
                this.transactionSynchronizationRegistry =
    retrieveTransactionSynchronizationRegistry();
                // 子类搜索失败的情况下通过 JNDI 进行搜索
                if (this.transactionSynchronizationRegistry == null &&
    this.autodetectTransactionSynchronizationRegistry) {
                    this.transactionSynchronizationRegistry =
                            findTransactionSynchronizationRegistry(this.userTransaction, this
.transactionManager);
                }
            }
        }

        if (this.transactionSynchronizationRegistry != null) {
            if (logger.isDebugEnabled()) {
                logger.debug("Using JTA TransactionSynchronizationRegistry: " +
    this.transactionSynchronizationRegistry);
            }
        }
    }
```

在 initTransactionSynchronizationRegistry 方法中对于 TransactionSynchronizationRegistry 的初始化提供了如下两种方式。

（1）通过成员变量 transactionSynchronizationRegistryName 配合 JNDI 进行搜索。

（2）通过默认的 transactionSynchronizationRegistryName 配合 JNDI 进行搜索。

13.6.2 AbstractPlatformTransactionManager 中 doGetTransaction 方法的实现

本节将开始对父类 AbstractPlatformTransactionManager 中需要实现的方法进行分析，首先是 doGetTransaction 方法，该方法用来获取事务对象，具体处理代码如下。

```
@Override
protected Object doGetTransaction() {
   // 获取 UserTransaction 对象
   UserTransaction ut = getUserTransaction();
   // 对象为空抛出异常
   if (ut == null) {
      throw new CannotCreateTransactionException("No JTA UserTransaction available - "
+ "programmatic PlatformTransactionManager.getTransaction usage not
supported");
   }
   // 不缓存的情况下
   if (!this.cacheUserTransaction) {
      ut = lookupUserTransaction(
            this.userTransactionName != null ? this.userTransactionName :
DEFAULT_USER_TRANSACTION_NAME);
   }
   // 创建 JtaTransactionObject 对象
   return doGetJtaTransaction(ut);
}
```

在 doGetTransaction 方法中主要处理流程如下。

（1）获取 UserTransaction 对象，获取方式有两个。

① 从成员变量中获取。

② 通过成员变量 userTransactionName 或者默认的 UserTransaction 名称配合 JNDI 进行获取。

（2）通过 JtaTransactionObject 构造函数创建事务对象。

接下来对 doBegin 方法分析，该方法用于开启事务，具体处理代码如下。

```
// 删除异常处理
@Override
protected void doBegin(Object transaction, TransactionDefinition definition) {
   // 获取事务对象
   JtaTransactionObject txObject = (JtaTransactionObject) transaction;
    // 核心处理
    doJtaBegin(txObject, definition);

}
```

在 doBegin 方法中主要处理方法是 doJtaBegin，具体处理代码如下。

```
protected void doJtaBegin(JtaTransactionObject txObject, TransactionDefinition definition)
      throws NotSupportedException, SystemException {
```

```
    // 应用事务隔离级别
    applyIsolationLevel(txObject, definition.getIsolationLevel());
    // 确认超时时间
    int timeout = determineTimeout(definition);
    // 设置超时时间
    applyTimeout(txObject, timeout);
    // 开始事务
    txObject.getUserTransaction().begin();
}
```

在 doJtaBegin 方法中主要处理流程如下。

（1）应用事务隔离级别。在这个方法中并未进行设置操作，做的处理是判断是否不允许自定义事务级别并且事务隔离级别不是默认的事务隔离级别，满足前面两个条件将抛出异常。

（2）获取事务超时时间，将超时时间设置给事务对象（UserTransaction）。

（3）通过事务对象获取 UserTransaction 对象并开始事务。

对于父类的其他方法主要的处理流程都比较简单，本节不做具体分析。那么关于父类方法的实现分析就告一段了，接下来将对子类进行分析。

13.6.3　WebLogicJtaTransactionManager 类分析

本节将对 WebLogicJtaTransactionManager 类进行分析，它是 JtaTransactionManager 的子类，在 WebLogicJtaTransactionManager 类中有十四个成员变量，关于这十四个成员变量的说明见表 13.8 所示的 WebLogicJtaTransactionManager 成员变量。

表 13.8　WebLogicJtaTransactionManager 成员变量

变量名称	变量类型	变量含义
USER_TRANSACTION_CLASS_NAME	String	weblogic 下的 UserTransaction 类名
CLIENT_TRANSACTION_MANAGER_CLASS_NAME	String	weblogic 下的事务管理器名称
TRANSACTION_CLASS_NAME	String	weblogic 下的事务类名
TRANSACTION_HELPER_CLASS_NAME	String	weblogic 下的事务帮助类的类名
ISOLATION_LEVEL_KEY	String	weblogic 下的事务隔离级别的键
weblogicUserTransactionAvailable	boolean	事务是否可以使用
beginWithNameMethod	Method	开始事务的方法，根据名称搜索的方法对象
beginWithNameAndTimeoutMethod	Method	开始事务的方法，根据名称和超时时间搜索的对象
weblogicTransactionManagerAvailable	boolean	事务管理器是否可用
forceResumeMethod	Method	强制恢复的方法
setPropertyMethod	Method	设置属性的方法
transactionHelper	Object	事务帮助类

在了解成员变量后对 afterPropertiesSet 方法进行分析，在该方法中除了会进行父类的初始化操作外还会进行 weblogic 相关类的初始化，具体处理代码如下。

```
@Override
public void afterPropertiesSet() throws TransactionSystemException {
   super.afterPropertiesSet();
   loadWebLogicTransactionClasses();
}
```

在上述代码中主要关注 loadWebLogicTransactionClasses 方法的处理，具体代码如下。

```
private void loadWebLogicTransactionClasses() throws TransactionSystemException {
   try {
      // 加载 weblogic.transaction.UserTransaction
      Class<?> userTransactionClass =
getClass().getClassLoader().loadClass(USER_TRANSACTION_CLASS_NAME);
      this.weblogicUserTransactionAvailable =
userTransactionClass.isInstance(getUserTransaction());
      // 是接口的情况下进行 begin 的两个方法获取
      if (this.weblogicUserTransactionAvailable) {
         // 根据名称搜索的方法对象
         this.beginWithNameMethod = userTransactionClass.getMethod("begin",
String.class);
         // 根据名称和超时时间搜索的对象
         this.beginWithNameAndTimeoutMethod =
userTransactionClass.getMethod("begin", String.class, int.class);
         logger.debug("Support for WebLogic transaction names available");
      }
      else {
         logger.debug("Support for WebLogic transaction names not available");
      }

      // 加载 ClientTransactionManager 类
      Class<?> transactionManagerClass =
            getClass().getClassLoader().loadClass(CLIENT_TRANSACTION_MANAGER_CLASS_
NAME);
      logger.trace("WebLogic ClientTransactionManager found");

      this.weblogicTransactionManagerAvailable =
transactionManagerClass.isInstance(getTransactionManager());
      if (this.weblogicTransactionManagerAvailable) {
         Class<?> transactionClass =
getClass().getClassLoader().loadClass(TRANSACTION_CLASS_NAME);
         // 强制恢复的方法
         this.forceResumeMethod = transactionManagerClass.getMethod("forceResume",
Transaction.class);
         // 获取设置属性的方法
         this.setPropertyMethod = transactionClass.getMethod("setProperty", String.class,
Serializable.class);
         logger.debug("Support for WebLogic forceResume available");
```

```
            }
            else {
               logger.debug("Support for WebLogic forceResume not available");
            }
         }
         catch (Exception ex) {
            throw new TransactionSystemException(
                  "Could not initialize WebLogicJtaTransactionManager because WebLogic API
classes are not available", ex);
         }
      }
```

在 loadWebLogicTransactionClasses 方法中会对 weblogic 相关的类进行初始化，具体初始化流程如下。

（1）通过类加载器将 weblogic.transaction.UserTransaction 类加载。

（2）判断第（1）步中得到的类是否是成员变量 userTransaction 的实现类，将结果设置给成员变量 weblogicUserTransactionAvailable。

（3）判断 weblogicUserTransactionAvailable 是否为真，在为真的情况下会进行两个方法的搜索。

① 根据名称 begin 和参数类型为 String 的方法对象。搜索结果赋值给 beginWithNameMethod。

② 根据名称 begin、参数类型为 String 和参数类型为 int 的方法对象。搜索结果赋值给 beginWithNameAndTimeoutMethod。

（4）通过类加载器将 weblogic.transaction.ClientTransactionManager 类加载。

（5）判断第（4）步中得到的类是否是成员变量 transactionManager 的实现类，将结果设置给成员变量 weblogicTransactionManagerAvailable。

（6）判断 weblogicTransactionManagerAvailable 是否为真，在为真的情况下会进行两个方法的搜索。注意，搜索对象的主体是 weblogic.transaction.Transaction。

① 根据名称 forceResume 和参数类型为 Transaction 进行搜索，将搜索结果赋值给 forceResumeMethod。

② 根据名称 setProperty、参数类型为 String 和参数类型为 Serializable 进行搜索，将搜索结果赋值给 setPropertyMethod。

接下来对 loadWebLogicTransactionHelper 方法进行分析，该方法用于实例化 weblogic.transaction.TransactionHelper 对象，具体处理代码如下。

```
private Object loadWebLogicTransactionHelper() throws TransactionSystemException {
   // 获取成员变量中的事务帮助对象
   Object helper = this.transactionHelper;
   // 事务帮助对象为空的情况下再进行搜索操作
   if (helper == null) {
      try {
         // 加载 weblogic.transaction.TransactionHelper 类
         Class<?> transactionHelperClass =
getClass().getClassLoader().loadClass(TRANSACTION_HELPER_CLASS_NAME);
         // 获取 getTransactionHelper 方法
         Method getTransactionHelperMethod =
transactionHelperClass.getMethod("getTransactionHelper");
```

```
            // 通过 getTransactionHelper 方法调用后获取对象
            helper = getTransactionHelperMethod.invoke(null);
            this.transactionHelper = helper;
            logger.trace("WebLogic TransactionHelper found");
         }
         catch (InvocationTargetException ex) {
            throw new TransactionSystemException(
                  "WebLogic's TransactionHelper.getTransactionHelper() method failed",
ex.getTargetException());
         }
         catch (Exception ex) {
            throw new TransactionSystemException(
                  "Could not initialize WebLogicJtaTransactionManager because WebLogic API
classes are not available", ex);
         }
      }
      return helper;
   }
```

在 loadWebLogicTransactionHelper 方法中主要处理流程如下：从成员变量中获取事务帮助对象，如果事务帮助对象不为空则直接返回。当事务帮助对象不为空时会进行如下操作。

（1）通过类加载器加载 weblogic.transaction.TransactionHelper 类。

（2）在 TransactionHelper 类中找到 getTransactionHelper 方法。

（3）调用 getTransactionHelper 方法获取事务帮助对象。

至此关于初始化 weblogic 相关类的分析就全部完成了，下面将进入父类方法实现的分析中，总共有如下三个方法。

（1）方法 doJtaBegin，用于开始 JTA 事务。

（2）方法 doJtaResume，用于恢复 JAT 事务。

（3）方法 createTransaction，用于创建事务。

接下来对 doJtaBegin 方法进行分析，具体处理代码如下。

```
@Override
protected void doJtaBegin(JtaTransactionObject txObject, TransactionDefinition definition)
      throws NotSupportedException, SystemException {

   // 确认超时时间
   int timeout = determineTimeout(definition);

   // weblogic 事务是否可以使用并且名称不为空
   if (this.weblogicUserTransactionAvailable && definition.getName() != null) {
      try {
         // 超时时间大于默认时间的处理
         if (timeout > TransactionDefinition.TIMEOUT_DEFAULT) {
            Assert.state(this.beginWithNameAndTimeoutMethod != null, "WebLogic JTA API
not initialized");
            this.beginWithNameAndTimeoutMethod.invoke(txObject.getUserTransaction(),
definition.getName(), timeout);
```

```
        }
        // 超时时间小于或等于默认时间的处理
        else {
          Assert.state(this.beginWithNameMethod != null, "WebLogic JTA API not
    initialized");
          this.beginWithNameMethod.invoke(txObject.getUserTransaction(), definition
.getName());
        }
      }
      catch (InvocationTargetException ex) {
        throw new TransactionSystemException(
            "WebLogic's UserTransaction.begin() method failed",
    ex.getTargetException());
      }
      catch (Exception ex) {
        throw new TransactionSystemException(
            "Could not invoke WebLogic's UserTransaction.begin() method", ex);
      }
    }
    else {
      // 应用超时时间
      applyTimeout(txObject, timeout);
      // 开始事务
      txObject.getUserTransaction().begin();
    }

    // 判断 weblogic 事务管理器是否可用
    if (this.weblogicTransactionManagerAvailable) {
      // 事务隔离级别不等于默认事务隔离级别
      if (definition.getIsolationLevel() != TransactionDefinition.ISOLATION_DEFAULT)
      {
        try {
          // 获取事务对象
          Transaction tx = obtainTransactionManager().getTransaction();
          // 从事务定义对象中获取事务隔离级别
          Integer isolationLevel = definition.getIsolationLevel();
          Assert.state(this.setPropertyMethod != null, "WebLogic JTA API not
    initialized");
          // 通过属性设置方法进行事务隔离级别设置
          this.setPropertyMethod.invoke(tx, ISOLATION_LEVEL_KEY, isolationLevel);
        }
        catch (InvocationTargetException ex) {
          throw new TransactionSystemException(
              "WebLogic's Transaction.setProperty(String, Serializable) method
    failed", ex.getTargetException());
        }
        catch (Exception ex) {
          throw new TransactionSystemException(
              "Could not invoke WebLogic's Transaction.setProperty(String,
```

```
Serializable) method", ex);
            }
        }
    }
    else {
        // 应用事务隔离级别
        applyIsolationLevel(txObject, definition.getIsolationLevel());
    }
}
```

在 doJtaBegin 方法中主要处理流程如下。

（1）确认事务定义对象中的超时时间。

（2）关于超时时间相关的处理操作。

（3）关于事务管理器相关的处理操作。

在第（2）步中关于超时时间的处理细节如下。

（1）如果允许使用 weblogic 的事务，并且事务名称不为空的情况下会进行下面的操作。

① 当事务定义对象中的超时时间大于默认事务超时时间时会调用 beginWithNameAndTimeout-Method 方法。

② 当事务定义对象中的超时时间小于或等于默认事务超时时间时会调用 beginWithName-Method 方法。

（2）在不允许使用 weblogic 的事务并且事务名称为空的情况下会进行下面的操作。

① 应用当事务定义对象中的超时时间。

② 通过事务对象获取 UserTransaction 对象开始事务。

在第（3）步中关于事务管理器相关操作如下。

（1）如果 weblogic 事务管理器可用会进行如下操作：满足事务定义中的事务隔离级别不为默认的事务隔离级别时通过属性设置方法（setPropertyMethod）设置事务隔离级别属性。

（2）如果 weblogic 事务管理器不可用则会应用事务定义对象中的事务隔离级别属性。

接下来对 doJtaResume 方法进行分析，具体处理代码如下。

```
@Override
protected void doJtaResume(@Nullable JtaTransactionObject txObject, Object
suspendedTransaction)
        throws InvalidTransactionException, SystemException {

    try {
        // 获取事务管理器，通过事务管理器进行恢复操作
        obtainTransactionManager().resume((Transaction) suspendedTransaction);
    }
    catch (InvalidTransactionException ex) {
        // 判断 weblogic 事务管理器是否可用
        if (!this.weblogicTransactionManagerAvailable) {
            throw ex;
        }

        if (logger.isDebugEnabled()) {
```

```
        logger.debug("Standard JTA resume threw InvalidTransactionException: " +
ex.getMessage() + " - trying WebLogic JTA forceResume");
      }
      try {
        Assert.state(this.forceResumeMethod != null, "WebLogic JTA API not
initialized");
        // 强制执行
        this.forceResumeMethod.invoke(getTransactionManager(), suspendedTransaction);
      }
      catch (InvocationTargetException ex2) {
        throw new TransactionSystemException(
            "WebLogic's TransactionManager.forceResume(Transaction) method
failed", ex2.getTargetException());
      }
      catch (Exception ex2) {
        throw new TransactionSystemException(
            "Could not access WebLogic's
TransactionManager.forceResume(Transaction) method", ex2);
      }
    }
  }
```

在 doJtaResume 方法中会进行恢复事务操作，首先会通过事务管理器进行一次恢复操作，如果在这个恢复操作处理中出现了异常会判断是否开启了 weblogic 事务管理器，如果开启则会通过强制恢复方法进行恢复操作。最后对 createTransaction 方法进行分析，主要处理代码如下。

```
@Override
public Transaction createTransaction(@Nullable String name, int timeout) throws
NotSupportedException, SystemException {
  // weblogic 事务是否可以使用，名称是否为空
  if (this.weblogicUserTransactionAvailable && name != null) {
    try {
      if (timeout >= 0) {
        Assert.state(this.beginWithNameAndTimeoutMethod != null, "WebLogic JTA API
not initialized");
        this.beginWithNameAndTimeoutMethod.invoke(getUserTransaction(), name, timeout);
      }
      else {
        Assert.state(this.beginWithNameMethod != null, "WebLogic JTA API not
initialized");
        this.beginWithNameMethod.invoke(getUserTransaction(), name);
      }
    }
    catch (InvocationTargetException ex) {
      if (ex.getTargetException() instanceof NotSupportedException) {
        throw (NotSupportedException) ex.getTargetException();
      }
      else if (ex.getTargetException() instanceof SystemException) {
        throw (SystemException) ex.getTargetException();
      }
      else if (ex.getTargetException() instanceof RuntimeException) {
```

```
            throw (RuntimeException) ex.getTargetException();
         }
         else {
            throw new SystemException(
                  "WebLogic's begin() method failed with an unexpected error: " +
ex.getTargetException());
         }
      }
      catch (Exception ex) {
         throw new SystemException("Could not invoke WebLogic's
UserTransaction.begin() method: " + ex);
      }
      return new ManagedTransactionAdapter(obtainTransactionManager());
   }

   else {
      return super.createTransaction(name, timeout);
   }
}
```

在 createTransaction 方法中主要目标是创建事务对象，该方法提供了如下两种创建方式。

（1）通过 ManagedTransactionAdapter 构造函数进行创建。

（2）通过父类 createTransaction 方法进行创建。

区分这两种创建方式的条件有两个。

（1）weblogic 事务是否可用。

（2）事务名称是否不为空。

当同时满足上述两个条件时会使用第一种创建方式，反之则使用第二种创建方式。在第一种创建方式执行前会进行 beginWithNameAndTimeoutMethod 方法或者 beginWithNameMethod 方法的调用，具体执行哪一个需要通过超时时间来决定，当超时时间大于或等于 0 时执行前者，反之执行后者。

13.6.4 WebSphereUowTransactionManager 类分析

本节将对 WebSphereUowTransactionManager 类进行分析，它是 JtaTransactionManager 的子类，在 WebSphereUowTransactionManager 类中有三个成员变量，关于这三个成员变量的说明见表 13.9 所示的 WebSphereUowTransactionManager 成员变量。

表 13.9 WebSphereUowTransactionManager 成员变量

变 量 名 称	变 量 类 型	变 量 含 义
DEFAULT_UOW_MANAGER_NAME	String	默认的 UOWMananger 名称
uowManager	UOWManager	UOWManager 接口
uowManagerName	String	UOWMananger 名称

在 Spring 事务中 WebSphereUowTransactionManager 类是用来对 com.ibm.wsspi 包下面的事务相关内容进行拓展的类，在该类中也有关于 JNDI 初始化成员变量的操作，这部分操作和 WebLogicJtaTransactionManager 类中的处理相同，本节不做具体分析。在类中存在 execute 方法，

该方法会替代父类中的执行操作，主要的执行操作会通过 UOWManager 接口进行，本节也不做具体分析。

13.7　初识事务执行器

本节将对事务执行器做一个简单介绍，关于事务执行器的定义代码如下。

```
public interface TransactionExecution {

   /**
    * 是否是一个新的事务
    */
   boolean isNewTransaction();

   /**
    * 仅回滚设置
    */
   void setRollbackOnly();

   /**
    * 是否仅回滚
    */
   boolean isRollbackOnly();

   /**
    * 是否已经完成
    */
   boolean isCompleted();

}
```

在 TransactionExecution 接口中定义了 4 个方法，详细说明如下。

（1）方法 isNewTransaction，表示是否是一个新事务。

（2）方法 setRollbackOnly，用于设置仅回滚标记。

（3）方法 isRollbackOnly，用于判断是否仅回滚。

（4）方法 isCompleted，用于判断事务处理是否已经完成。

在 Spring 事务模块中关于事务执行器存在如下两个子接口。

（1）用于表示事务状态的 TransactionStatus 接口。

（2）用于表示响应式事务的 ReactiveTransaction 接口。

在 Spring 事务模块中关于事务执行器的类如图 13.5 所示。

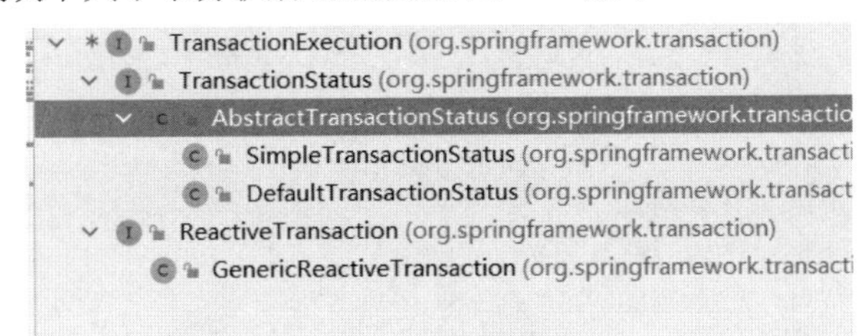

图 13.5　事务执行器类

13.8 总结

本章围绕 Spring 事务中的保存点管理器、事务工厂和事务执行器进行分析，主要包括保存点管理器中的两个父类 AbstractTransactionStatus 和 JdbcTransactionObjectSupport、事务工厂中的两个父类 SimpleTransactionFactory 和 JtaTransactionManager 以及事务执行器的简单说明。本章并未对它们的所有子类做出详细分析，更多的是关于成员变量的介绍。

第14章 AbstractPlatformTransactionManager 子类分析

本章将对 Spring 事务模块中 AbstractPlatformTransactionManager 类的子类进行分析。在 Spring 中 AbstractPlatformTransactionManager 对象的子类如图 14.1 所示。

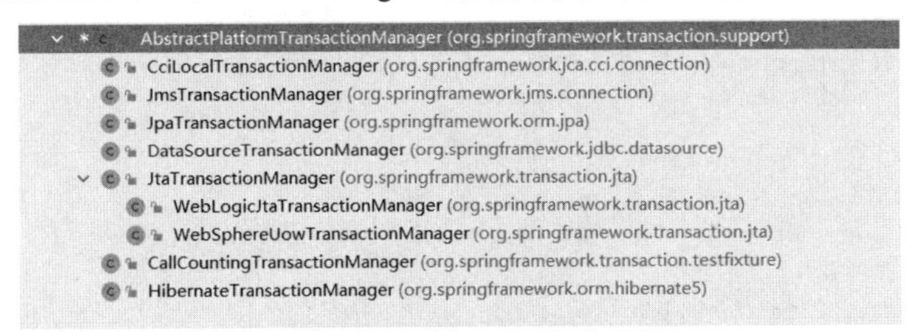

图 14.1 AbstractPlatformTransactionManager 类的子类

14.1 CciLocalTransactionManager 类分析

本节将对 CciLocalTransactionManager 类进行分析，该对象是为了适配 javax.resource.cci 包下的链接工厂所开发的类。在该类中仅有一个成员变量，具体定义如下。

```
private ConnectionFactory connectionFactory;
```

成员变量 connectionFactory 是 javax.resource.cci 包下的核心类，主要用于获取 EIS 链接对象。该类还继承了 InitializingBean 和 ResourceTransactionManager 接口，首先对 InitializingBean 接口的实现方法 afterPropertiesSet 进行分析，具体处理代码如下。

```
@Override
public void afterPropertiesSet() {
   if (getConnectionFactory() == null) {
      throw new IllegalArgumentException("Property 'connectionFactory' is required");
   }
}
```

在 afterPropertiesSet 方法中主要判断成员变量链接工厂是否为空，如果为空则会抛出异常，该方法相当于是做一层验证。

14.1.1 getResourceFactory 方法分析

接下来对 ResourceTransactionManager 接口的实现方法做分析，首先是 getResourceFactory 方法，具体处理代码如下。

```
@Override
public Object getResourceFactory() {
   return obtainConnectionFactory();
}
private ConnectionFactory obtainConnectionFactory() {
    ConnectionFactory connectionFactory = getConnectionFactory();
    Assert.state(connectionFactory != null, "No ConnectionFactory set");
    return connectionFactory;
}
```

在获取资源工厂方法（getResourceFactory）中会直接通过获取成员变量链接工厂的结果作为返回值。

14.1.2 doGetTransaction 方法分析

下面对 doGetTransaction 方法进行分析，该方法用于获取事务对象，具体处理代码如下。

```
@Override
protected Object doGetTransaction() {
   // 创建 CCI 的本地事务对象
   CciLocalTransactionObject txObject = new CciLocalTransactionObject();
   // 获取链接持有对象
   ConnectionHolder conHolder =
         (ConnectionHolder) TransactionSynchronizationManager.getResource
(obtainConnectionFactory());
   // 设置链接持有对象
   txObject.setConnectionHolder(conHolder);
   // 返回
   return txObject;
}
```

在 doGetTransaction 方法中具体处理流程如下。

（1）创建 CCI 的本地事务对象。

（2）获取链接持有对象。

（3）将链接持有对象设置给 CCI 本地事务对象。

14.1.3 isExistingTransaction 方法分析

下面对 isExistingTransaction 方法进行分析，该方法用于判断是否存在事务，具体处理代码如下。

```
@Override
```

```
protected boolean isExistingTransaction(Object transaction) {
  CciLocalTransactionObject txObject = (CciLocalTransactionObject) transaction;
  return txObject.hasConnectionHolder();
}
```

在 isExistingTransaction 方法中会将传入的参数做类型转换，类型转换的目标是 CciLocalTransactionObject。注意，该类型是 doGetTransaction 方法中创建的类型。在完成类型转换后通过 hasConnectionHolder 方法来判断是否存在事务，本质是判断链接持有者是否不为空。

14.1.4　doBegin 方法分析

下面对 doBegin 方法进行分析，该方法用于开始事务，具体处理代码如下。

```
@Override
protected void doBegin(Object transaction, TransactionDefinition definition) {
  // 事务对象类型转换
  CciLocalTransactionObject txObject = (CciLocalTransactionObject) transaction;
  // 获取链接工厂
  ConnectionFactory connectionFactory = obtainConnectionFactory();
  // 链接对象
  Connection con = null;

  try {
    // 通过链接工厂创建链接
    con = connectionFactory.getConnection();
    if (logger.isDebugEnabled()) {
      logger.debug("Acquired Connection [" + con + "] for local CCI transaction");
    }

    // 创建链接持有器
    ConnectionHolder connectionHolder = new ConnectionHolder(con);
    // 设置事务同步标记为 true
    connectionHolder.setSynchronizedWithTransaction(true);
    // 通过链接对象获取本地事务并开始事务
    con.getLocalTransaction().begin();
    // 获取超时时间
    int timeout = determineTimeout(definition);
    if (timeout != TransactionDefinition.TIMEOUT_DEFAULT) {
      connectionHolder.setTimeoutInSeconds(timeout);
    }

    // 事务对象设置链接持有者
    txObject.setConnectionHolder(connectionHolder);
    // 进行链接工厂和链接持有器的绑定
    TransactionSynchronizationManager.bindResource(connectionFactory, connectionHolder);
  }
  catch (NotSupportedException ex) {
    // 释放数据库链接
    ConnectionFactoryUtils.releaseConnection(con, connectionFactory);
    throw new CannotCreateTransactionException("CCI Connection does not support
local transactions", ex);
```

```
    }
    catch (LocalTransactionException ex) {
       ConnectionFactoryUtils.releaseConnection(con, connectionFactory);
       throw new CannotCreateTransactionException("Could not begin local CCI
  transaction", ex);
    }
    catch (Throwable ex) {
       ConnectionFactoryUtils.releaseConnection(con, connectionFactory);
       throw new TransactionSystemException("Unexpected failure on begin of CCI local
transaction", ex);
    }
  }
```

在 doBegin 方法中主要处理流程如下。

（1）将参数事务对象进行类型转换，转换为 CciLocalTransactionObject 类型。

（2）获取链接工厂。

（3）通过链接工厂获取链接对象。

（4）将链接对象放入链接持有器中。

（5）将链接持有器的事务同步标记设置为 true。

（6）通过链接对象获取本地事务并开始事务。

（7）获取事务定义中的超时时间，在超时时间和默认的超时时间不相等的情况下会设置链接持有器中的超时时间，单位是秒。

（8）将链接持有器设置给事务对象。

（9）将链接工厂和链接持有器进行关系绑定。

在第（3）~（9）步可能会出现异常，当出现异常时会进行如下两个操作。

（1）释放链接。

（2）抛出特定异常。特定异常包括 CannotCreateTransactionException 和 TransactionSystemException。

14.1.5 doSuspend 方法分析

下面对 doSuspend 方法进行分析，该方法用于挂起事务，具体处理代码如下。

```
@Override
protected Object doSuspend(Object transaction) {
   // 事务对象转换
   CciLocalTransactionObject txObject = (CciLocalTransactionObject) transaction;
   // 将链接持有器设置为 null
   txObject.setConnectionHolder(null);
   // 解绑资源
   return TransactionSynchronizationManager.unbindResource(obtainConnectionFactory());
}
```

在 doSuspend 方法中主要处理流程如下。

（1）将参数事务对象进行类型转换，转换为 CciLocalTransactionObject 类型。

（2）将链接持有器设置为 null。

（3）根据链接工厂解绑对应资源。

14.1.6 doResume 方法分析

下面对 doResume 方法进行分析，该方法用于恢复事务，具体处理代码如下。

```
@Override
protected void doResume(@Nullable Object transaction, Object suspendedResources) {
   // 资源对象转换为链接持有器
   ConnectionHolder conHolder = (ConnectionHolder) suspendedResources;
   // 链接工厂与链接持有器进行绑定
   TransactionSynchronizationManager.bindResource(obtainConnectionFactory(), conHolder);
}
```

在 doResume 方法中主要处理流程如下。

（1）资源对象转换为链接持有器。

（2）链接工厂与链接持有器进行绑定。

14.1.7 doCommit 方法分析

下面对 doCommit 方法进行分析，该方法用于事务提交，具体处理代码如下。

```
@Override
protected void doCommit(DefaultTransactionStatus status) {
   // 从事务状态对象中获取事务对象并强制转换为 CciLocalTransactionObject 类型
   CciLocalTransactionObject txObject = (CciLocalTransactionObject)
status.getTransaction();
   // 通过事务对象获取链接持有器再获取链接对象
   Connection con = txObject.getConnectionHolder().getConnection();
   if (status.isDebug()) {
      logger.debug("Committing CCI local transaction on Connection [" + con + "]");
   }
   try {
      // 通过链接对象获取本地事务进行事务提交
      con.getLocalTransaction().commit();
   }
   catch (LocalTransactionException ex) {
      throw new TransactionSystemException("Could not commit CCI local transaction", ex);
   }
   catch (ResourceException ex) {
      throw new TransactionSystemException("Unexpected failure on commit of CCI local
transaction", ex);
   }
}
```

在 doCommit 方法中主要处理流程如下。

（1）从事务状态对象中获取事务对象并强制转换为 CciLocalTransactionObject 类型。

（2）通过事务对象获取链接持有器再获取链接对象。

（3）通过链接对象获取本地事务进行事务提交。

14.1.8 doRollback 方法分析

下面对 doRollback 方法进行分析，该方法用于进行事务的回滚处理，具体处理代码如下。

```
@Override
protected void doRollback(DefaultTransactionStatus status) {
   // 从事务状态对象中获取事务对象并强制转换为 CciLocalTransactionObject 类型
   CciLocalTransactionObject txObject = (CciLocalTransactionObject)
status.getTransaction();
   // 通过事务对象获取链接持有器再获取链接对象
   Connection con = txObject.getConnectionHolder().getConnection();
   if (status.isDebug()) {
      logger.debug("Rolling back CCI local transaction on Connection [" + con + "]");
   }
   try {
      // 通过链接对象获取本地事务进行事务回滚操作
      con.getLocalTransaction().rollback();
   }
   catch (LocalTransactionException ex) {
      throw new TransactionSystemException("Could not roll back CCI local transaction", ex);
   }
   catch (ResourceException ex) {
      throw new TransactionSystemException("Unexpected failure on rollback of CCI local
transaction", ex);
   }
}
```

在 doRollback 方法中主要处理流程如下。

（1）从事务状态对象中获取事务对象并强制转换为 CciLocalTransactionObject 类型。

（2）通过事务对象获取链接持有器再获取链接对象。

（3）通过链接对象获取本地事务进行事务回滚操作。

14.1.9 doSetRollbackOnly 方法分析

下面对 doSetRollbackOnly 方法进行分析，该方法用于设置仅回滚标记，具体处理代码如下。

```
@Override
protected void doSetRollbackOnly(DefaultTransactionStatus status) {
   // 从事务状态对象中获取事务对象
   CciLocalTransactionObject txObject = (CciLocalTransactionObject)
status.getTransaction();
   if (status.isDebug()) {
      logger.debug("Setting CCI local transaction [" +
txObject.getConnectionHolder().getConnection() +
         "] rollback-only");
   }
   // 通过事务对象获取链接持有器,通过链接持有器进行仅回滚标记的设置
   txObject.getConnectionHolder().setRollbackOnly();
}
```

在 doSetRollbackOnly 方法中主要处理流程如下。

（1）从事务状态对象中获取事务对象。

（2）通过事务对象获取链接持有器，通过链接持有器进行仅回滚标记的设置。

14.1.10　doCleanupAfterCompletion 方法分析

下面对 doCleanupAfterCompletion 方法进行分析，该方法用于清理资源，具体处理代码如下。

```
@Override
protected void doCleanupAfterCompletion(Object transaction) {
   // 将参数事务对象进行类型转换，转换为 CciLocalTransactionObject 类型
   CciLocalTransactionObject txObject = (CciLocalTransactionObject) transaction;
   // 获取链接工厂
   ConnectionFactory connectionFactory = obtainConnectionFactory();

   // 解绑链接工厂对应的资源
   TransactionSynchronizationManager.unbindResource(connectionFactory);
   // 获取事务对象中的链接持有器进行清除方法的调用
   txObject.getConnectionHolder().clear();

   // 从事务对象中获取链接持有器再获取链接对象
   Connection con = txObject.getConnectionHolder().getConnection();
   if (logger.isDebugEnabled()) {
      logger.debug("Releasing CCI Connection [" + con + "] after transaction");
   }
   // 链接对象和链接工厂的关系解绑
   ConnectionFactoryUtils.releaseConnection(con, connectionFactory);
}
```

在 doCleanupAfterCompletion 方法中主要处理流程如下。

（1）将参数事务对象进行类型转换，转换为 CciLocalTransactionObject 类型。

（2）获取链接工厂。

（3）解绑链接工厂对应的资源。

（4）获取事务对象中的链接持有器进行清除方法的调用。

（5）从事务对象中获取链接持有器再获取链接对象。

（6）将链接对象和链接工厂的关系解绑。

14.2　JpaTransactionManager 类分析

本节将对 JpaTransactionManager 类进行分析，该类是基于 JPA 进行的开发，在该类中存在五个成员变量，详细说明见表 14.1 所示的 JpaTransactionManager 成员变量。

表 14.1　JpaTransactionManager 成员变量

变量名称	变量类型	变量含义
jpaPropertyMap	Map<String, Object>	JPA 属性表
entityManagerFactory	EntityManagerFactory	实体管理工厂
persistenceUnitName	String	持久化单元名称
dataSource	DataSource	数据源
jpaDialect	JpaDialect	JPA 方言接口

在 JpaTransactionManager 定义中，它实现了 InitializingBean，具体实现代码如下。

```
@Override
public void afterPropertiesSet() {

   // entityManagerFactory 为空则抛出异常
   if (getEntityManagerFactory() == null) {
      throw new IllegalArgumentException("'entityManagerFactory' or
'persistenceUnitName' is required");
   }
   // 类型是 EntityManagerFactoryInfo 的处理
   if (getEntityManagerFactory() instanceof EntityManagerFactoryInfo) {
      EntityManagerFactoryInfo emfInfo = (EntityManagerFactoryInfo)
getEntityManagerFactory();
      // 从实体管理工厂信息对象中获取数据源对象
      DataSource dataSource = emfInfo.getDataSource();
      if (dataSource != null) {
         // 设置数据源
         setDataSource(dataSource);
      }
      JpaDialect jpaDialect = emfInfo.getJpaDialect();
      if (jpaDialect != null) {
         // 设置 JPA 方言
         setJpaDialect(jpaDialect);
      }
   }
}
```

在 afterPropertiesSet 方法中主要处理流程如下。

（1）判断成员变量 entityManagerFactory 是否为空，如果为空则抛出异常。

（2）判断成员变量 entityManagerFactory 类型是不是 EntityManagerFactoryInfo，如果是则进行如下处理。

① 进行类型转换，目标类型是 EntityManagerFactoryInfo。

② 获取数据源对象，在数据源对象不为空的情况下为成员变量 dataSource 进行设置。

③ 获取 JPA 方言对象，在 JPA 方言对象不为空的情况下为成员变量 jpaDialect 进行设置。

至此对于 InitializingBean 接口的实现分析已经完成，接下来将对 JpaTransactionManager 类中涉及的方法挑选 doBegin 方法进行分析，具体处理代码如下。

```
@Override
protected void doBegin(Object transaction, TransactionDefinition definition) {
   // 事务对象转换,转换目标是 JpaTransactionObject
   JpaTransactionObject txObject = (JpaTransactionObject) transaction;

   // 事务对象链接持有器
   // 同步事务标记为 false
   if (txObject.hasConnectionHolder()
&& !txObject.getConnectionHolder().isSynchronizedWithTransaction()) {
      throw new IllegalTransactionStateException(
            "Pre-bound JDBC Connection found! JpaTransactionManager does not
support " + "running within DataSourceTransactionManager if told to manage the
```

```
DataSource itself. " + "It is recommended to use a single JpaTransactionManager for all
transactions " + "on a single DataSource, no matter whether JPA or JDBC access.");
   }

   try {
      // 事务对象中不存在实体管理器持有者
      // 同步事务标记为 true
      if (!txObject.hasEntityManagerHolder() ||
            txObject.getEntityManagerHolder().isSynchronizedWithTransaction()) {
         // 创建实体管理器
         EntityManager newEm = createEntityManagerForTransaction();
         if (logger.isDebugEnabled()) {
            logger.debug("Opened new EntityManager [" + newEm + "] for JPA
transaction");
         }
         // 设置实体管理器持有者
         txObject.setEntityManagerHolder(new EntityManagerHolder(newEm), true);
      }

      // 获取实体管理器
      EntityManager em = txObject.getEntityManagerHolder().getEntityManager();

      // 确定超时时间
      final int timeoutToUse = determineTimeout(definition);
      // 获取事务数据，主要通过 JPA 方言对象进行事务开启
      Object transactionData = getJpaDialect().beginTransaction(em,
            new JpaTransactionDefinition(definition, timeoutToUse,
txObject.isNewEntityManagerHolder()));
      // 为事务对象设置事务数据
      txObject.setTransactionData(transactionData);
      // 为事务对象设置是否仅回滚标记
      txObject.setReadOnly(definition.isReadOnly());

      // 事务超时时间设置
      if (timeoutToUse != TransactionDefinition.TIMEOUT_DEFAULT) {
         txObject.getEntityManagerHolder().setTimeoutInSeconds(timeoutToUse);
      }

      // 数据源不为空的情况下
      if (getDataSource() != null) {
         // 获取链接处理器
         ConnectionHandle conHandle = getJpaDialect().getJdbcConnection(em,
definition.isReadOnly());
         if (conHandle != null) {
            // 创建链接持有器,持有的是链接处理器
            ConnectionHolder conHolder = new ConnectionHolder(conHandle);
            // 设置超时时间
            if (timeoutToUse != TransactionDefinition.TIMEOUT_DEFAULT) {
               conHolder.setTimeoutInSeconds(timeoutToUse);
```

```
            }
            if (logger.isDebugEnabled()) {
               logger.debug("Exposing JPA transaction as JDBC [" + conHandle + "]");
            }
            // 进行资源绑定
            TransactionSynchronizationManager.bindResource(getDataSource(), conHolder);
            // 设置链接持有器
            txObject.setConnectionHolder(conHolder);
         }
         else {
            if (logger.isDebugEnabled()) {
               logger.debug("Not exposing JPA transaction [" + em + "] as JDBC transaction
because " + "JpaDialect [" + getJpaDialect() + "] does not support JDBC Connection
retrieval");
            }
         }
      }

      // 判断是不是一个新的实体管理持有器
      if (txObject.isNewEntityManagerHolder()) {
         // 进行资源绑定
         TransactionSynchronizationManager.bindResource(
               obtainEntityManagerFactory(), txObject.getEntityManagerHolder());
      }
      // 设置同步事务标记为 true
      txObject.getEntityManagerHolder().setSynchronizedWithTransaction(true);
   }

   catch (TransactionException ex) {
      // 关闭实体管理器
      closeEntityManagerAfterFailedBegin(txObject);
      throw ex;
   }
   catch (Throwable ex) {
      closeEntityManagerAfterFailedBegin(txObject);
      throw new CannotCreateTransactionException("Could not open JPA EntityManager for
transaction", ex);
   }
}
```

在 doBegin 方法中主要处理流程如下。

（1）将事务对象进行转换，转换目标是 JpaTransactionObject。

（2）判断事务对象是否存在链接持有器，判断同步事务标记是否为 false。在满足两者时将抛出异常。

（3）在满足事务对象中不存在实体管理器持有者对象或者同步事务标记为 true 时会通过 createEntityManagerForTransaction 方法创建实体管理器，并设置给事务对象。

（4）从事务对象中获取实体管理器。

（5）确定超时时间。

（6）通过 JPA 方言接口开始事务并获取事务数据对象。

（7）将事务数据对象设置给事务对象。

（8）通过事务定义中存放的只读标记设置给事务对象。

（9）当第（5）步中得到的超时时间不等于默认的超时时间时将超时时间设置给实体管理器持有者。

（10）在数据源对象不为空的情况下进行如下处理。

① 通过 JPA 方言接口获取链接处理器。

② 将链接处理器转换为链接持有器。持有的对象是链接处理器。

③ 为链接持有器设置超时时间。

④ 将数据源和链接持有器进行关系绑定。

⑤ 将链接持有器设置给事务对象。

（11）判断是不是一个新的实体管理持有器，如果是会将实体管理器工厂（EntityManagerFactory）与实体管理器持有者（EntityManagerHolder）进行绑定。

（12）将同步事务标记设置为 true。

在上述处理流程中当出现异常时会进行如下两个操作。

（1）执行 closeEntityManagerAfterFailedBegin 方法，本质是 EntityManager 接口的 close 方法调用。

（2）抛出异常。

14.3 HibernateTransactionManager 类分析

本节将对 HibernateTransactionManager 类进行分析，该类是基于 hibernate-session 进行的开发，在该类中存在 5 个成员变量，详细说明见表 14.2 所示的 HibernateTransactionManager 成员变量。

表 14.2　HibernateTransactionManager 成员变量

变量名称	变量类型	变量含义
sessionFactory	SessionFactory	Session 工厂
dataSource	DataSource	数据源
autodetectDataSource	boolean	是否自动检测数据源
prepareConnection	boolean	是否准备链接
allowResultAccessAfterCompletion	boolean	是否允许访问所有结果
hibernateManagedSession	boolean	是否使用 Spring 管理 Session
entityInterceptor	Object	实体拦截器
beanFactory	BeanFactory	Bean 工厂

了解成员变量后下面将对 doBegin 方法进行分析，具体处理方法如下。

```
@Override
@SuppressWarnings("deprecation")
protected void doBegin(Object transaction, TransactionDefinition definition) {
```

```
    // 事务对象转换,转换目标为 HibernateTransactionObject
    HibernateTransactionObject txObject = (HibernateTransactionObject) transaction;

    if (txObject.hasConnectionHolder()
  && !txObject.getConnectionHolder().isSynchronizedWithTransaction()) {
       throw new IllegalTransactionStateException(
             "Pre-bound JDBC Connection found! HibernateTransactionManager does not
support " + "running within DataSourceTransactionManager if told to manage the DataSource
itself. " + "It is recommended to use a single HibernateTransactionManager for all
transactions " + "on a single DataSource, no matter whether Hibernate or JDBC access.");
    }

    Session session = null;

    try {
       // 为事务对象系进行可能需要的 Session 设置
       if (!txObject.hasSessionHolder() ||
  txObject.getSessionHolder().isSynchronizedWithTransaction()) {
          // 获取实体拦截器
          Interceptor entityInterceptor = getEntityInterceptor();
          // 创建 Session
          Session newSession = (entityInterceptor != null ?
                obtainSessionFactory().withOptions().interceptor(entityInterceptor)
.openSession() :
                obtainSessionFactory().openSession());

          if (logger.isDebugEnabled()) {
             logger.debug("Opened new Session [" + newSession + "] for Hibernate
transaction");
          }
          txObject.setSession(newSession);
       }

       // 获取 Session 对象
       session = txObject.getSessionHolder().getSession();

       boolean holdabilityNeeded = this.allowResultAccessAfterCompletion
  && !txObject.isNewSession();
       // 是否为默认的事务隔离级别
       boolean isolationLevelNeeded = (definition.getIsolationLevel() !=
  TransactionDefinition.ISOLATION_DEFAULT);

       if (holdabilityNeeded || isolationLevelNeeded || definition.isReadOnly()) {
          if (this.prepareConnection && isSameConnectionForEntireSession(session)) {
             if (logger.isDebugEnabled()) {
                logger.debug("Preparing JDBC Connection of Hibernate Session [" + session + "]");
             }
             Connection con = ((SessionImplementor) session).connection();
             Integer previousIsolationLevel =
```

```
    DataSourceUtils.prepareConnectionForTransaction(con, definition);
            txObject.setPreviousIsolationLevel(previousIsolationLevel);
            txObject.setReadOnly(definition.isReadOnly());
            if (this.allowResultAccessAfterCompletion && !txObject.isNewSession()) {
               int currentHoldability = con.getHoldability();
               if (currentHoldability != ResultSet.HOLD_CURSORS_OVER_COMMIT) {
                  txObject.setPreviousHoldability(currentHoldability);
                  con.setHoldability(ResultSet.HOLD_CURSORS_OVER_COMMIT);
               }
            }
         }
         else {
            if (isolationLevelNeeded) {
               throw new InvalidIsolationLevelException(
                     "HibernateTransactionManager is not allowed to support custom
isolation levels: " + "make sure that its 'prepareConnection' flag is on (the
    default) and that the " + "Hibernate connection release mode is set to 'on_close' (the
    default for JDBC).");
            }
            if (logger.isDebugEnabled()) {
               logger.debug("Not preparing JDBC Connection of Hibernate Session [" +
session + "]");
            }
         }
      }

      // 设置刷新模式和是否只读
      if (definition.isReadOnly() && txObject.isNewSession()) {
         session.setFlushMode(FlushMode.MANUAL);
         session.setDefaultReadOnly(true);
      }

      if (!definition.isReadOnly() && !txObject.isNewSession()) {
         FlushMode flushMode = SessionFactoryUtils.getFlushMode(session);
         if (FlushMode.MANUAL.equals(flushMode)) {
            session.setFlushMode(FlushMode.AUTO);
            txObject.getSessionHolder().setPreviousFlushMode(flushMode);
         }
      }

      Transaction hibTx;

      // 超时时间相关处理
      int timeout = determineTimeout(definition);
      if (timeout != TransactionDefinition.TIMEOUT_DEFAULT) {
         hibTx = session.getTransaction();
         hibTx.setTimeout(timeout);
```

```
            hibTx.begin();
        }
        else {
            hibTx = session.beginTransaction();
        }

        txObject.getSessionHolder().setTransaction(hibTx);

        // 链接持有器相关处理
        if (getDataSource() != null) {
            SessionImplementor sessionImpl = (SessionImplementor) session;
            ConnectionHolder conHolder = new ConnectionHolder(() ->
    sessionImpl.connection());
            if (timeout != TransactionDefinition.TIMEOUT_DEFAULT) {
                conHolder.setTimeoutInSeconds(timeout);
            }
            if (logger.isDebugEnabled()) {
                logger.debug("Exposing Hibernate transaction as JDBC [" +
    conHolder.getConnectionHandle() + "]");
            }
            TransactionSynchronizationManager.bindResource(getDataSource(), conHolder);
            txObject.setConnectionHolder(conHolder);
        }

        // 资源绑定
        if (txObject.isNewSessionHolder()) {
            TransactionSynchronizationManager.bindResource(obtainSessionFactory(),
txObject.getSessionHolder());
        }
        // 同步事务标记设置
        txObject.getSessionHolder().setSynchronizedWithTransaction(true);
    }

    catch (Throwable ex) {
        if (txObject.isNewSession()) {
            try {
                if (session != null && session.getTransaction().getStatus() ==
    TransactionStatus.ACTIVE) {
                    session.getTransaction().rollback();
                }
            }
            catch (Throwable ex2) {
                logger.debug("Could not rollback Session after failed transaction begin", ex);
            }
            finally {
                SessionFactoryUtils.closeSession(session);
                txObject.setSessionHolder(null);
            }
        }
```

```
            throw new CannotCreateTransactionException("Could not open Hibernate Session for
transaction", ex);
        }
    }
```

在 doBegin 方法中主要处理流程如下。

（1）事务对象转换，转换目标为 HibernateTransactionObject。

（2）当同时满足如下两个条件时抛出异常。

① 事务对象中包含链接持有器。

② 事务对象中链接持有器的同步事务标记为 false。

（3）为事务对象进行 Session 对象的设置。

（4）获取 Session 对象。

（5）进行链接对象的处理，主要处理操作如下。

① 设置隔离级别。

② 设置只读标记。

③ 设置持久性标记（previousHoldability）。

（6）设置刷新模式和是否只读标记。

（7）进行超时时间相关处理，具体处理操作如下。

① 从 Session 中获取事务对象。

② 为事务对象进行超时时间设置。

③ 开始事务。

（8）进行链接持有器相关处理，具体处理细节如下。

① 通过 Session 创建链接持有器。

② 设置链接持有器的超时时间。

③ 将数据源对象与链接持有器进行关系绑定。

④ 将链接持有器设置给事务对象。

（9）在满足一个新的 Session 条件下进行 Session 工厂和 Session 持有器的关系绑定。

（10）设置同步事务标记为 true。

14.4　总结

本章对 AbstractPlatformTransactionManager 类中的三个子类进行了分析，着重对 CciLocalTransactionManager 类进行了详细分析，在阅读 CciLocalTransactionManager 相关方法实现后再来看其他 AbstractPlatformTransactionManager 的子类会相对轻松，因此对其他两个类主要对成员变量进行说明并对 doBegin 方法进行分析。

第15章

Spring事务处理流程分析

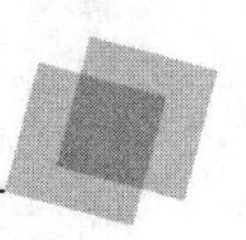

在本章之前对 Spring 事务模块中的各类关键对象进行了分析，但是并没有对它们之间的联合处理进行说明，本章将对 Spring 事务的整体处理流程进行说明。

15.1 Spring 注解模式下事务处理流程

在 Spring 注解模式下关于事务的处理流程首先需要知道实际的操作类是一个动态代理类，关于这个代理对象的信息如图 15.1 所示。

```
bean = {WorkService$$EnhancerBySpringCGLIB$$d2cce8cf@1951} "com.github.source.hot.data.tx.Wor
  CGLIB$BOUND = false
> CGLIB$CALLBACK_0 = {CglibAopProxy$DynamicAdvisedInterceptor@2004}
> CGLIB$CALLBACK_1 = {CglibAopProxy$StaticUnadvisedInterceptor@2005}
> CGLIB$CALLBACK_2 = {CglibAopProxy$SerializableNoOp@2006}
> CGLIB$CALLBACK_3 = {CglibAopProxy$StaticDispatcher@2007}
> CGLIB$CALLBACK_4 = {CglibAopProxy$AdvisedDispatcher@2008}
> CGLIB$CALLBACK_5 = {CglibAopProxy$EqualsInterceptor@2009}
> CGLIB$CALLBACK_6 = {CglibAopProxy$HashCodeInterceptor@2010}
  jdbcTemplate = null
```

图 15.1　带有事务的代理对象

在图 15.1 中分析入口是 CglibAopProxy$DynamicAdvisedInterceptor 对象，在该对象中存在 CglibAopProxy.DynamicAdvisedInterceptor#intercept 方法，该方法用于进行代理对象执行某个方法，核心处理方法代码如下。

```
if (chain.isEmpty() && Modifier.isPublic(method.getModifiers())) {
   Object[] argsToUse = AopProxyUtils.adaptArgumentsIfNecessary(method, args);
   retVal = methodProxy.invoke(target, argsToUse);
}
else {
   retVal = new CglibMethodInvocation(proxy, target, method, args, targetClass, chain,
methodProxy).proceed();
}
```

通常情况下 Spring 注解模式下的事务会进入 else 代码块，在 else 代码块中会创建 Cglib-

MethodInvocation 对象并进行处理方法的调用，处理方法的源头是 org.springframework.aop.framework.ReflectiveMethodInvocation#proceed，该方法的详细代码如下。

```
@Override
@Nullable
public Object proceed() throws Throwable {
   // 判断当前拦截器的索引位置
   if (this.currentInterceptorIndex == this.interceptorsAndDynamicMethodMatchers.size() - 1)
   {
      return invokeJoinpoint();
   }

   // 获取下一个拦截器
   Object interceptorOrInterceptionAdvice =
         this.interceptorsAndDynamicMethodMatchers.get(++this.currentInterceptorIndex);
   // 类型判断
   if (interceptorOrInterceptionAdvice instanceof InterceptorAndDynamicMethodMatcher) {
      InterceptorAndDynamicMethodMatcher dm =
            (InterceptorAndDynamicMethodMatcher) interceptorOrInterceptionAdvice;
      // 代理后类
      Class<?> targetClass = (this.targetClass != null ? this.targetClass :
this.method.getDeclaringClass());
      // 是否匹配
      if (dm.methodMatcher.matches(this.method, targetClass, this.arguments)) {
         // 匹配执行
         return dm.interceptor.invoke(this);
      }
      //  不匹配则跳过进行下一个处理
      else {
         return proceed();
      }
   } else {
      return ((MethodInterceptor) interceptorOrInterceptionAdvice).invoke(this);
   }
}
```

在这段代码中首先需要关注的是 interceptorsAndDynamicMethodMatchers 集合，该集合用于存储 AOP 拦截器，在 Spring 事务模块中关于拦截器的对象是 TransactionInterceptor，由于 TransactionInterceptor 对象并不是 InterceptorAndDynamicMethodMatcher 类型，因此会直接进入 else 代码块中的内容，也就是调用 org.springframework.transaction.interceptor.TransactionInterceptor#invoke 方法，具体处理代码如下。

```
@Override
@Nullable
public Object invoke(MethodInvocation invocation) throws Throwable {
   // 获取目标对象
   Class<?> targetClass = (invocation.getThis() != null ?
AopUtils.getTargetClass(invocation.getThis()) : null);
```

```
  // 带着事务执行
  return invokeWithinTransaction(invocation.getMethod(), targetClass,
invocation::proceed);
}
```

在 invokeWithinTransaction 方法中各个方法的参数如下。

（1）参数 method，表示需要执行的函数。

（2）参数 targetClass，表示目标类。

（3）参数 invocation，表示回调方法。

关于 invokeWithinTransaction 方法的详细代码如下。

```
@Nullable
protected Object invokeWithinTransaction(Method method, @Nullable Class<?> targetClass,
    final InvocationCallback invocation) throws Throwable {

  // 获取事务属性
  TransactionAttributeSource tas = getTransactionAttributeSource();
  // 获取事务属性
  final TransactionAttribute txAttr = (tas != null ? tas
      .getTransactionAttribute(method, targetClass) : null);
  // 确定事务管理器
  final TransactionManager tm = determineTransactionManager(txAttr);

  // 事务管理器是响应式的处理
  if (this.reactiveAdapterRegistry != null && tm instanceof ReactiveTransactionManager) {
    // 从响应式事务缓存中获取响应式事务支持对象
    ReactiveTransactionSupport txSupport = this.transactionSupportCache
        .computeIfAbsent(method, key -> {
          if (KotlinDetector.isKotlinType(method.getDeclaringClass())
              && KotlinDelegate.isSuspend(method)) {
            throw new TransactionUsageException(
                "Unsupported annotated transaction on suspending function detected: "
                    + method +
                    ". Use TransactionalOperator.transactional extensions instead.");
          }
          // 从响应式适配器注册表中获取响应式适配器
          ReactiveAdapter adapter = this.reactiveAdapterRegistry
              .getAdapter(method.getReturnType());
          if (adapter == null) {
            throw new IllegalStateException(
                "Cannot apply reactive transaction to non-reactive return type: "
                    + method.getReturnType());
          }
          return new ReactiveTransactionSupport(adapter);
        });
    // 响应式事务执行方法
    return txSupport.invokeWithinTransaction(
        method, targetClass, invocation, txAttr, (ReactiveTransactionManager) tm);
  }

  // 事务类型转换
  PlatformTransactionManager ptm = asPlatformTransactionManager(tm);
```

```
        // 确定切点
        final String joinpointIdentification = methodIdentification(method, targetClass,
txAttr);

        // 事务属性为空或事务类型不是 CallbackPreferringPlatformTransactionManager
        if (txAttr == null || !(ptm instanceof CallbackPreferringPlatformTransactionManager)) {
            // 创建一个新的事务信息
            TransactionInfo txInfo = createTransactionIfNecessary(ptm, txAttr,
                    joinpointIdentification);

            Object retVal;
            try {
                // 回调方法,本质是执行被事务注解标记的方法
                retVal = invocation.proceedWithInvocation();
            }
            catch (Throwable ex) {
                // 回滚异常
                completeTransactionAfterThrowing(txInfo, ex);
                throw ex;
            }
            finally {
                // 清除事务信息
                cleanupTransactionInfo(txInfo);
            }

            // vavr 相关处理
            if (vavrPresent && VavrDelegate.isVavrTry(retVal)) {
                TransactionStatus status = txInfo.getTransactionStatus();
                if (status != null && txAttr != null) {
                    retVal = VavrDelegate.evaluateTryFailure(retVal, txAttr, status);
                }
            }

            // 提交事务的后置操作
            commitTransactionAfterReturning(txInfo);
            return retVal;
        }
        // 事务管理器是 CallbackPreferringPlatformTransactionManager 时的处理
        else {
            // 异常持有器
            final ThrowableHolder throwableHolder = new ThrowableHolder();

            try {
                // 执行
                Object result = ((CallbackPreferringPlatformTransactionManager) ptm)
                        .execute(txAttr, status -> {
                            // 根据事务属性 + 切点 + 事务状态创建事务属性对象
                            TransactionInfo txInfo = prepareTransactionInfo(ptm, txAttr,
                                    joinpointIdentification, status);
                            try {
                                // 调用实际方法
                                Object retVal = invocation.proceedWithInvocation();
                                // vavr 支持处理
```

```java
                if (vavrPresent && VavrDelegate.isVavrTry(retVal)) {
                    retVal = VavrDelegate
                            .evaluateTryFailure(retVal, txAttr, status);
                }
                return retVal;
            }
            catch (Throwable ex) {
                // 判断是不是需要处理的异常
                if (txAttr.rollbackOn(ex)) {
                    if (ex instanceof RuntimeException) {
                        throw (RuntimeException) ex;
                    }
                    else {
                        throw new ThrowableHolderException(ex);
                    }
                }
                else {
                    // 异常对象设置
                    throwableHolder.throwable = ex;
                    return null;
                }
            }
            finally {
                // 清除事务信息
                cleanupTransactionInfo(txInfo);
            }
        });

    // 如果异常持有器中持有异常则抛出异常
    if (throwableHolder.throwable != null) {
        throw throwableHolder.throwable;
    }
    // 处理结果返回
    return result;
}
catch (ThrowableHolderException ex) {
    throw ex.getCause();
}
catch (TransactionSystemException ex2) {
    if (throwableHolder.throwable != null) {
        logger.error("Application exception overridden by commit exception",
                throwableHolder.throwable);
        ex2.initApplicationException(throwableHolder.throwable);
    }
    throw ex2;
}
catch (Throwable ex2) {
    if (throwableHolder.throwable != null) {
        logger.error("Application exception overridden by commit exception",
                throwableHolder.throwable);
    }
    throw ex2;
}
```

```
    }
}
```

当代码执行到 retVal = invocation.proceedWithInvocation()时会进行回调处理的调用，本质上是调用事务注解标记的方法，在这个方法调用中可能出现异常，当出现异常时进行回滚相关处理。当该方法处理完成后就完成了事务的处理。

15.2　总结

本章主要对 Spring 事务中的注解事务的处理流程进行了分析，主要侧重于被事务注解标注的类经过代理后的类信息，以及在代理类中的一个主要处理线路。

第16章

spring-orm与Hibernate基础分析

从本章开始将进入 spring-orm 相关技术的分析。内容主要包含 spring-orm 与 Hibernate 的使用及关键对象分析。

16.1 spring-orm 与 Hibernate 环境搭建之基于 Spring 注解

本节将通过 Spring 注解模式进行 spring-orm 与 Hibernate 环境搭建。首先需要创建一个与数据库表的映射类，类名为 TUserEntity，具体代码如下。

```
@Entity
@Table(name = "t_user")
public class TUserEntity {
  private Long id;

  private String name;

  @Id
  @GeneratedValue(strategy = GenerationType.IDENTITY)
  @Column(name = "id", nullable = false)
  public Long getId() {
    return id;
  }


  @Basic
  @Column(name = "name", nullable = true, length = 255)
  public String getName() {
    return name;
  }

  public void setName(String name) {
    this.name = name;
  }
```

```
    public void setId(Long id) {
        this.id = id;
    }

    @Override
    public boolean equals(Object o) {
        if (this == o) return true;
        if (o == null || getClass() != o.getClass()) return false;
        TUserEntity that = (TUserEntity) o;
        return Objects.equals(id, that.id) && Objects.equals(name, that.name);
    }

    @Override
    public int hashCode() {
        return Objects.hash(id, name);
    }
}
```

编写完成映射关系对象后下面开始编写 Spring 配置类，类名为 HibernateConf，具体处理代码如下。

```
@Configuration
@EnableTransactionManagement
public class HibernateConf {

    @Bean
    public LocalSessionFactoryBean sessionFactory() {
        LocalSessionFactoryBean sessionFactory = new LocalSessionFactoryBean();
        sessionFactory.setDataSource(dataSource());
        sessionFactory.setPackagesToScan("");
        sessionFactory.setHibernateProperties(hibernateProperties());
        return sessionFactory;
    }

    @Bean
    public DataSource dataSource() {
        BasicDataSource dataSource = new BasicDataSource();
        dataSource.setDriverClassName("");
        dataSource.setUrl("");
        dataSource.setUsername("");
        dataSource.setPassword("");
        return dataSource;
    }

    @Bean
    public PlatformTransactionManager hibernateTransactionManager() {
        HibernateTransactionManager transactionManager
              = new HibernateTransactionManager();
        transactionManager.setSessionFactory(sessionFactory().getObject());
        return transactionManager;
    }
```

```
    private Properties hibernateProperties() {
        Properties hibernateProperties = new Properties();
        hibernateProperties.setProperty(
                "hibernate.hbm2ddl.auto", "update");
        hibernateProperties.setProperty(
                "hibernate.hibernate.hbm2ddl.auto", "update");
        return hibernateProperties;
    }
}
```

在 HibernateConf 类中需要进行一些数据的设置。

（1）在 sessionFactory 方法中需要对 setPackagesToScan 方法进行数据设置，设置的数据是数据库对象与 Java 对象映射关系的存储包路径。

（2）在 dataSource 方法中需要填写数据库驱动名称、数据库连接、数据库用户账号和数据库密码。

（3）在 hibernateProperties 方法中设置与 Hibernate 相关的配置项。

完成上述三个函数中的数据设置后开始编写启动类，具体处理代码如下。

```
@Configuration
@EnableTransactionManagement
@Import(HibernateConf.class)
public class SpringOrmAnnotationDemo {
    public static void main(String[] args) {
        AnnotationConfigApplicationContext context = new
AnnotationConfigApplicationContext(SpringOrmAnnotationDemo.class);
        SessionFactory bean = context.getBean(SessionFactory.class);
        Session session = bean.openSession();
        TUserEntity tUserEntity = session.get(TUserEntity.class, 1L);
        System.out.println();

    }
}
```

至此基于 Spring 注解模式的 spring-orm 与 Hibernate 环境搭建就完成了，下节将基于 SpringXML 模式进行 spring-orm 与 Hibernate 环境搭建。

16.2 spring-orm 与 Hibernate 环境搭建之基于 SpringXML

本节将基于 SpringXML 进行 spring-orm 与 Hibernate 环境搭建，首先进行 SpringXML 配置文件的创建，文件名为 hibernate5Configuration.xml，具体代码如下。

```
<?xml version="1.0" encoding="UTF-8"?>
<beans xmlns:xsi="http://www.w3.org/2001/XMLSchema-instance"
       xmlns="http://www.springframework.org/schema/beans"
       xsi:schemaLocation="http://www.springframework.org/schema/beans http://www.
springframework.org/schema/beans/spring-beans.xsd">

    <bean id="sessionFactory"
          class="org.springframework.orm.hibernate5.LocalSessionFactoryBean">
        <property name="dataSource" ref="dataSource"/>
        <property name="packagesToScan" value=""/>
```

```
    <property name="hibernateProperties">
      <props>
        <prop key="hibernate.hbm2ddl.auto">
          update
        </prop>
        <prop key="hibernate.dialect">
        </prop>
        <prop key="hibernate.hibernate.hbm2ddl.auto">
          update
        </prop>
      </props>
    </property>
  </bean>

  <bean id="dataSource"
      class="org.apache.tomcat.dbcp.dbcp2.BasicDataSource">
    <property name="driverClassName" value=""/>
    <property name="url" value=""/>
    <property name="username" value=""/>
    <property name="password" value=""/>
  </bean>

  <bean id="txManager"
      class="org.springframework.orm.hibernate5.HibernateTransactionManager">
    <property name="sessionFactory" ref="sessionFactory"/>
  </bean>
</beans>
```

在上述代码中存在一些需要开发者填写的内容。

（1）数据库驱动名称（driverClassName）。

（2）数据库连接（url）。

（3）数据库用户名（username）。

（4）数据库密码（password）。

（5）实体扫描路径（packagesToScan）。

（6）Hibernate 方言（hibernate.dialect）。

在填写完成上述内容后再开始编写 SpringXML 启动类，类名为 SpringOrmXMLDemo，具体处理代码如下。

```
public class SpringOrmXMLDemo {
   public static void main(String[] args) {
      ClassPathXmlApplicationContext context = new
ClassPathXmlApplicationContext("hibernate5Configuration.xml");
      SessionFactory bean = context.getBean(SessionFactory.class);
      Session session = bean.openSession();
      TUserEntity tUserEntity = session.get(TUserEntity.class, 1L);
      System.out.println();
   }

}
```

至此基于 SpringXML 模式搭建 spring-orm 和 Hibernate 的环境搭建完成。

16.3 LocalSessionFactoryBean 类分析

本节将对 LocalSessionFactoryBean 类进行分析，从前面搭建 spring-orm 和 Hibernate 环境阶段中可以发现，LocalSessionFactoryBean 类主要用于生成 Hibernate 框架中的 Session 和提供 SessionFactory 的实现。关于 LocalSessionFactoryBean 类的定义代码如下。

```
public class LocalSessionFactoryBean extends HibernateExceptionTranslator
		implements FactoryBean<SessionFactory>, ResourceLoaderAware, BeanFactoryAware,
InitializingBean, DisposableBean {}
```

从 LocalSessionFactoryBean 类的定义中可以发现它实现了多个 Spring 中的接口，本节主要对 FactoryBean 和 InitializingBean 接口的实现方法进行分析。首先对 InitializingBean 接口的实现方法进行分析，在 afterPropertiesSet 方法中主要是将成员变量赋值给 LocalSessionFactoryBuilder 对象，并通过该对象构建出 SessionFactory 对象。关于 LocalSessionFactoryBean 类中的各个成员变量说明见表 16.1 所示的 LocalSessionFactoryBean 成员变量。

表 16.1　LocalSessionFactoryBean 成员变量

变 量 名 称	变 量 类 型	变 量 含 义
dataSource	DataSource	数据源
configLocations	Resource[]	配置资源集合
mappingResources	Resource[]	映射资源集合
mappingLocations	Resource[]	映射资源集合
cacheableMappingLocations	Resource[]	缓存的映射资源集合
mappingJarLocations	Resource[]	映射资源集合，主要用于 jar
mappingDirectoryLocations	Resource[]	映射资源集合，主要用于文件夹
entityInterceptor	Interceptor	实体拦截器
implicitNamingStrategy	ImplicitNamingStrategy	隐式命名策略类
physicalNamingStrategy	PhysicalNamingStrategy	显式命名策略
jtaTransactionManager	Object	事务管理器
cacheRegionFactory	RegionFactory	缓存工厂
multiTenantConnectionProvider	MultiTenantConnectionProvider	多租户的连接器
currentTenantIdentifierResolver	CurrentTenantIdentifierResolver	当前租户的解析器
hibernateProperties	Properties	Hibernate 属性表
entityTypeFilters	TypeFilter[]	实体类型过滤器
annotatedClasses	Class<?>[]	注解类列表
annotatedPackages	String[]	注解包路径
packagesToScan	String[]	扫描路径
bootstrapExecutor	AsyncTaskExecutor	执行器
hibernateIntegrators	Integrator[]	Hibernate 拦截器

续表

变 量 名 称	变 量 类 型	变 量 含 义
metadataSourcesAccessed	boolean	
metadataSources	MetadataSources	元数据源
resourcePatternResolver	ResourcePatternResolver	资源解析器
beanFactory	ConfigurableListableBeanFactory	Bean 工厂
configuration	Configuration	配置对象
sessionFactory	SessionFactory	Session 工厂

在这些成员变量中有大量的成员变量对生成 SessionFactory 变量提供帮助，具体代码如下。

```
@Override
public void afterPropertiesSet() throws IOException {
   if (this.metadataSources != null && !this.metadataSourcesAccessed) {
      this.metadataSources = null;
   }

   // 创建本地 Session 工厂构造器
   LocalSessionFactoryBuilder sfb = new LocalSessionFactoryBuilder(
         this.dataSource, getResourceLoader(), getMetadataSources());

   // 配置资源
   if (this.configLocations != null) {
      for (Resource resource : this.configLocations) {
         sfb.configure(resource.getURL());
      }
   }

   // 映射资源
   if (this.mappingResources != null) {
      for (String mapping : this.mappingResources) {
         Resource mr = new ClassPathResource(mapping.trim(),
getResourceLoader().getClassLoader());
         sfb.addInputStream(mr.getInputStream());
      }
   }

   if (this.mappingLocations != null) {
      for (Resource resource : this.mappingLocations) {
         sfb.addInputStream(resource.getInputStream());
      }
   }

   if (this.cacheableMappingLocations != null) {
      for (Resource resource : this.cacheableMappingLocations) {
         sfb.addCacheableFile(resource.getFile());
      }
   }
```

```
    if (this.mappingJarLocations != null) {
      for (Resource resource : this.mappingJarLocations) {
        sfb.addJar(resource.getFile());
      }
    }

    if (this.mappingDirectoryLocations != null) {
      for (Resource resource : this.mappingDirectoryLocations) {
        File file = resource.getFile();
        if (!file.isDirectory()) {
          throw new IllegalArgumentException(
                "Mapping directory location [" + resource + "] does not denote a
directory");
        }
        sfb.addDirectory(file);
      }
    }

    if (this.entityInterceptor != null) {
      sfb.setInterceptor(this.entityInterceptor);
    }

    if (this.implicitNamingStrategy != null) {
      sfb.setImplicitNamingStrategy(this.implicitNamingStrategy);
    }

    if (this.physicalNamingStrategy != null) {
      sfb.setPhysicalNamingStrategy(this.physicalNamingStrategy);
    }

    if (this.jtaTransactionManager != null) {
      sfb.setJtaTransactionManager(this.jtaTransactionManager);
    }

    if (this.beanFactory != null) {
      sfb.setBeanContainer(this.beanFactory);
    }

    if (this.cacheRegionFactory != null) {
      sfb.setCacheRegionFactory(this.cacheRegionFactory);
    }

    if (this.multiTenantConnectionProvider != null) {
      sfb.setMultiTenantConnectionProvider(this.multiTenantConnectionProvider);
    }

    if (this.currentTenantIdentifierResolver != null) {
      sfb.setCurrentTenantIdentifierResolver(this.currentTenantIdentifierResolver);
    }
```

```
        if (this.hibernateProperties != null) {
            sfb.addProperties(this.hibernateProperties);
        }

        if (this.entityTypeFilters != null) {
            sfb.setEntityTypeFilters(this.entityTypeFilters);
        }

        if (this.annotatedClasses != null) {
            sfb.addAnnotatedClasses(this.annotatedClasses);
        }

        if (this.annotatedPackages != null) {
            sfb.addPackages(this.annotatedPackages);
        }

        if (this.packagesToScan != null) {
            sfb.scanPackages(this.packagesToScan);
        }

        this.configuration = sfb;
        this.sessionFactory = buildSessionFactory(sfb);
    }
```

最后来看 FactoryBean 接口的实现代码。

```
    @Override
    @Nullable
    public SessionFactory getObject() {
        return this.sessionFactory;
    }

    @Override
    public Class<?> getObjectType() {
        return (this.sessionFactory != null ? this.sessionFactory.getClass() : SessionFactory
.class);
    }

    @Override
    public boolean isSingleton() {
        return true;
    }
```

上述这段代码配合 “SessionFactory bean = context.getBean(SessionFactory.class);” 代码就可以从容器中获取 SessionFactory 对象。

16.4　初识 HibernateTemplate 类

本节将简单介绍 HibernateTemplate 类，在 spring-orm 模块中对于该类的定义代码如下。

```
public class HibernateTemplate implements HibernateOperations, InitializingBean {}
```

从 HibernateTemplate 定义中可以发现它实现了两个接口。

（1）接口 HibernateOperations，定义了 Hibernate 的各类操作方法。

（2）接口 InitializingBean，定义了在设置属性之后需要执行的行为。

下面对 HibernateOperations 接口进行分析，对于该接口主要认识各个方法的处理作用。关于 HibernateOperations 的方法可以分为如下几类。

（1）方法 execute，用于执行 HibernateCallback 接口，可以理解为执行一个 SQL 语句。

（2）方法 get，用于获取 ID 对应的实体，可以理解为 byId 查询。

（3）方法 load，用于获取 ID 对应的实体，可以理解为 byId 查询。该方法和 get 方法的区别是 load 方法在搜索失败时会抛出异常，而 get 方法会返回 null。

（4）方法 refresh，用于刷新给定实体。

（5）方法 contains，用于判断实体是否在缓存中。

（6）方法 evict，用于从缓存中删除实体。

（7）方法 initialize，用于强制初始化 Hibernate 代理或持久集合。

（8）方法 initialize，作用是根据给定的过滤器名称返回过滤器对象。

（9）方法 lock，用于上锁实体。

（10）方法 save，用于将实体保存到数据库。

（11）方法 update，用于将实体更新到数据库。

（12）方法 saveOrUpdate，用于保存或更新数据库。

（13）方法 replicate，将根据给定的复制模式进行实体替换。

（14）方法 persist，用于保存持久化对象，该方法和 save 方法的作用类似，与 save 方法的差异是 persist 方法适用于长会话流程。

（15）方法 merge，会将给定的对象状态复制到具有相同标记的持久化对象。

（16）方法 delete，根据给定实体在数据库中进行删除操作。

（17）方法 flush，会将挂起的操作（保存、更新和删除）推送到数据库。

（18）方法 clear，从缓存中删除所有对象，并取消所有挂起的保存、更新和删除。

（19）方法 findByCriteria，将根据 DetachedCriteria 对象进行数据库查询。

（20）方法 findByExample，将根据给定的实体例子进行数据库查询。

（21）方法 find，将根据 HQL 语句和参数进行数据库查询。

（22）方法 findByNamedParam，将执行 HQL 语句并且将参数进行替换，替换的内容是查询条件。

（23）方法 findByValueBean，用于执行 HQL 查询，将给定 bean 的属性绑定到查询字符串中的命名参数中。

（24）方法 iterate，用于执行 HQL 查询，返回的是迭代器对象。

（25）方法 closeIterator，用于关闭指定的迭代器对象。

（26）方法 bulkUpdate，用于执行给定的 HQL 语句。

对于 HibernateOperations 接口的方法介绍到此结束，下面将对 HibernateTemplate 的成员变量进行说明，具体如表 16.2 所示。

表 16.2　HibernateTemplate 成员变量

变 量 名 称	变 量 类 型	变 量 含 义
createQueryMethod	Method	创建查询的函数
getNamedQueryMethod	Method	获取查询名称的函数
sessionFactory	SessionFactory	Session 工厂
filterNames	String[]	Hibernate 过滤器名称
exposeNativeSession	boolean	是否是本地 Session
checkWriteOperations	boolean	是否需要在写操作的情况下检查 Session 是否处于只读模式
cacheQueries	boolean	是否缓存此模板执行的所有查询
queryCacheRegion	String	模板执行的查询的缓存区域的名称
fetchSize	int	提取大小
maxResults	int	最大返回值数量

16.5　doExecute 方法分析

本节将对 doExecute 方法进行分析，在 HibernateTemplate 类中该方法是一个十分重要的方法，在 HibernateTemplate 类中各类处理方法都需要依赖该方法进行处理。首先证明 doExecute 方法的重要程度，先查看 execute 方法，具体处理代码如下。

```
@Override
@Nullable
public <T> T execute(HibernateCallback<T> action) throws DataAccessException {
  return doExecute(action, false);
}
```

从上述代码中可以发现在 execute 方法中调用了 doExecute 方法。executeWithNativeSession 方法的详细代码如下。

```
public <T> T executeWithNativeSession(HibernateCallback<T> action) {
  return doExecute(action, true);
}
```

在 executeWithNativeSession 方法中调用了 doExecute 方法。查看 get 方法，具体处理代码如下。

```
@Override
@Nullable
public <T> T get(final Class<T> entityClass, final Serializable id, @Nullable final
LockMode lockMode)
      throws DataAccessException {

   return executeWithNativeSession(session -> {
      if (lockMode != null) {
         return session.get(entityClass, id, new LockOptions(lockMode));
      }
      else {
```

```
            return session.get(entityClass, id);
        }
    });
}
```

在 get 方法中调用了 executeWithNativeSession 方法，在 executeWithNativeSession 方法中又调用了 doExecute 方法，在 HibernateTemplate 方法表中读者对比后可以发现 doExecute 方法十分重要，下面将对该方法进行分析，具体处理代码如下。

```
@SuppressWarnings("deprecation")
@Nullable
protected <T> T doExecute(HibernateCallback<T> action, boolean enforceNativeSession)
throws DataAccessException {
    Assert.notNull(action, "Callback object must not be null");

    // Hibernate Session 对象
    Session session = null;
    // 是否是一个新的 Session
    boolean isNew = false;
    try {
        // 从 Session 工厂中获取 Session 对象
        session = obtainSessionFactory().getCurrentSession();
    }
    catch (HibernateException ex) {
        logger.debug("Could not retrieve pre-bound Hibernate session", ex);
    }
    // 经过 Session 工厂打开 Session 对象
    if (session == null) {
        session = obtainSessionFactory().openSession();
        // 设置推送模式
        session.setFlushMode(FlushMode.MANUAL);
        // 将是否是新的 Session 标记设置为 true
        isNew = true;
    }

    try {
        // 应用 Session 过滤器
        enableFilters(session);
        //  确定 Session 对象，主要是进行代理对象的创建
        Session sessionToExpose =
                (enforceNativeSession || isExposeNativeSession() ? session :
    createSessionProxy(session));
        // 回调执行
        return action.doInHibernate(sessionToExpose);
    }
    catch (HibernateException ex) {
        // 异常转换
        throw SessionFactoryUtils.convertHibernateAccessException(ex);
    }
    catch (PersistenceException ex) {
        if (ex.getCause() instanceof HibernateException) {
            // 异常转换
            throw SessionFactoryUtils.convertHibernateAccessException((HibernateException)
ex.getCause());
        }
        throw ex;
    }
```

```
    catch (RuntimeException ex) {
      throw ex;
    }
    finally {
      // 如果是新 Session
      if (isNew) {
        // 关闭 Session
        SessionFactoryUtils.closeSession(session);
      }
      else {
        // 摧毁应用的过滤器
        disableFilters(session);
      }
    }
  }
```

在 doExecute 方法中主要处理流程如下。

（1）从 Session 工厂中获取当前的 Session 对象。

（2）在第（1）步获取 Session 对象时获取的 Session 为空将进行如下操作。

① 通过 Session 工厂打开一个 Session 对象。

② 设置 Session 的推送模式为 FlushMode.MANUAL。

③ 将是否是一个新的 Session 标记设置为 true。

（3）将成员变量 filterNames（过滤器名称）应用给 Session 对象。

（4）确定 Session 对象，这里确定 Session 对象会使用到 enforceNativeSession 变量和 isExposeNativeSession 方法，当 enforceNativeSession 变量和 isExposeNativeSession 方法的执行结果有一个为 true 时会直接返回 Session，反之则通过代理创建 Session 对象。

（5）执行参数 HibernateCallback 中的 doInHibernate 方法。

在步骤第（3）~（5）步是可能存在异常的，当出现异常时会进行下面两种操作。

（1）类型是 HibernateException 的情况下进行类型异常转换后抛出异常。

（2）类型不是 HibernateException 的情况下抛出异常。

在上述处理完成后会进行是否是新 Session 的判断，具体细节如下。

（1）当是一个新的 Session 时会通过 SessionFactoryUtils 类关闭 Session 对象。

（2）当不是一个新的 Session 时会将已经应用的过滤器名称从 Session 对象中移除。

在 doExecute 方法中主要目标是执行 HibernateCallback 接口中的 doInHibernate 方法，并且确认 doInHibernate 方法的 Session 对象。

16.6　总结

在本章对 spring-orm 技术的使用指出了两种环境搭建方式：第一种是基于 Spring 注解模式；第二种是基于 SpringXML 模式。在本章中还对 SessionFactory 的生成类 LocalSessionFactoryBean 进行了分析，主要围绕对象的组成以及内部实现进行说明。本章还对 spring-orm 中 HibernateTemplate 类进行了分析，对 HibernateTemplate 类的 HibernateOperations（Hibernate 操作）接口进行了方法说明，在对 HibernateOperations 接口说明后对 HibernateTemplate 类的成员变量进行了说明，最后对 HibernateTemplate 的 doExecute 方法进行了详细分析。

第17章

spring-orm模块中Hibernate框架的重点类分析

本章将对 spring-orm 模块中关于 Hibernate 框架的重点类进行分析，主要分析目标如下。

（1）OpenSessionInViewInterceptor。Spring Web 请求拦截器，将 Hibernate Session 绑定到线程中用于整个请求的处理。

（2）HibernateDaoSupport。基于 HibernateTemplate 封装的数据库便捷操作类。

（3）OpenSessionInterceptor。AOP 类，用于进行 Hibernate Session 拦截。

（4）OpenSessionInViewFilter。Servlet 过滤器，将 Hibernate Session 绑定到线程中。

（5）SessionHolder。Hibernate Session 持有器。

（6）SpringBeanContainer。spring-orm 模块中基于 Hibernate 的 BeanContainer 接口进行的实现。

（7）SpringSessionContext。spring-orm 模块中基于 Hibernate 的 CurrentSessionContext 接口进行的实现。

17.1 OpenSessionInViewInterceptor 类分析

本节将对 OpenSessionInViewInterceptor 类进行分析，关于该类的定义代码如下。

```
public class OpenSessionInViewInterceptor implements AsyncWebRequestInterceptor {}
```

在 OpenSessionInViewInterceptor 对象中有一个关键的成员变量，它是 SessionFactory（Hibernate Session 工厂），主要用于生成 Session 对象，在该对象中需要关注的方法有如下三个。

（1）preHandle。在调用之前拦截请求处理程序的执行。

（2）afterCompletion。请求处理完成后的回调，即渲染视图后执行。该方法会在 preHandle 之后执行。

（3）postHandle。在调用之后拦截请求处理程序的执行。

在上述三个方法中 postHandle 方法的实现是空实现，因此主要对 preHandle 方法和 afterCompletion 方法进行分析。首先对 preHandle 方法进行分析，具体处理代码如下。

```java
@Override
public void preHandle(WebRequest request) throws DataAccessException {
   // 获取 key,key 的组装方式是 SessionFactory.toString + .PARTICIPATE
   String key = getParticipateAttributeName();
   // 获取异步管理器
   WebAsyncManager asyncManager = WebAsyncUtils.getAsyncManager(request);
   // 存在结果，并且绑定成功
   if (asyncManager.hasConcurrentResult() &&
applySessionBindingInterceptor(asyncManager, key)) {
      return;
   }

   // 事务管理器中存在当前 Session 工厂对应的资源
   if (TransactionSynchronizationManager.hasResource(obtainSessionFactory())) {
      // 获取 count 属性
      Integer count = (Integer) request.getAttribute(key, WebRequest.SCOPE_REQUEST);
      // 确定 count 的具体数据
      int newCount = (count != null ? count + 1 : 1);
      // 设置 count 数据给 request
      request.setAttribute(getParticipateAttributeName(), newCount,
WebRequest.SCOPE_REQUEST);
   }
   else {
      logger.debug("Opening Hibernate Session in OpenSessionInViewInterceptor");
      // 开启 Session
      Session session = openSession();
      // 创建 Session 持有器
      SessionHolder sessionHolder = new SessionHolder(session);
      // 进行资源绑定
      TransactionSynchronizationManager.bindResource(obtainSessionFactory(),
sessionHolder);

      // 创建请求拦截器
      AsyncRequestInterceptor asyncRequestInterceptor =
            new AsyncRequestInterceptor(obtainSessionFactory(), sessionHolder);
      // 网络管理器进行注册
      asyncManager.registerCallableInterceptor(key, asyncRequestInterceptor);
      asyncManager.registerDeferredResultInterceptor(key, asyncRequestInterceptor);
   }
}
```

在 preHandle 方法中主要处理流程如下。

（1）获取 key，key 的组装方式是 SessionFactory 接口的实现类执行 toString 方法+".PARTICIPATE"。

（2）获取异步管理器。

（3）判断下面两个条件，如果同时满足则结束处理。

① 异步管理器中存在返回值。

② 方法 applySessionBindingInterceptor 执行结果为 true。

（4）当事务管理器中存在 SessionFactory 对应的资源时会进行如下操作。

① 从请求中获取 key 对应的数据。

② 确定 key 对应的具体数据。

③ 将确定的 key 数据设置给 request 对象。

（5）当事务管理器中不存在 SessionFactory 对应的资源时会进行如下操作。

① 开启一个 Session 对象。

② 创建 Session 对象持有器。

③ 将 SessionFactory 对象和 Session 对象持有器进行资源绑定。

④ 创建请求拦截器。

⑤ 通过异步管理器进行 key 和 CallableProcessingInterceptor 接口的注册。

⑥ 通过异步管理器进行 key 和 DeferredResultProcessingInterceptor 接口的注册。

接下来对 afterCompletion 方法进行分析，具体处理代码如下。

```
@Override
public void afterCompletion(WebRequest request, @Nullable Exception ex) throws
DataAccessException {
   // 减少计数项
   if (!decrementParticipateCount(request)) {
      // 获取 Session 持有对象
      SessionHolder sessionHolder =
            (SessionHolder) TransactionSynchronizationManager.unbindResource
(obtainSessionFactory());
      logger.debug("Closing Hibernate Session in OpenSessionInViewInterceptor");
      // 关闭 Session
      SessionFactoryUtils.closeSession(sessionHolder.getSession());
   }
}
```

在 afterCompletion 方法中主要处理流程如下。

（1）从请求中进行计数器减一操作，在操作成功后会进行如下操作。

① 从事务管理器中获取 SessionFactory 对应的资源（Session 对象持有器）。

② 关闭 Session 对象持有器中的 Session。

在上述操作流程中需要注意 decrementParticipateCount 方法的处理细节，具体代码如下。

```
private boolean decrementParticipateCount(WebRequest request) {
   // 获取 key
   String participateAttributeName = getParticipateAttributeName();
   // 获取 count 属性
   Integer count = (Integer) request.getAttribute(participateAttributeName,
WebRequest.SCOPE_REQUEST);
   // 为空则返回 false
   if (count == null) {
      return false;
   }
   // 大于 1 时的处理
   if (count > 1) {
      request.setAttribute(participateAttributeName, count - 1,
WebRequest.SCOPE_REQUEST);
   }
   else {
      request.removeAttribute(participateAttributeName, WebRequest.SCOPE_REQUEST);
```

```
    }
    return true;
}
```

在 decrementParticipateCount 方法中主要操作流程如下。

（1）获取 key，key 的组装方式是 SessionFactory 接口的实现类 toString+".PARTICIPATE"。

（2）从请求中获取 key 对应的数据，如果 key 对应的数据为 null 则返回 false，反之返回 true。

（3）当 key 对应的数据值大于 1 时会进行减 1 操作并进行重新设置。

（4）当 key 对应的数据值不大于 1 时会进行移除属性操作。

在 decrementParticipateCount 方法中处理的 key 对应数据值是通过 preHandle 方法进行设置的，这两个方法存在调用顺序，先调用 preHandle 再调用 decrementParticipateCount。至此对于 OpenSessionInViewInterceptor 对象的分析完成，17.2 节将对 HibernateDaoSupport 类进行分析。

17.2　HibernateDaoSupport 类分析

本节将对 HibernateDaoSupport 类进行分析，关于该对象的定义代码如下。

```
public abstract class HibernateDaoSupport extends DaoSupport {}
```

在 HibernateDaoSupport 类中存在一个成员变量 hibernateTemplate，除此之外没有其他成员变量。该成员变量提供了基于 SessionFactory 的设置方式，具体处理代码如下。

```
public final void setSessionFactory(SessionFactory sessionFactory) {
    if (this.hibernateTemplate == null || sessionFactory !=
this.hibernateTemplate.getSessionFactory()) {
        this.hibernateTemplate = createHibernateTemplate(sessionFactory);
    }
}
```

在 setSessionFactory 方法中会通过 SessionFactory 创建 HibernateTemplate 类，并将其设置为成员变量。同时也允许直接将 HibernateTemplate 类设置为成员变量 hibernateTemplate，具体处理代码如下。

```
public final void setHibernateTemplate(@Nullable HibernateTemplate hibernateTemplate) {
    this.hibernateTemplate = hibernateTemplate;
}
```

在 HibernateDaoSupport 类中用 checkDaoConfig 方法检查成员变量 hibernateTemplate 是否为空，详细处理代码如下。

```
@Override
protected final void checkDaoConfig() {
    if (this.hibernateTemplate == null) {
        throw new IllegalArgumentException("'sessionFactory' or 'hibernateTemplate' is
required");
    }
}
```

至此关于 HibernateDaoSupport 类的分析完成，17.3 节将对 OpenSessionInterceptor 类进行分析。

17.3 OpenSessionInterceptor 类分析

本节将对 OpenSessionInterceptor 类进行分析，关于 OpenSessionInterceptor 对象的定义代码如下。

```
public class OpenSessionInterceptor implements MethodInterceptor, InitializingBean {}
```

从定义代码中可以发现它实现了 MethodInterceptor 接口和 InitializingBean 接口，在 InitializingBean 接口的实现方法中会对成员变量 sessionFactory 进行校验，如果成员变量 sessionFactory 为空则会抛出异常，具体处理代码如下。

```
@Override
public void afterPropertiesSet() {
   if (getSessionFactory() == null) {
      throw new IllegalArgumentException("Property 'sessionFactory' is required");
   }
}
```

在 OpenSessionInterceptor 类中更多地需要关注 MethodInterceptor 接口的实现过程，具体处理代码如下。

```
@Override
public Object invoke(MethodInvocation invocation) throws Throwable {
   // 获取 Session 工厂
   SessionFactory sf = getSessionFactory();
   Assert.state(sf != null, "No SessionFactory set");

   // 判断 Session 工厂是否存在对应资源
   // 不存在的情况下处理
   if (!TransactionSynchronizationManager.hasResource(sf)) {
      // 打开 Session
      Session session = openSession(sf);
      try {
         // 进行资源绑定
         TransactionSynchronizationManager.bindResource(sf, new
SessionHolder(session));
         // 执行方法
         return invocation.proceed();
      }
      finally {
         // 关闭 Session
         SessionFactoryUtils.closeSession(session);
         // 解绑资源
         TransactionSynchronizationManager.unbindResource(sf);
      }
   }
   // 存在的情况下处理
   else {
      // 方法处理
      return invocation.proceed();
   }
}
```

在 invoke 方法中主要处理流程如下。

（1）获取 Session 工厂。

（2）判断 Session 工厂是否在事务管理器中存在对应的资源，并进行如下处理。

① 通过 Session 工厂打开 Session 对象。

② 创建 Session 对象持有器，将 Session 工厂和 Session 对象持有器进行绑定。

③ 执行参数 MethodInvocation 对象的 proceed 方法。

④ 关闭 Session 对象。

⑤ 将 Session 工厂对应的资源进行解绑操作。

（3）判断 Session 工厂是否在事务管理器中不存在对应的资源，并进行如下处理：执行参数 MethodInvocation 对象的 proceed 方法。

至此关于 OpenSessionInterceptor 类的分析完成，17.4 节将对 OpenSessionInViewFilter 类进行分析。

17.4　OpenSessionInViewFilter 类分析

本节将对 OpenSessionInViewFilter 类进行分析，关于该类的定义代码如下。

```
public class OpenSessionInViewFilter extends OncePerRequestFilter {}
```

在 OpenSessionInViewFilter 的定义代码中可以发现，它继承了 OncePerRequestFilter，在继承该对象后需要分析的方法就很明确，这个方法是 doFilterInternal，具体处理代码如下。

```
@Override
protected void doFilterInternal(
    HttpServletRequest request, HttpServletResponse response, FilterChain filterChain)
    throws ServletException, IOException {

  // 从容器中获取 Session 工厂
  SessionFactory sessionFactory = lookupSessionFactory(request);
  boolean participate = false;


  // 获取异步管理器
  WebAsyncManager asyncManager = WebAsyncUtils.getAsyncManager(request);
  // 获取属性 key
  String key = getAlreadyFilteredAttributeName();

  // Session 工厂存在对应的资源
  if (TransactionSynchronizationManager.hasResource(sessionFactory)) {
    participate = true;
  }
  // Session 工厂不存在对应的资源
  else {
    // 是否为异步请求
    boolean isFirstRequest = !isAsyncDispatch(request);
    if (isFirstRequest || !applySessionBindingInterceptor(asyncManager, key)) {
      logger.debug("Opening Hibernate Session in OpenSessionInViewFilter");
      // 打开 Session
      Session session = openSession(sessionFactory);
```

```
            // 创建 Session 持有器
            SessionHolder sessionHolder = new SessionHolder(session);
            // 进行资源绑定
            TransactionSynchronizationManager.bindResource(sessionFactory, sessionHolder);

            AsyncRequestInterceptor interceptor = new
      AsyncRequestInterceptor(sessionFactory, sessionHolder);
            // 进行注册操作
            asyncManager.registerCallableInterceptor(key, interceptor);
            asyncManager.registerDeferredResultInterceptor(key, interceptor);
         }
      }

      try {
         // 过滤链对象向下执行
         filterChain.doFilter(request, response);
      }

      finally {
         if (!participate) {
            // 解绑 sessionFactory 对应的资源
            SessionHolder sessionHolder =
                  (SessionHolder) TransactionSynchronizationManager.unbindResource
(sessionFactory);
            if (!isAsyncStarted(request)) {
               logger.debug("Closing Hibernate Session in OpenSessionInViewFilter");
               // 关闭 Session 对象
               SessionFactoryUtils.closeSession(sessionHolder.getSession());
            }
         }
      }
   }
```

在 doFilterInternal 方法中主要处理流程如下。

（1）从容器中获取 Session 工厂。

（2）获取异步请求管理器。

（3）获取属性 key，属性 key 的获取方式有如下两种。

① 拦截器名称+".FILTERED"。

② 类名+".FILTERED"。

（4）判断 Session 工厂是否在事务管理器中存在对应资源，如果存在会将 participate 标记设置为 true。

（5）当 Session 工厂在事务管理器中不存在对应资源时将进行如下操作。

① 判断是否是异步请求。

② 判断是否异步请求管理器和 key 是否绑定。

③ 在上述两个条件满足一个的情况下再进行如下操作。

a. 开启 Session 对象。

b. 创建 Session 对象持有器。

c. 将 Session 工厂和 Session 对象持有器进行关系绑定。

d. 进行注册操作，注册 CallableProcessingInterceptor 和 DeferredResultProcessingInterceptor。

（6）过滤器链向下执行。

（7）判断 participate 是否为真，如果为真则进行如下操作。

① 解绑 Session 工厂对应的数据，解绑数据是 Session 对象持有器。

② 判断请求是否是异步请求开始的。如果不是则进行关闭 Session 操作。

关于 OpenSessionInViewFilter 类的分析完成，17.5 节将对 SessionHolder 类进行分析。

17.5 SessionHolder 类分析

本节将对 SessionHolder 类进行分析，关于该对象的定义代码如下。

public class SessionHolder extends EntityManagerHolder {}

从 SessionHolder 类的定义中可以发现它继承了 EntityManagerHolder 类，对于 SessionHolder 的分析需要先对 EntityManagerHolder 进行说明，关于 EntityManagerHolder 类的成员变量说明见表 17.1 所示的 EntityManagerHolder 成员变量。

表 17.1 EntityManagerHolder 成员变量

变量名称	变量类型	变量含义
entityManager	EntityManager	实体管理器
transactionActive	boolean	事务是否处于活跃状态
savepointManager	SavepointManager	保存点管理器

EntityManagerHolder 作为实体管理器持有类主要用于持有 EntityManager 类，下面对 SessionHolder 类的成员变量进行说明，详细见表 17.2 所示的 SessionHolder 成员变量。

表 17.2 SessionHolder 成员变量

变量名称	变量类型	变量含义
session	Session	Session 对象
transaction	Transaction	事务对象
previousFlushMode	FlushMode	刷新方式

对于 SessionHolder 类的分析主要是围绕成员变量进行说明，在方法层面的处理操作比较简单，在此不做详细分析。至此对于 SessionHolder 类的分析完成，17.6 节将对 SpringBeanContainer 类进行分析。

17.6 SpringBeanContainer 类分析

本节将对 SpringBeanContainer 类进行分析，在该类中首先需要关注两个创建 SpringContainedBean 的方法，这里先查看第一个创建 SpringContainedBean 的方法，具体处理代码如下。

```
private SpringContainedBean<?> createBean(
    Class<?> beanType, LifecycleOptions lifecycleOptions, BeanInstanceProducer
fallbackProducer) {
```

```
    try {

        if (lifecycleOptions.useJpaCompliantCreation()) {
            return new SpringContainedBean<>(
                    this.beanFactory.createBean(beanType, AutowireCapableBeanFactory.AUTOWIRE_
CONSTRUCTOR, false),
                    this.beanFactory::destroyBean);
        }
        else {
            return new SpringContainedBean<>(this.beanFactory.getBean(beanType));
        }
    }
    catch (BeansException ex) {
        if (logger.isDebugEnabled()) {
            logger.debug("Falling back to Hibernate's default producer after bean creation
failure for " + beanType + ": " + ex);
        }
        try {
            return new
    SpringContainedBean<>(fallbackProducer.produceBeanInstance(beanType));
        }
        catch (RuntimeException ex2) {
            if (ex instanceof BeanCreationException) {
                if (logger.isDebugEnabled()) {
                    logger.debug("Fallback producer failed for " + beanType + ": " + ex2);
                }
                // Rethrow original Spring exception from first attempt
                throw ex;
            }
            else {
                // Throw fallback producer exception since original was probably
                // NoSuchBeanDefinitionException
                throw ex2;
            }
        }
    }
}
```

在上述方法中关于 SpringContainedBean 的创建提出了如下三种方式。

（1）通过 BeanFactory 的 createBean 方法配合构造函数进行创建。

（2）通过 BeanFactory 的 getBean 方法配合构造函数进行创建。

（3）通过 BeanInstanceProducer 接口的 produceBeanInstance 方法配合构造函数进行创建。

接下来查看第二个创建 SpringContainedBean 的方法，具体处理代码如下。

```
private SpringContainedBean<?> createBean(
    String name, Class<?> beanType, LifecycleOptions lifecycleOptions,
BeanInstanceProducer fallbackProducer) {

    try {
        if (lifecycleOptions.useJpaCompliantCreation()) {
            Object bean = this.beanFactory.autowire(beanType,
```

```
AutowireCapableBeanFactory.AUTOWIRE_CONSTRUCTOR, false);
            this.beanFactory.autowireBeanProperties(bean, AutowireCapableBeanFactory
.AUTOWIRE_NO, false);
            this.beanFactory.applyBeanPropertyValues(bean, name);
            bean = this.beanFactory.initializeBean(bean, name);
            return new SpringContainedBean<>(bean, beanInstance ->
    this.beanFactory.destroyBean(name, beanInstance));
         }
         else {
            return new SpringContainedBean<>(this.beanFactory.getBean(name, beanType));
         }
      }
      catch (BeansException ex) {
         if (logger.isDebugEnabled()) {
            logger.debug("Falling back to Hibernate's default producer after bean creation
failure for " + beanType + " with name '" + name + "': " + ex);
         }
         try {
            return new SpringContainedBean<>(fallbackProducer.produceBeanInstance(name,
beanType));
         }
         catch (RuntimeException ex2) {
            if (ex instanceof BeanCreationException) {
               if (logger.isDebugEnabled()) {
                  logger.debug("Fallback producer failed for " + beanType + " with name
'" + name + "': " + ex2);
               }
               // Rethrow original Spring exception from first attempt
               throw ex;
            }
            else {
               // Throw fallback producer exception since original was probably
               // NoSuchBeanDefinitionException
               throw ex2;
            }
         }
      }
   }
```

在上述方法中关于 SpringContainedBean 的创建提出了如下三种方式。

（1）通过 BeanFactory 的 autowire 方法创建 Bean 实例，通过设置属性的 autowireBeanProperties 方法和 applyBeanPropertyValues 设置数据，最后通过 initializeBean 完整初始化 Bean。

（2）通过 BeanFactory 的 getBean 方法配合构造函数进行创建。

（3）通过 BeanInstanceProducer 接口的 produceBeanInstance 方法配合构造函数进行创建。

最后对 SpringBeanContainer 类向外提供的 getBean 方法进行分析，具体处理代码如下。

```
@Override
@SuppressWarnings("unchecked")
public <B> ContainedBean<B> getBean(
      Class<B> beanType, LifecycleOptions lifecycleOptions, BeanInstanceProducer
fallbackProducer) {
```

```
    SpringContainedBean<?> bean;
    // 是否允许缓存
    if (lifecycleOptions.canUseCachedReferences()) {
      bean = this.beanCache.get(beanType);
      if (bean == null) {
        // 创建 Bean
        bean = createBean(beanType, lifecycleOptions, fallbackProducer);
        // 设置缓存
        this.beanCache.put(beanType, bean);
      }
    }
    else {
      // 创建 Bean
      bean = createBean(beanType, lifecycleOptions, fallbackProducer);
    }
    return (SpringContainedBean<B>) bean;
}
```

在 getBean 方法中主要处理流程如下。

（1）判断是否允许使用缓存，在不允许缓存时会直接通过 createBean 方法将数据创建后返回。

（2）判断是否允许使用缓存，在允许缓存时会进行如下处理。

① 在缓存中获取当前类型对应的 Bean 实例。

② 当获取的 Bean 实例不存在时会通过 createBean 方法进行创建。

③ 将 createBean 方法创建后设置到缓存中。

至此对于 SpringBeanContainer 类的分析完成，17.7 节将对 SpringSessionContext 类进行分析。

17.7 SpringSessionContext 类分析

本节将对 SpringSessionContext 类进行分析，首先对该类的成员变量进行说明，具体信息见表 17.3 所示的 SpringSessionContext 成员变量。

表 17.3 SpringSessionContext 成员变量

变量名称	变量类型	变量含义
sessionFactory	SessionFactoryImplementor	Session 工厂
transactionManager	TransactionManager	事务管理器
jtaSessionContext	CurrentSessionContext	Session 上下文对象

对成员变量有所了解后将进入 SpringSessionContext 中的核心方法 currentSession 的分析，具体处理代码如下。

```
@Override
@SuppressWarnings("deprecation")
public Session currentSession() throws HibernateException {
  // 获取 Session 工厂对应的资源对象
  Object value = TransactionSynchronizationManager.getResource(this.sessionFactory);
  // 资源对象如果是 Session 接口则直接返回
```

```
    if (value instanceof Session) {
      return (Session) value;
    }
    // 资源对象如果是 Session 持有器
    else if (value instanceof SessionHolder) {
      // HibernateTransactionManager
      // 类型转换
      SessionHolder sessionHolder = (SessionHolder) value;
      // 从 Session 持有器中获取 Session 对象
      Session session = sessionHolder.getSession();
      // 是否与事务同步
      // 是否处于活跃状态
      if (!sessionHolder.isSynchronizedWithTransaction() &&
          TransactionSynchronizationManager.isSynchronizationActive()) {
        // 事务管理器进行 TransactionSynchronization 对象注册
        TransactionSynchronizationManager.registerSynchronization(
            new SpringSessionSynchronization(sessionHolder, this.sessionFactory,
false));
        // 设置与事务同步标记为 true
        sessionHolder.setSynchronizedWithTransaction(true);
        // 获取 Session 对应的刷新方式
        FlushMode flushMode = SessionFactoryUtils.getFlushMode(session);
        if (flushMode.equals(FlushMode.MANUAL) &&
            !TransactionSynchronizationManager.isCurrentTransactionReadOnly()) {
          // 设置刷新方式
          session.setFlushMode(FlushMode.AUTO);
          sessionHolder.setPreviousFlushMode(flushMode);
        }
      }
      return session;
    }
    // 资源对象如果是 EntityManagerHolder
    else if (value instanceof EntityManagerHolder) {
      // JpaTransactionManager
      return ((EntityManagerHolder) value).getEntityManager().unwrap(Session.class);
    }


    // 事务管理器不为空并且 Session 上下文不为空
    if (this.transactionManager != null && this.jtaSessionContext != null) {
      try {
        // 事务管理器状态是否和 STATUS_ACTIVE 相同
        if (this.transactionManager.getStatus() == Status.STATUS_ACTIVE) {
          // 从 Session 上下文中获取 Session 对象
          Session session = this.jtaSessionContext.currentSession();
          // 事务是否处于活跃状态
          if (TransactionSynchronizationManager.isSynchronizationActive()) {
            // 进行 TransactionSynchronization 注册
            TransactionSynchronizationManager.registerSynchronization(
                new SpringFlushSynchronization(session));
          }
          return session;
        }
```

```
        }
        catch (SystemException ex) {
           throw new HibernateException("JTA TransactionManager found but status check
failed", ex);
        }
     }

     // 判断事务是否处于活跃状态
     if (TransactionSynchronizationManager.isSynchronizationActive()) {
        // 从 Session 工厂中开启 Session
        Session session = this.sessionFactory.openSession();
        // 判断当前事务是否只读
        if (TransactionSynchronizationManager.isCurrentTransactionReadOnly()) {
           // 设置刷新方式
           session.setFlushMode(FlushMode.MANUAL);
        }
        // 创建 Session 持有器
        SessionHolder sessionHolder = new SessionHolder(session);
        // 注册 TransactionSynchronization
        TransactionSynchronizationManager.registerSynchronization(
              new SpringSessionSynchronization(sessionHolder, this.sessionFactory, true));
        // 资源绑定
        TransactionSynchronizationManager.bindResource(this.sessionFactory, sessionHolder);
        // 设置与事务同步标记为 true
        sessionHolder.setSynchronizedWithTransaction(true);
        return session;
     }
     else {
        throw new HibernateException("Could not obtain transaction-synchronized Session
for current thread");
     }
  }
```

在 currentSession 方法中主要处理如下。

（1）获取 Session 工厂对应的资源对象，根据资源对象的不同类型会做出不同的处理。

① 当类型是 Session 时直接返回。

② 当类型是 SessionHolder 时进行如下处理。

a. 将资源对象转换为 SessionHolder。

b. 从 SessionHolder 中获取 Session 对象。

c. 当满足 isSynchronizedWithTransaction（判断事务是否是同步的）方法调用为假并且 isSynchronizationActive（判断事务是否处于活跃状态）方法调用为真时需要设置事务同步标记为 true，设置刷新方式。

d. 返回 Session 对象，方法处理结束。

③ 当类型是 EntityManagerHolder 时进行如下处理。

a. 进行类型转换后获取实体管理器，再通过实体管理器获取 Session 对象。

b. 返回 Session 对象。

（2）当事务管理器不为空并且 Session 上下文不为空时进行如下处理。

在满足事务状态标记是 STATUS_ACTIVE 时才进行如下处理。

① 从 Session 上下文对象中获取 Session 对象。

② 判断事务是否处于活跃状态，如果是则进行 TransactionSynchronization 注册。

③ 返回 Session 对象。

（3）判断事务是否处于活跃状态，如果是则进行如下操作。

① 通过 Session 工厂开启一个 Session 对象。

② 在当前事务只读的情况下会设置刷新标记为 FlushMode.MANUAL。

③ 创建 Session 持有器。

④ 注册 TransactionSynchronization。

⑤ 将 Session 工厂和 Session 持有器进行资源绑定。

⑥ 设置事务同步标记为 true。

⑦ 返回 Session 对象。

17.8　总结

本章对 spring-orm 模块中关于 Hibernate 框架的重点类进行分析，主要包含七个类，对这七个类的分析中包含成员变量和重点方法，在 spring-orm 模块中关于 Hibernate 框架还有很多类，它们的理解难度不是很高因此并没有进行分析。在 spring-orm 模块中关于 Hibernate 框架的类更多的是进行了 Hibernate 核心接口的封装和实现，如果需要更加深入了解还需要对 Hibernate 框架有良好的认识。

第18章

spring-orm模块中JPA的persistenceunit和support

从本章开始将进入 spring-orm 模块中关于 JPA 技术相关的内容分析，本章将对 spring-orm 中关于 JPA 的 persistenceunit 相关内容进行分析。同时也会对 org.springframework.orm.jpa.support 路径下的内容进行分析，在这个路径下包括 AsyncRequestInterceptor、OpenEntityManagerInViewFilter、OpenEntityManagerInViewInterceptor、PersistenceAnnotationBeanPostProcessor 和 SharedEntityManagerBean。

18.1 初识 persistenceunit

在 spring-orm 模块中与 persistenceunit 相关的内容位于 org.springframework.orm.jpa.persistenceunit 路径下，在该路径下核心接口有三个。

（1）接口 PersistenceUnitManager，用于进行 PersistenceUnitInfo 的管理，其中定义了获取 PersistenceUnitInfo 接口的方法。详细代码如下。

```
public interface PersistenceUnitManager {
   /**
    * 确定 PersistenceUnitInfo 对象
    */
   PersistenceUnitInfo obtainDefaultPersistenceUnitInfo() throws IllegalStateException;
   /**
    * 确定 PersistenceUnitInfo 对象
    */
   PersistenceUnitInfo obtainPersistenceUnitInfo(String persistenceUnitName)
        throws IllegalArgumentException, IllegalStateException;
}
```

（2）接口 PersistenceUnitPostProcessor，用于处理 JPA PersistenceUnitInfo 接口的回调方法。该接口在 Spring 中并未进行实现，接口详细代码如下。

```
public interface PersistenceUnitPostProcessor {
   void postProcessPersistenceUnitInfo(MutablePersistenceUnitInfo pui);
}
```

（3）接口 SmartPersistenceUnitInfo 是 PersistenceUnitInfo 接口的子类，在 Spring 中进行了增强实现。接口详细代码如下。

```
public interface SmartPersistenceUnitInfo extends PersistenceUnitInfo {
   /**
    * 获取管理包路径
    */
   List<String> getManagedPackages();
   /**
    * 设置包名
    */
   void setPersistenceProviderPackageName(String persistenceProviderPackageName);
}
```

18.2　PersistenceUnitManager 接口分析

本节将对 PersistenceUnitManager 接口进行分析，在 spring-orm 模块中关于该接口的实现只有 DefaultPersistenceUnitManager，本节就将对 DefaultPersistenceUnitManager 类进行分析，首先需要关注的是该对象的成员变量，详细信息见表 18.1 所示的 DefaultPersistenceUnitManager 成员变量。

表 18.1　DefaultPersistenceUnitManager 成员变量

变 量 名 称	变 量 类 型	变 量 含 义
ORIGINAL_DEFAULT_PERSISTENCE_UNIT_ROOT_LOCATION	String	根路径前缀
ORIGINAL_DEFAULT_PERSISTENCE_UNIT_NAME	String	默认持久化单元名称
CLASS_RESOURCE_PATTERN	String	类匹配规则
PACKAGE_INFO_SUFFIX	String	package-info 后缀
DEFAULT_ORM_XML_RESOURCE	String	默认 ORM 资源地址
PERSISTENCE_XML_FILENAME	String	Hibernate 中的持久化文件名
DEFAULT_PERSISTENCE_XML_LOCATION	String	默认的 Hibernate 持久化文件存储位置
entityTypeFilters	Set<AnnotationTypeFilter>	注解类型过滤器
persistenceUnitInfoNames	Set<String>	持久化单元名称
persistenceUnitInfos	Map<String, PersistenceUnitInfo>	持久化单元信息
persistenceXmlLocations	String[]	持久化 XML 文件地址
defaultPersistenceUnitRootLocation	String	默认持久化文件保存根路径
defaultPersistenceUnitName	String	默认持久化单元名称

续表

变量名称	变量类型	变量含义
packagesToScan	String[]	包扫描路径
mappingResources	String[]	映射资源
sharedCacheMode	SharedCacheMode	缓存共享模式
validationMode	ValidationMode	验证模式
dataSourceLookup	DataSourceLookup	数据源查找器
defaultDataSource	DataSource	默认数据源
defaultJtaDataSource	DataSource	默认 JTA 数据源
persistenceUnitPostProcessors	PersistenceUnitPostProcessor[]	持久化单元后置处理器
loadTimeWeaver	LoadTimeWeaver	loadTimeWeaver
resourcePatternResolver	ResourcePatternResolver	资源解析器
componentsIndex	CandidateComponentsIndex	候选索引

在上述成员变量中关于 loadTimeWeaver、resourcePatternResolver 和 componentsIndex 会通过 Spring 中的 Aware 系列接口进行设置，其他内容会根据构造函数或者 setter 方法进行设置。在 DefaultPersistenceUnitManager 对象中实现了 InitializingBean 接口，下面将对该接口的 afterPropertiesSet 方法进行分析，具体处理代码如下。

```
@Override
public void afterPropertiesSet() {
   // loadTimeWeaver 为空并且检查 Instrumentation 实例是否可用于当前 VM
   if (this.loadTimeWeaver == null &&
InstrumentationLoadTimeWeaver.isInstrumentationAvailable()) {
      this.loadTimeWeaver = new
InstrumentationLoadTimeWeaver(this.resourcePatternResolver.getClassLoader());
   }
   // 处理持久化单元信息
   preparePersistenceUnitInfos();
}
```

在 afterPropertiesSet 方法中主要处理流程如下。

（1）在 loadTimeWeaver 为空并且检查 Instrumentation 实例可用于当前 VM 的情况下会进行成员变量 loadTimeWeaver 的初始化。

（2）处理持久化单元数据。

在上述两个操作流程中重点方法是 preparePersistenceUnitInfos，下面是完整代码。

```
public void preparePersistenceUnitInfos() {
   // 持久化单元名称清空
   this.persistenceUnitInfoNames.clear();
   // 持久化单元信息清空
   this.persistenceUnitInfos.clear();

   // 读取持久化单元信息
   List<SpringPersistenceUnitInfo> puis = readPersistenceUnitInfos();
   // 循环处理
```

```
  for (SpringPersistenceUnitInfo pui : puis) {
    // 设置持久化单元根地址
    if (pui.getPersistenceUnitRootUrl() == null) {
      pui.setPersistenceUnitRootUrl(determineDefaultPersistenceUnitRootUrl());
    }
    // 设置 JTA 数据源
    if (pui.getJtaDataSource() == null && this.defaultJtaDataSource != null) {
      pui.setJtaDataSource(this.defaultJtaDataSource);
    }
    // 设置非 JTA 数据源
    if (pui.getNonJtaDataSource() == null && this.defaultDataSource != null) {
      pui.setNonJtaDataSource(this.defaultDataSource);
    }
    // 设置共享缓存模式
    if (this.sharedCacheMode != null) {
      pui.setSharedCacheMode(this.sharedCacheMode);
    }
    // 设置校验模式
    if (this.validationMode != null) {
      pui.setValidationMode(this.validationMode);
    }
    // 根据 loadTimeWeaver 进行初始化
    if (this.loadTimeWeaver != null) {
      pui.init(this.loadTimeWeaver);
    }
    // 根据 resourcePatternResolver 进行初始化
    else {
      pui.init(this.resourcePatternResolver.getClassLoader());
    }
    // 处理持久化单元信息
    postProcessPersistenceUnitInfo(pui);
    // 获取持久化单元名称
    String name = pui.getPersistenceUnitName();
    // 添加持久化单元名称不成功
    // 不允许覆盖同名持久化单元名称
    if (!this.persistenceUnitInfoNames.add(name)
&& !isPersistenceUnitOverrideAllowed()) {
      // 组装异常消息
      StringBuilder msg = new StringBuilder();
      msg.append("Conflicting persistence unit definitions for name
'").append(name).append("': ");
      msg.append(pui.getPersistenceUnitRootUrl()).append(", ");
      msg.append(this.persistenceUnitInfos.get(name).getPersistenceUnitRootUrl());
      throw new IllegalStateException(msg.toString());
    }
    // 添加到持久化单元信息映射中
    this.persistenceUnitInfos.put(name, pui);
  }
}
```

在 preparePersistenceUnitInfos 方法中主要处理流程如下。

（1）持久化单元名称清空。

（2）持久化单元信息清空。

（3）读取持久化单元信息集合。

（4）循环处理单个持久化单元信息。

在第（4）步中关于单个处理逻辑如下。

（1）设置持久化单元根地址。

（2）设置 JTA 数据源。

（3）设置非 JTA 数据源。

（4）设置共享缓存模式。

（5）设置校验模式。

（6）当成员变量 loadTimeWeaver 不为空时根据 loadTimeWeaver 进行 init 方法调用。

（7）当成员变量 loadTimeWeaver 为空时根据 resourcePatternResolver 进行 init 方法调用。

（8）处理持久化单元信息。

（9）获取持久化单元名称。

（10）当满足添加持久化单元名称失败并且不允许覆盖同名持久化单元名称的情况下进行异常抛出操作。

（11）将持久化信息放入持久化单元信息映射中。

在上述处理流程中主要对第（3）步处理操作的 readPersistenceUnitInfos 方法进行分析，详细代码如下。

```
private List<SpringPersistenceUnitInfo> readPersistenceUnitInfos() {
   // 结果集合
   List<SpringPersistenceUnitInfo> infos = new LinkedList<>();
   // 默认持久化单元名称
   String defaultName = this.defaultPersistenceUnitName;
   // 是否需要建立默认单元
   boolean buildDefaultUnit = (this.packagesToScan != null || this.mappingResources !=
null);
   // 是否找到默认单元
   boolean foundDefaultUnit = false;

   // 持久化单元读取器
   PersistenceUnitReader reader = new PersistenceUnitReader(this.resourcePatternResolver,
this.dataSourceLookup);
   // 读取器读取持久化 XML 文件
   SpringPersistenceUnitInfo[] readInfos =
reader.readPersistenceUnitInfos(this.persistenceXmlLocations);
   // 循环处理持久化单元信息
   for (SpringPersistenceUnitInfo readInfo : readInfos) {
      // 结果集合中添加
      infos.add(readInfo);
      // 满足默认持久化名称不为空，并且当前处理的持久化单元信息中的持久化名称和默认持久化单元名称
相同时将是否找到默认单元标记为 true
      if (defaultName != null && defaultName.equals(readInfo.getPersistenceUnitName())) {
         foundDefaultUnit = true;
      }
   }

   // 是否允许构件默认单元
```

```
      if (buildDefaultUnit) {
         // 是否找到默认单元
         if (foundDefaultUnit) {
            if (logger.isWarnEnabled()) {
               logger.warn("Found explicit default persistence unit with name '" +
   defaultName + "' in persistence.xml - " +
                     "overriding local default persistence unit settings
   ('packagesToScan'/'mappingResources')");
            }
         }
         else {
            // 构件默认持久化单元后加入数据集合
            infos.add(buildDefaultPersistenceUnitInfo());
         }
      }
      return infos;
   }
```

在 readPersistenceUnitInfos 方法中主要处理流程如下。

（1）创建结果集合。

（2）确定默认持久化单元名称、确定是否需要进行默认单元构建和创建是否找到默认单元标记。

（3）创建持久化单元读取器，通过持久化单元读取持久化 XML 文件。

（4）循环处理第（3）步中得到的持久化单元信息，将元素放入结果集合中，当满足下面两个条件时将是否找到默认单元标记设置为 true。

① 默认持久化名称不为空。

② 当前元素的持久化单元名称与默认持久化名称相同。

（5）在允许构建默认持久化单元并且没有找到默认持久化单元的情况下进行默认持久化单元的创建并放入结果集中。

在上述处理操作流程中关于持久化单元信息的获取有如下两种方式。

（1）通过 PersistenceUnitReader 对象进行读取。

（2）通过 buildDefaultPersistenceUnitInfo 方法搜索默认地址。

接下来将对 buildDefaultPersistenceUnitInfo 方法进行分析，详细代码如下。

```
   private SpringPersistenceUnitInfo buildDefaultPersistenceUnitInfo() {
      // 持久化单元信息
      SpringPersistenceUnitInfo scannedUnit = new SpringPersistenceUnitInfo();
      // 设置默认持久化单元名称
      if (this.defaultPersistenceUnitName != null) {
         scannedUnit.setPersistenceUnitName(this.defaultPersistenceUnitName);
      }
      scannedUnit.setExcludeUnlistedClasses(true);

      // 包扫描路径进行扫描
      if (this.packagesToScan != null) {
         for (String pkg : this.packagesToScan) {
            scanPackage(scannedUnit, pkg);
         }
      }
```

```
    // 添加映射资源
    if (this.mappingResources != null) {
       for (String mappingFileName : this.mappingResources) {
          scannedUnit.addMappingFileName(mappingFileName);
       }
    }
    else {
       // 获取默认的 ORM XML 资源
       Resource ormXml = getOrmXmlForDefaultPersistenceUnit();
       if (ormXml != null) {
          // 添加映射资源
          scannedUnit.addMappingFileName(DEFAULT_ORM_XML_RESOURCE);
          if (scannedUnit.getPersistenceUnitRootUrl() == null) {
             try {
                // 设置持久化单元根路径
                scannedUnit.setPersistenceUnitRootUrl(
                      PersistenceUnitReader.determinePersistenceUnitRootUrl(ormXml));
             }
             catch (IOException ex) {
                logger.debug("Failed to determine persistence unit root URL from orm.xml
location", ex);
             }
          }
       }
    }

    return scannedUnit;
 }
```

在 buildDefaultPersistenceUnitInfo 方法中，主要处理流程如下。

（1）创建持久化单元信息。

（2）在成员变量 defaultPersistenceUnitName 不为空的情况下设置持久化单元信息。

（3）在成员变量 packagesToScan 不为空的情况下进行包扫描处理。

（4）在成员变量 mappingResources 不为空的情况下添加映射资源数据。

（5）在成员变量 mappingResources 为空的情况下进行如下操作。

① 获取默认的 ORM 的 XML 资源。

② 在 XML 资源存在的情况下添加映射资源。

③ 在持久化单元根路径为空的情况下将 ORM 的 XML 资源根路径设置为它的数据。

最后对 scanPackage 方法进行分析，详细代码如下。

```
private void scanPackage(SpringPersistenceUnitInfo scannedUnit, String pkg) {
   // 候选索引不为空
   if (this.componentsIndex != null) {
      // 候选集合
      Set<String> candidates = new HashSet<>();
      // 注解类型过滤器
      for (AnnotationTypeFilter filter : entityTypeFilters) {
         // 过滤器搜索
         candidates.addAll(this.componentsIndex.getCandidateTypes(pkg,
filter.getAnnotationType().getName()));
```

```
        }
        // 循环加入 managedClassNames 集合中
        candidates.forEach(scannedUnit::addManagedClassName);
        // 获取 package-info 文件
        Set<String> managedPackages = this.componentsIndex.getCandidateTypes(pkg,
"package-info");
        // 循环加入 managedClassNames 集合中
        managedPackages.forEach(scannedUnit::addManagedPackage);
        return;
    }

    try {
        // 字符串组装得到匹配路径
        String pattern = ResourcePatternResolver.CLASSPATH_ALL_URL_PREFIX +
            ClassUtils.convertClassNameToResourcePath(pkg) + CLASS_RESOURCE_PATTERN;
        // 通过资源匹配路径搜索资源对象
        Resource[] resources = this.resourcePatternResolver.getResources(pattern);
        // 元数据读取工厂
        MetadataReaderFactory readerFactory = new
    CachingMetadataReaderFactory(this.resourcePatternResolver);
        for (Resource resource : resources) {
            // 资源是否可读
            if (resource.isReadable()) {
                // 创建元数据读取器
                MetadataReader reader = readerFactory.getMetadataReader(resource);
                // 类名
                String className = reader.getClassMetadata().getClassName();
                // 判断是否匹配
                if (matchesFilter(reader, readerFactory)) {
                    // 加入扫描集合中
                    scannedUnit.addManagedClassName(className);
                    // 持久化单元根路径为空
                    if (scannedUnit.getPersistenceUnitRootUrl() == null) {
                        // 从资源对象中获取 URL 对象
                        URL url = resource.getURL();
                        // 判断是不是 jar 协议
                        if (ResourceUtils.isJarURL(url)) {
                            // 设置持久化单元根路径
                            scannedUnit.setPersistenceUnitRootUrl(ResourceUtils.extractJarFileURL
(url));
                        }
                    }
                }
                // 如果文件名是以 .package-info 结尾
                else if (className.endsWith(PACKAGE_INFO_SUFFIX)) {
                    // 添加到 managedPackages 集合中
                    scannedUnit.addManagedPackage(
                        className.substring(0, className.length() -
    PACKAGE_INFO_SUFFIX.length()));
                }
            }
        }
    }
```

```
    catch (IOException ex) {
      throw new PersistenceException("Failed to scan classpath for unlisted entity 
classes", ex);
    }
  }
```

在 scanPackage 方法中主要处理流程如下。

（1）当成员变量 componentsIndex 不为空的情况下进行如下处理。

① 创建候选集合结果集。

② 通过注解类型过滤器在候选索引对象中进行搜索，将搜索结果放入 managedPackages 中。

③ 在候选索引中寻找 package-info 类型的资源将结果放入 managedPackages 中。

（2）字符串组装，组合匹配路径地址。

（3）通过资源匹配器根据路径地址进行搜索对应的资源。

（4）创建元数据读取工厂。

（5）将搜索得到的资源集合进行处理，其中单个处理流程如下（如果资源是只读的）。

① 从元数据读取工厂中创建元数据读取类。

② 获取类名。

③ 判断是否匹配，如果匹配会将数据放入扫描集合结果中。如果进一步满足持久化单元根路径为空，会提取资源的 URL 并且 URL 满足 jar 协议的情况下，会将其设置为持久化单元根路径。

④ 如果提取的类名是以.package-info 结尾的会将其放入扫描集合结果中。

至此对于 spring-orm 模块中 PersistenceUnitManager 接口的实现类分析完成。18.3 节将进入 SmartPersistenceUnitInfo 接口的相关分析。

18.3 SmartPersistenceUnitInfo 接口分析

本节将对 SmartPersistenceUnitInfo 接口进行分析，在 spring-orm 模块中关于该接口的实现有两个，它们是 MutablePersistenceUnitInfo 和 SpringPersistenceUnitInfo，本节将对这两个类进行分析。首先对 MutablePersistenceUnitInfo 类的成员变量进行说明，详细内容见表 18.2 所示的 MutablePersistenceUnitInfo 成员变量。

表 18.2 MutablePersistenceUnitInfo 成员变量

变 量 名 称	变 量 类 型	变 量 含 义
mappingFileNames	List<String>	映射文件名称集合
managedClassNames	List<String>	托管类名集合
managedPackages	List<String>	托管包名集合
persistenceUnitName	String	持久化单元名称
persistenceProviderClassName	String	对应 persistence.xml 文件中的 provider 元素
transactionType	PersistenceUnitTransactionType	持久化单元的事务类型
nonJtaDataSource	DataSource	非 JTA 数据源
jtaDataSource	DataSource	JTA 数据源
jarFileUrls	List<URL>	JAR 协议的 URL 地址集合

续表

变量名称	变量类型	变量含义
persistenceUnitRootUrl	URL	持久化单元根路径
excludeUnlistedClasses	boolean	是否排除未列出的类
sharedCacheMode	SharedCacheMode	缓存共享模式
validationMode	ValidationMode	验证模式
properties	Properties	属性表
persistenceXMLSchemaVersion	String	持久化单元 XML 版本号
persistenceProviderPackageName	String	持久化能力提供者的包名

在 MutablePersistenceUnitInfo 类中所提供的方法都是基于表 18.2 所示的成员变量进行开发，主要是基本属性的获取和设置（添加）。接下来对 MutablePersistenceUnitInfo 类的子类 SpringPersistenceUnitInfo 进行分析，首先关注成员变量。在 SpringPersistenceUnitInfo 中有两个成员变量，详细说明见表 18.3 所示的 SpringPersistenceUnitInfo 成员变量。

表 18.3　SpringPersistenceUnitInfo 成员变量

变量名称	变量类型	变量含义
loadTimeWeaver	LoadTimeWeaver	LoadTimeWeaver
classLoader	ClassLoader	类加载器

在 SpringPersistenceUnitInfo 类中所提供的方法同样是基于表 18.3 所示的成员变量进行开发，内容复杂程度不高，故不做全部方法分析。

18.4　AsyncRequestInterceptor 类分析

AsyncRequestInterceptor 类是异步 Web 请求拦截器，关于该类的基础定义代码如下。

```
class AsyncRequestInterceptor implements CallableProcessingInterceptor,
DeferredResultProcessingInterceptor {}
```

在定义的代码中可以发现，它实现了 CallableProcessingInterceptor 和 DeferredResult-ProcessingInterceptor 接口，下面开始对它们的实现方法进行分析，首先是 preProcess 方法的分析，具体处理代码如下。

```
@Override
public <T> void preProcess(NativeWebRequest request, Callable<T> task) {
   bindEntityManager();
}

public void bindEntityManager() {
   this.timeoutInProgress = false;
   this.errorInProgress = false;
   TransactionSynchronizationManager.bindResource(this.emFactory, this.emHolder);
}
```

在 preProcess 方法中主要调用了 bindEntityManager 方法，该方法的作用是进行实体管理器工厂和实体管理器持有者的关系绑定，在绑定以外还设置了 timeoutInProgress 和 errorInProgress 的数据。接下来分析 postProcess 方法，具体处理代码如下。

```
@Override
public <T> void postProcess(NativeWebRequest request, Callable<T> task, Object
concurrentResult) {
   TransactionSynchronizationManager.unbindResource(this.emFactory);
}
```

在 postProcess 方法中进行了资源解绑操作，解绑的元数据是实体管理器工厂。继续向下分析 CallableProcessingInterceptor 接口的 handleTimeout 方法，具体处理代码如下。

```
@Override
public <T> Object handleTimeout(NativeWebRequest request, Callable<T> task) {
   this.timeoutInProgress = true;
   return RESULT_NONE;
}
```

在这段代码中会将 timeoutInProgress 标记为 true，并返回 Object 对象。对于 handleError 方法的处理与 handleTimeout 方法类似，它会将 errorInProgress 标记为 true，返回对象还是 Object 对象。最后查看 afterCompletion 方法的处理细节，具体代码如下。

```
@Override
public <T> void afterCompletion(NativeWebRequest request, Callable<T> task) throws
Exception {
   closeEntityManager();
}

private void closeEntityManager() {
   if (this.timeoutInProgress || this.errorInProgress) {
      logger.debug("Closing JPA EntityManager after async request timeout/error");
      EntityManagerFactoryUtils.closeEntityManager(this.emHolder.getEntityManager());
   }
}
```

在 afterCompletion 方法中会调用 closeEntityManager 方法，在 closeEntityManager 方法中会进行实体类管理对象的关闭操作。剩下 handleTimeout、handleError 和 afterCompletion 方法的细节不做分析。至此对于 AsyncRequestInterceptor 类的分析完成，8.5 节将进行 OpenEntityManagerInViewFilter 类的分析。

18.5 OpenEntityManagerInViewFilter 类分析

本节将对 OpenEntityManagerInViewFilter 类进行分析，该类实现了 Servlet 中的 Filter 接口，同时也实现了 Spring 接口，关于该类的基础定义代码如下。

```
public class OpenEntityManagerInViewFilter extends OncePerRequestFilter {}
```

在 Spring 中如果是 OncePerRequestFilter 的子类应当重点关注 doFilterInternal 方法，本节对 OpenEntityManagerInViewFilter 类的分析主要是针对 doFilterInternal 方法进行的，具体处理代码如下。

```
@Override
```

```
protected void doFilterInternal(
      HttpServletRequest request, HttpServletResponse response, FilterChain filterChain)
      throws ServletException, IOException {

   // 确定实体管理器工厂
   EntityManagerFactory emf = lookupEntityManagerFactory(request);
   // 是否参加处理标记
   boolean participate = false;

   // 获取异步网络请求管理器
   WebAsyncManager asyncManager = WebAsyncUtils.getAsyncManager(request);
   // 确定属性的 key
   String key = getAlreadyFilteredAttributeName();

   // 如果实体管理器工厂存在对应资源
   if (TransactionSynchronizationManager.hasResource(emf)) {
      participate = true;
   }
   // 如果实体管理器工厂不存在对应资源
   else {
      // 确定一个异步请求是否处于处理中
      boolean isFirstRequest = !isAsyncDispatch(request);
      if (isFirstRequest || !applyEntityManagerBindingInterceptor(asyncManager, key)) {
         logger.debug("Opening JPA EntityManager in OpenEntityManagerInViewFilter");
         try {
            // 创建实体管理器
            EntityManager em = createEntityManager(emf);
            // 创建实体管理器持有类
            EntityManagerHolder emHolder = new EntityManagerHolder(em);
            // 进行资源绑定
            TransactionSynchronizationManager.bindResource(emf, emHolder);

            // 创建拦截器
            AsyncRequestInterceptor interceptor = new AsyncRequestInterceptor(emf,
emHolder);
            // key 和拦截器注册
            asyncManager.registerCallableInterceptor(key, interceptor);
            asyncManager.registerDeferredResultInterceptor(key, interceptor);
         }
         catch (PersistenceException ex) {
            throw new DataAccessResourceFailureException("Could not create JPA
EntityManager", ex);
         }
      }
   }

   try {
      // 过滤链进行下一个过滤操作
      filterChain.doFilter(request, response);
   }
```

```
    finally {
        if (!participate) {
            // 解绑资源
            EntityManagerHolder emHolder = (EntityManagerHolder)
                TransactionSynchronizationManager.unbindResource(emf);
            if (!isAsyncStarted(request)) {
                logger.debug("Closing JPA EntityManager in
OpenEntityManagerInViewFilter");
                // 关闭实体管理器
                EntityManagerFactoryUtils.closeEntityManager(emHolder.getEntityManager());
            }
        }
    }
}
```

在 doFilterInternal 方法中主要处理流程如下。

（1）确定实体管理器工厂。

（2）获取异步网络请求管理器。

（3）确定属性的 key。

（4）如果实体管理器工厂存在对应资源将 participate 设置为 true。

（5）如果实体管理器工厂不存在对应资源则进行如下操作。

① 确定当前的请求是否处于处理状态中。

② 创建实体管理器。

③ 创建实体管理器持有类。

④ 进行实体管理器工厂和实体管理器持有类的关系绑定。

⑤ 创建拦截器，注册 CallableProcessingInterceptor 和 DeferredResultProcessingInterceptor。

⑥ 过滤链进行下一个过滤操作。

⑦ 解绑资源。

⑧ 关闭实体管理器。

至此对 OpenEntityManagerInViewFilter 类的分析就告一段落，18.6 节将进行 OpenEntity-ManagerInViewInterceptor 类的分析。

18.6 OpenEntityManagerInViewInterceptor 类分析

本节将对 OpenEntityManagerInViewInterceptor 类进行分析，在 spring-orm 模块中关于它的定义代码如下。

```
public class OpenEntityManagerInViewInterceptor extends EntityManagerFactoryAccessor
implements AsyncWebRequestInterceptor {}
```

在这个类的分析中主要对 AsyncWebRequestInterceptor 接口的一些方法进行分析，首先是 preHandle 方法的分析，具体处理代码如下。

```
@Override
public void preHandle(WebRequest request) throws DataAccessException {
    // 确定属性 key
    String key = getParticipateAttributeName();
    // 获取异步网络管理器
```

```
  WebAsyncManager asyncManager = WebAsyncUtils.getAsyncManager(request);
  // 不处理的情况
  // 1. 异步网络管理器中存在返回值
  // 2. 资源绑定成功
  if (asyncManager.hasConcurrentResult() &&
applyEntityManagerBindingInterceptor(asyncManager, key)) {
     return;
  }

  // 确定实体管理器工厂
  EntityManagerFactory emf = obtainEntityManagerFactory();
  // 判断实体管理器工厂是否存在资源
  if (TransactionSynchronizationManager.hasResource(emf)) {
     // 获取 count 数据,将该数据设置给 request 对象
     Integer count = (Integer) request.getAttribute(key, WebRequest.SCOPE_REQUEST);
     int newCount = (count != null ? count + 1 : 1);
     request.setAttribute(getParticipateAttributeName(), newCount,
WebRequest.SCOPE_REQUEST);
  }
  else {
     logger.debug("Opening JPA EntityManager in
OpenEntityManagerInViewInterceptor");
     try {
        // 创建实体管理器
        EntityManager em = createEntityManager();
        // 创建实体管理器持有者
        EntityManagerHolder emHolder = new EntityManagerHolder(em);
        // 资源绑定
        TransactionSynchronizationManager.bindResource(emf, emHolder);
        // 创建构建器
        AsyncRequestInterceptor interceptor = new AsyncRequestInterceptor(emf,
emHolder);
        // 注册拦截器
        asyncManager.registerCallableInterceptor(key, interceptor);
        asyncManager.registerDeferredResultInterceptor(key, interceptor);
     }
     catch (PersistenceException ex) {
        throw new DataAccessResourceFailureException("Could not create JPA
EntityManager", ex);
     }
  }
}
```

在 preHandle 方法中具体处理流程如下。

（1）确定属性 key。

（2）获取异步网络管理器。

（3）若同时满足下面两个情况则直接返回。

① 异步网络管理器中存在返回值。

② 资源绑定成功。

（4）确定实体管理器工厂。

（5）判断实体管理器工厂是否存在资源，如果存在则提取 key 对应的数值进行累加 1 操作并将其设置给请求对象。如果不存在则进行如下操作。

① 创建实体管理器。

② 创建实体管理器持有者。

③ 资源绑定。

④ 创建构建器。

⑤ 注册拦截器。

至此对 preHandle 方法分析完成，接下来对 afterCompletion 方法进行分析，具体处理代码如下。

```
@Override
public void afterCompletion(WebRequest request, @Nullable Exception ex) throws
DataAccessException {
   // 进行计数标记的减 1 操作
   if (!decrementParticipateCount(request)) {
      // 解绑资源
      EntityManagerHolder emHolder = (EntityManagerHolder)
            TransactionSynchronizationManager.unbindResource(obtainEntityManagerFactory());
      logger.debug("Closing JPA EntityManager in
OpenEntityManagerInViewInterceptor");
      // 关闭实体管理器
      EntityManagerFactoryUtils.closeEntityManager(emHolder.getEntityManager());
   }
}
```

在 afterCompletion 方法中主要处理流程如下：从 request 中获取计数标记进行减 1 操作，如果成功则不做处理，如果不成功则进行解绑资源处理。

至此对 afterCompletion 方法分析完成，最后对 afterConcurrentHandlingStarted 方法进行分析，具体处理代码如下。

```
@Override
public void afterConcurrentHandlingStarted(WebRequest request) {
   if (!decrementParticipateCount(request)) {
      TransactionSynchronizationManager.unbindResource(obtainEntityManagerFactory());
   }
}
```

在 afterConcurrentHandlingStarted 方法中主要处理流程如下：从 request 中获取计数标记进行减 1 操作，如果成功则不做处理，如果不成功则进行解绑资源处理。

至此对 OpenEntityManagerInViewInterceptor 类的分析告一段落，接下来将对 Persistence-AnnotationBeanPostProcessor 类进行分析。

18.7 PersistenceAnnotationBeanPostProcessor 类分析

本节将对 PersistenceAnnotationBeanPostProcessor 类进行分析，首先需要关注这个类的成员变量，详细说明见表 18.4 所示的 PersistenceAnnotationBeanPostProcessor 成员变量。

表 18.4　PersistenceAnnotationBeanPostProcessor 成员变量

变 量 名 称	变 量 类 型	变 量 含 义
injectionMetadataCache	Map<String, InjectionMetadata>	注入的元数据缓存
extendedEntityManagersToClose	Map<Object, EntityManager>	拓展的实体资源管理器
jndiEnvironment	Object	JNDI 环境配置
resourceRef	boolean	资源引用标记
persistenceUnits	Map<String, String>	持久化单元映射表
persistenceContexts	Map<String, String>	持久化上下文映射表
extendedPersistenceContexts	Map<String, String>	拓展持久化上下文映射表
defaultPersistenceUnitName	String	默认的持久化单元名称
order	int	序号
beanFactory	ListableBeanFactory	Bean 工厂

了解了成员变量后下面将开始对方法进行分析，首先对 postProcessProperties 方法进行分析，具体处理代码如下。

```
@Override
public PropertyValues postProcessProperties(PropertyValues pvs, Object bean, String
beanName) {
   // 寻找持久化元信息
   InjectionMetadata metadata = findPersistenceMetadata(beanName, bean.getClass(), pvs);
   try {
      // 为元信息注入数据
      metadata.inject(bean, beanName, pvs);
   }
   catch (Throwable ex) {
      throw new BeanCreationException(beanName, "Injection of persistence dependencies
failed", ex);
   }
   return pvs;
}
```

在上述方法中主要处理流程如下。

（1）寻找持久化元信息。

（2）为元信息注入数据。

在上述两个处理流程中主要关注第一个处理操作，详细代码如下。

```
private InjectionMetadata findPersistenceMetadata(String beanName, final Class<?>
clazz, @Nullable PropertyValues pvs) {
   // 确定缓存名称
   // 1. beanName
   // 2. 类名
   String cacheKey = (StringUtils.hasLength(beanName) ? beanName : clazz.getName());
   // 从缓存中获取数据
   InjectionMetadata metadata = this.injectionMetadataCache.get(cacheKey);
   // 判断是否需要刷新
   if (InjectionMetadata.needsRefresh(metadata, clazz)) {
```

```
        synchronized(this.injectionMetadataCache) {
          // 从缓存中获取数据
          metadata = this.injectionMetadataCache.get(cacheKey);
          // 判断是否需要刷新
          if (InjectionMetadata.needsRefresh(metadata, clazz)) {
            // 元数据不为空的情况下清除元数据
            if (metadata != null) {
              metadata.clear(pvs);
            }
            // 构建元数据对象
            metadata = buildPersistenceMetadata(clazz);
            // 置入缓存
            this.injectionMetadataCache.put(cacheKey, metadata);
          }
        }
      }
      return metadata;
    }
```

在上述方法中主要处理流程如下。

（1）确定缓存名称，缓存名称的候选项有两个，分别是 beanName 和类名，选取条件是若 beanName 存在则用 beanName，反之则取类名。

（2）从缓存中获取数据，如果不需要刷新则直接返回，如果需要刷新则进行如下操作。

① 从缓存中获取数据，如果缓存数据不为空则清除该数据。

② 构建元数据对象，将元数据对象放入缓存中。

至此对 PersistenceAnnotationBeanPostProcessor 类的分析就告一段落，18.8 节将对 SharedEntityManagerBean 类进行分析。

18.8 SharedEntityManagerBean 类分析

本节将对 SharedEntityManagerBean 类进行分析，在 spring-orm 模块中该类是用来共享实体管理器（EntityManager）的，关于它的基础定义代码如下。

```
public class SharedEntityManagerBean extends EntityManagerFactoryAccessor
    implements FactoryBean<EntityManager>, InitializingBean {}
```

从基础定义代码中可以发现它实现了 FactoryBean 接口和 InitializingBean 接口，根据这两个接口可以明确地知道它是用来生成（创建）Bean 实例的，FactoryBean 接口的实现过程十分简单，这里着重关注 InitializingBean 接口的实现，具体实现代码如下。

```
@Override
public final void afterPropertiesSet() {
  // 获取实体类管理工厂
  EntityManagerFactory emf = getEntityManagerFactory();
  // 若为空则抛出异常
  if (emf == null) {
    throw new IllegalArgumentException("'entityManagerFactory' or
'persistenceUnitName' is required");
  }
```

```
    // 实体类管理工厂是 EntityManagerFactoryInfo 的情况下
    if (emf instanceof EntityManagerFactoryInfo) {
      EntityManagerFactoryInfo emfInfo = (EntityManagerFactoryInfo) emf;
      // 成员变量 entityManagerInterface 为空
      if (this.entityManagerInterface == null) {
        // 赋值成员变量
        this.entityManagerInterface = emfInfo.getEntityManagerInterface();
        if (this.entityManagerInterface == null) {
          this.entityManagerInterface = EntityManager.class;
        }
      }
    }
    else {
      if (this.entityManagerInterface == null) {
        this.entityManagerInterface = EntityManager.class;
      }
    }
    // 创建实体管理器
    this.shared = SharedEntityManagerCreator.createSharedEntityManager(
        emf, getJpaPropertyMap(), this.synchronizedWithTransaction,
  this.entityManagerInterface);
  }
```

在 afterPropertiesSet 方法中主要处理流程如下。

（1）获取实体类管理工厂，如果实体类管理工厂为空则抛出异常。

（2）如果实体类管理工厂的类型是 EntityManagerFactoryInfo 并且成员变量 entityManagerInterface 为空将从实体类管理工厂中获取真正的实体类管理类型赋值给成员变量 entityManagerInterface。

（3）如果实体类管理工厂的类型不是 EntityManagerFactoryInfo 并且成员变量 entityManagerInterface 为空则将其设置为 EntityManager.class。

（4）创建实体管理器。

在上述操作流程中最为关键的是创建实体管理器，该方法是由 SharedEntityManagerCreator 类提供的，具体处理代码如下。

```
  public static EntityManager createSharedEntityManager(EntityManagerFactory emf,
  @Nullable Map<?, ?> properties,
      boolean synchronizedWithTransaction, Class<?>... entityManagerInterfaces) {

    // 获取类加载器
    ClassLoader cl = null;
    if (emf instanceof EntityManagerFactoryInfo) {
      // 从实体管理器工厂中获取类加载器
      cl = ((EntityManagerFactoryInfo) emf).getBeanClassLoader();
    }
    // 创建类列表
    Class<?>[] ifcs = new Class<?>[entityManagerInterfaces.length + 1];
    // 类列表复制数据
    System.arraycopy(entityManagerInterfaces, 0, ifcs, 0, entityManagerInterfaces.length);
    // 最后一位设置为 EntityManagerProxy.class
    ifcs[entityManagerInterfaces.length] = EntityManagerProxy.class;
    // 通过代理类创建实体管理器
    return (EntityManager) Proxy.newProxyInstance(
```

```
        (cl != null ? cl : SharedEntityManagerCreator.class.getClassLoader()),
        ifcs, new SharedEntityManagerInvocationHandler(emf, properties,
synchronizedWithTransaction));
}
```

在 createSharedEntityManager 方法中主要处理流程如下。

（1）获取类加载器，类加载器从实体管理器工厂中获取。

（2）创建类列表，用于存储方法参数 entityManagerInterfaces，最后一位设置为 EntityManagerProxy.class。

（3）通过代理类创建实体管理器。

到这里 SharedEntityManagerBean 类的分析就全部完成了。

18.9 总结

本章对 spring-orm 模块中关于 JPA 的 persistenceunit 部分内容进行了说明，主要围绕 PersistenceUnitManager 接口和 SmartPersistenceUnitInfo 接口进行说明，对于这两个接口的实现类主要侧重于成员变量的说明，对于实现类的方法说明并未展开所有方法而是对重点方法进行分析。同时本章对 spring-orm 模块中关于 JPA 技术的 support 包下的 5 个类进行了分析，主要分析了 5 个类中的关键方法和成员变量。通过对这五个类的分析可以知道它们主要有创建、增强特定功能的作用。创建的类为 SharedEntityManagerBean，增强的类为 AsyncRequestInterceptor、OpenEntityManagerInViewFilter、OpenEntityManagerInViewInterceptor 和 PersistenceAnnotationBeanPostProcessor。

第19章

spring-orm模块中JPA核心对象分析

本章将继续对 spring-orm 模块中关于 JPA 核心对象进行分析，本章不会对 persistenceunit 和 support 包下的内容进行分析。

19.1 AbstractEntityManagerFactoryBean 类分析

本节将对 AbstractEntityManagerFactoryBean 类进行分析，在 spring-orm 模块中这个类主要用于创建 EntityManagerFactory。接下来先对这个类的成员变量进行说明，详细内容见表 19.1 所示的 AbstractEntityManagerFactoryBean 成员变量。

表 19.1 AbstractEntityManagerFactoryBean 成员变量

变量名称	变量类型	变量含义
jpaPropertyMap	Map<String, Object>	JPA 属性集合
persistenceProvider	PersistenceProvider	持久化提供者
persistenceUnitName	String	持久化单元名称
entityManagerFactoryInterface	Class<? extends EntityManagerFactory>	实体管理工厂接口类
entityManagerInterface	Class<? extends EntityManager>	实体管理接口类
jpaDialect	JpaDialect	JPA 方言
jpaVendorAdapter	JpaVendorAdapter	JPA 适配器
bootstrapExecutor	AsyncTaskExecutor	异步任务执行器
beanClassLoader	ClassLoader	类加载器
beanFactory	BeanFactory	Bean 工厂
beanName	String	Bean 名称
nativeEntityManagerFactory	EntityManagerFactory	PersistenceProvider 返回的原始实体管理工厂

续表

变量名称	变量类型	变量含义
nativeEntityManagerFactoryFuture	Future<EntityManagerFactory>	实体管理工厂
entityManagerFactory	EntityManagerFactory	实体管理工厂。它是一个代理工厂

在上述成员变量中有一些数据会通过 Spring 中所提供的生命周期接口进行设置。接下来将进行重点接口的分析，首先是 InitializingBean 接口的分析，具体处理代码如下。

```
@Override
public void afterPropertiesSet() throws PersistenceException {
   // 获取 JPA 适配器
   JpaVendorAdapter jpaVendorAdapter = getJpaVendorAdapter();
   if (jpaVendorAdapter != null) {
      // 设置成员变量
      if (this.persistenceProvider == null) {
         this.persistenceProvider = jpaVendorAdapter.getPersistenceProvider();
      }
      // 获取持久化单元信息
      PersistenceUnitInfo pui = getPersistenceUnitInfo();
      // 获取 JPA 属性值表
      Map<String, ?> vendorPropertyMap = (pui != null ?
jpaVendorAdapter.getJpaPropertyMap(pui) :
            jpaVendorAdapter.getJpaPropertyMap());
      // 数据表不为空的情况下将其赋值给成员变量
      if (!CollectionUtils.isEmpty(vendorPropertyMap)) {
         vendorPropertyMap.forEach((key, value) -> {
            if (!this.jpaPropertyMap.containsKey(key)) {
               this.jpaPropertyMap.put(key, value);
            }
         });
      }
      // 设置成员变量 entityManagerFactoryInterface
      if (this.entityManagerFactoryInterface == null) {
         this.entityManagerFactoryInterface =
jpaVendorAdapter.getEntityManagerFactoryInterface();
         if (!ClassUtils.isVisible(this.entityManagerFactoryInterface,
this.beanClassLoader)) {
            this.entityManagerFactoryInterface = EntityManagerFactory.class;
         }
      }
      // 设置成员变量 entityManagerInterface
      if (this.entityManagerInterface == null) {
         this.entityManagerInterface = jpaVendorAdapter.getEntityManagerInterface();
         if (!ClassUtils.isVisible(this.entityManagerInterface, this.beanClassLoader)) {
            this.entityManagerInterface = EntityManager.class;
         }
      }
```

```
      // 设置成员变量 jpaDialect
      if (this.jpaDialect == null) {
         this.jpaDialect = jpaVendorAdapter.getJpaDialect();
      }
   }

   // 获取执行器
   AsyncTaskExecutor bootstrapExecutor = getBootstrapExecutor();
   if (bootstrapExecutor != null) {
      // 提交任务
      this.nativeEntityManagerFactoryFuture =
bootstrapExecutor.submit(this::buildNativeEntityManagerFactory);
   }
   else {
      // 创建实体管理器工厂对象
      this.nativeEntityManagerFactory = buildNativeEntityManagerFactory();
   }

   // 创建实体管理器工厂
   this.entityManagerFactory =
createEntityManagerFactoryProxy(this.nativeEntityManagerFactory);
}
```

在上述代码中主要进行成员变量的补充，具体处理流程如下。

（1）获取 JPA 适配器。在 JPA 适配器不为空的情况下进行如下操作。

① 设置成员变量 persistenceProvider。

② 获取持久化单元信息。

③ 获取 JPA 属性值表，属性值表来源有持久化单元信息和 JPA 适配器。

④ 在获取 JPA 属性值表后如果属性值表不为空则将其赋值给成员变量 jpaPropertyMap。

⑤ 设置成员变量 entityManagerFactoryInterface。

⑥ 设置成员变量 entityManagerInterface。

⑦ 设置成员变量 jpaDialect。

（2）获取执行器，如果执行器不为空则提交 buildNativeEntityManagerFactory 任务，如果执行器为空则直接进行 buildNativeEntityManagerFactory 方法的执行。

（3）通过 createEntityManagerFactoryProxy 方法创建实体管理器工厂。注意，此时创建的是一个代理工厂。

在上述三个主要处理流程中还涉及 buildNativeEntityManagerFactory 方法和 createEntity-ManagerFactoryProxy 方法的调用，接下来将对这两个方法进行分析。首先是 buildNativeEntity-ManagerFactory 方法，它用于创建实体管理器工厂，具体处理代码如下。

```
private EntityManagerFactory buildNativeEntityManagerFactory() {

   EntityManagerFactory emf;
   try {
      // 创建实体管理器工厂
      emf = createNativeEntityManagerFactory();
```

```
      }
      catch (PersistenceException ex) {
         if (ex.getClass() == PersistenceException.class) {
            Throwable cause = ex.getCause();
            if (cause != null) {
               String message = ex.getMessage();
               String causeString = cause.toString();
               if (!message.endsWith(causeString)) {
                  throw new PersistenceException(message + "; nested exception is " +
causeString, cause);
               }
            }
         }
         throw ex;
      }

      // 获取 JPA 适配器
      JpaVendorAdapter jpaVendorAdapter = getJpaVendorAdapter();
      if (jpaVendorAdapter != null) {
         // 对实体管理器工厂进行后置处理
         jpaVendorAdapter.postProcessEntityManagerFactory(emf);
      }

      if (logger.isInfoEnabled()) {
         logger.info("Initialized JPA EntityManagerFactory for persistence unit '" +
getPersistenceUnitName() + "'");
      }
      return emf;
   }
```

在 buildNativeEntityManagerFactory 方法中会通过 createNativeEntityManagerFactory 方法来创建实体管理器工厂。注意，该方法是一个需要子类实现的方法，具体实现细节将在子类分析时说明。在该方法调用时可能会出现异常，当出现异常时会直接抛出异常或者重新组装异常信息后抛出。在创建实体管理器工厂成功后会获取 JPA 适配器来进行后置处理，具体的后置处理目前在 spring-orm 模块中属于空方法并未进行实现。

接下来将对 createEntityManagerFactoryProxy 方法进行分析，该方法用于创建实体管理器工厂，创建的形式是通过代理类进行创建，具体处理代码如下。

```
   protected EntityManagerFactory createEntityManagerFactoryProxy(@Nullable
   EntityManagerFactory emf) {
      Set<Class<?>> ifcs = new LinkedHashSet<>();
      Class<?> entityManagerFactoryInterface = this.entityManagerFactoryInterface;
      if (entityManagerFactoryInterface != null) {
         ifcs.add(entityManagerFactoryInterface);
      }
      else if (emf != null) {
         ifcs.addAll(ClassUtils.getAllInterfacesForClassAsSet(emf.getClass(),
```

```
this.beanClassLoader));
       }
       else {
          ifcs.add(EntityManagerFactory.class);
       }
       ifcs.add(EntityManagerFactoryInfo.class);

       try {
          return (EntityManagerFactory) Proxy.newProxyInstance(this.beanClassLoader,
                ClassUtils.toClassArray(ifcs), new
    ManagedEntityManagerFactoryInvocationHandler(this));
       }
       catch (IllegalArgumentException ex) {
          if (entityManagerFactoryInterface != null) {
             throw new IllegalStateException("EntityManagerFactory interface [" +
    entityManagerFactoryInterface + "] seems to conflict with Spring's EntityManagerFactoryInfo
mixin - consider resetting the " + "'entityManagerFactoryInterface' property to plain
[javax.persistence.EntityManagerFactory]", ex);
          }
          else {
             throw new IllegalStateException("Conflicting EntityManagerFactory interfaces - "
+ "consider specifying the 'jpaVendorAdapter' or 'entityManagerFactoryInterface' property
" + "to select a specific EntityManagerFactory interface to proceed with", ex);
          }
       }
    }
```

在 createEntityManagerFactoryProxy 方法中主要目标是获取满足代理类创建的变量，这些变量如下。

（1）变量 ifcs，用于存储类，主要包括 entityManagerFactoryInterface、EntityManagerFactory 和 EntityManagerFactoryInfo。

（2）变量 beanClassLoader，来自成员变量。

对 createEntityManagerFactoryProxy 方法的认识，或者说对代理对象的认识还需要知道 ManagedEntityManagerFactoryInvocationHandler 对象，对于这个对象主要关注的是 invoke 方法，详细代码如下。

```
    public Object invoke(Object proxy, Method method, Object[] args) throws Throwable {
       try {
          if (method.getName().equals("equals")) {
             return (proxy == args[0]);
          }
          else if (method.getName().equals("hashCode")) {
             return System.identityHashCode(proxy);
          }
          else if (method.getName().equals("unwrap")) {
             Class<?> targetClass = (Class<?>) args[0];
```

```
            if (targetClass == null) {
               return this.entityManagerFactoryBean.getNativeEntityManagerFactory();
            }
            else if (targetClass.isInstance(proxy)) {
               return proxy;
            }
         }
         return this.entityManagerFactoryBean.invokeProxyMethod(method, args);
      }
      catch (InvocationTargetException ex) {
         throw ex.getTargetException();
      }
   }
```

从上述代码中可以发现核心方法会调用 AbstractEntityManagerFactoryBean 对象的 invoke-ProxyMethod 方法，该方法就是这个代理类的核心，具体处理代码如下。

```
   Object invokeProxyMethod(Method method, @Nullable Object[] args) throws Throwable {
      // 类是否源自 EntityManagerFactoryInfo,如果是则直接进行方法调用
      if (method.getDeclaringClass().isAssignableFrom(EntityManagerFactoryInfo.class)) {
         return method.invoke(this, args);
      }
      // 方法名为 createEntityManager
      else if (method.getName().equals("createEntityManager") && args != null &&
   args.length > 0 &&
            args[0] == SynchronizationType.SYNCHRONIZED) {
         // 创建实体管理器
         EntityManager rawEntityManager = (args.length > 1 ?
               getNativeEntityManagerFactory().createEntityManager((Map<?, ?>) args[1]) :
               getNativeEntityManagerFactory().createEntityManager());
         // 创建应用级别的实体管理器,内部还是代理类
         return ExtendedEntityManagerCreator.createApplicationManagedEntityManager
(rawEntityManager, this, true);
      }

      // 参数列表不为空的情况下
      if (args != null) {
         for (int i = 0; i < args.length; i++) {
            Object arg = args[i];
            // 类型是 Query 接口并且是代理类
            if (arg instanceof Query && Proxy.isProxyClass(arg.getClass())) {
               try {
                  // 解包重写当前数据
                  args[i] = ((Query) arg).unwrap(null);
               }
               catch (RuntimeException ex) {
               }
```

```
            }
         }
      }

      // 执行方法
      Object retVal = method.invoke(getNativeEntityManagerFactory(), args);
      if (retVal instanceof EntityManager) {
         EntityManager rawEntityManager = (EntityManager) retVal;
         retVal = ExtendedEntityManagerCreator.createApplicationManagedEntityManager
(rawEntityManager, this, false);
      }
      return retVal;
   }
```

在 invokeProxyMethod 方法中主要处理流程如下。

（1）当方法参数 method 的类来源是 EntityManagerFactoryInfo 时直接进行方法调用。

（2）当方法参数 method 名为 createEntityManager、参数列表不为空并且第一个元素是 SynchronizationType.SYNCHRONIZED 时会进行如下操作。

① 创建实体管理器。

② 通过 ExtendedEntityManagerCreator.createApplicationManagedEntityManager 方法创建实体管理器。注意，这里还是通过代理的形式进行创建的。

（3）在方法参数 args 不为空的情况下会进行循环处理，每个元素的处理流程为判断当前元素是否是 Query 接口的实现类并且是否是一个代理类，如果是则将类型转换为 Query 并解包替换当前元素。

（4）调用方法的参数 method 获取返回值 retVal。

（5）判断 retVal 是否是 EntityManager 类型，如果是则会进行 ExtendedEntityManagerCreator.createApplicationManagedEntityManager 方法调用来创建实体管理器。

（6）返回 retVal。

至此对 AbstractEntityManagerFactoryBean 类的分析就到此结束，在 AbstractEntityManagerFactoryBean 类中还有一些未提到的内部类和方法，它们的处理细节都相对简单，本节不做分析。19.1.1 节将进行 AbstractEntityManagerFactoryBean 的子类分析。

19.1.1　LocalEntityManagerFactoryBean 类分析

本节将对 LocalEntityManagerFactoryBean 类进行分析，该类是 AbstractEntityManagerFactoryBean 的子类，对于这个类的分析主要是进行 createNativeEntityManagerFactory 方法的分析，详细处理代码如下。

```
@Override
protected EntityManagerFactory createNativeEntityManagerFactory() throws
PersistenceException {
   if (logger.isDebugEnabled()) {
      logger.debug("Building JPA EntityManagerFactory for persistence unit '" +
getPersistenceUnitName() + "'");
```

```
    }
    // 获取持久化能力提供者接口
    PersistenceProvider provider = getPersistenceProvider();
    if (provider != null) {
        // 通过持久化能力提供者接口进行创建
        EntityManagerFactory emf =
provider.createEntityManagerFactory(getPersistenceUnitName(), getJpaPropertyMap());
        // 若为空则抛出异常
        if (emf == null) {
            throw new IllegalStateException(
                "PersistenceProvider [" + provider + "] did not return an
EntityManagerFactory for name '" +
                getPersistenceUnitName() + "'");
        }
        return emf;
    }
    else {
        // 根据持久化单元名称和 JPA 属性表进行创建
        return Persistence.createEntityManagerFactory(getPersistenceUnitName(),
getJpaPropertyMap());
    }
}
```

在 createNativeEntityManagerFactory 方法中主要处理流程如下。

（1）获取持久化能力提供者接口。

（2）在持久化能力提供者接口不为空的情况下会进行如下操作：通过持久化能力提供者接口进行创建 EntityManagerFactory。如果创建结果为空则抛出异常，反之则作为返回值。

（3）在持久化能力提供者接口为空的情况下会通过持久化单元名称和 JPA 属性表进行创建 EntityManagerFactory。

至此对 LocalEntityManagerFactoryBean 类的分析就到此结束，19.1.2 节将对 LocalContainerEntityManagerFactoryBean 类进行分析。

19.1.2 LocalContainerEntityManagerFactoryBean 类分析

本节将对 LocalContainerEntityManagerFactoryBean 类进行分析，该类是 AbstractEntityManagerFactoryBean 的子类，对于这个类的分析主要是进行 createNativeEntityManagerFactory 方法的分析，详细处理代码如下。

```
@Override
protected EntityManagerFactory createNativeEntityManagerFactory() throws
PersistenceException {
    Assert.state(this.persistenceUnitInfo != null, "PersistenceUnitInfo not initialized");

    // 获取持久化能力提供者接口
    PersistenceProvider provider = getPersistenceProvider();
```

```
        if (provider == null) {
            // 获取持久化能力提供者的类名
            String providerClassName =
    this.persistenceUnitInfo.getPersistenceProviderClassName();
            // 若为空则抛出异常
            if (providerClassName == null) {
                throw new IllegalArgumentException(
                        "No PersistenceProvider specified in EntityManagerFactory configuration, "
+ "and chosen PersistenceUnitInfo does not specify a provider class name either");
            }
            // 类加载器加载
            Class<?> providerClass = ClassUtils.resolveClassName(providerClassName,
    getBeanClassLoader());
            // Bean 实例化
            provider = (PersistenceProvider) BeanUtils.instantiateClass(providerClass);
        }

        if (logger.isDebugEnabled()) {
            logger.debug("Building JPA container EntityManagerFactory for persistence unit '" +
                    this.persistenceUnitInfo.getPersistenceUnitName() + "'");
        }
        // 通过持久化能力提供者接口进行创建
        EntityManagerFactory emf =
                provider.createContainerEntityManagerFactory(this.persistenceUnitInfo,
getJpaPropertyMap());
        // 后置处理实体管理器工厂
        postProcessEntityManagerFactory(emf, this.persistenceUnitInfo);

        return emf;
    }
```

在 createNativeEntityManagerFactory 方法中主要处理流程如下。

（1）获取持久化能力提供者接口。

（2）如果持久化能力提供者接口为空则进行如下操作。

① 获取持久提供者的类名。如果类名为空则抛出异常。

② 通过类名转换为类对象。

③ 通过类对象进行实例化。

（3）通过持久化能力提供者接口创建 EntityManagerFactory 对象。

（4）通过 postProcessEntityManagerFactory 方法进行后置数据处理。注意，该方法目前是一个空方法，没有具体实现。

这样对 createNativeEntityManagerFactory 方法的分析就告一段落，19.2 节将对 JpaVendorAdapter 接口进行分析。

19.2 JpaVendorAdapter 接口分析

本节将对 JpaVendorAdapter 接口进行分析，在 spring-orm 模块中关于该接口的定义代码如下。

```
public interface JpaVendorAdapter {
   /**
    * 获取持久化能力提供者接口
    */
   PersistenceProvider getPersistenceProvider();
   /**
    * 返回持久化提供者的根包的名称
    */
   @Nullable
   default String getPersistenceProviderRootPackage() {
      return null;
   }
   /**
    * 获取 JPA 属性表
    */
   default Map<String, ?> getJpaPropertyMap(PersistenceUnitInfo pui) {
      return getJpaPropertyMap();
   }
   /**
    * 获取 JPA 属性表
    */
   default Map<String, ?> getJpaPropertyMap() {
      return Collections.emptyMap();
   }
   /**
    * 获取 JPA 方言
    */
   @Nullable
   default JpaDialect getJpaDialect() {
      return null;
   }
   /**
    * 获取实体管理器工厂接口
    */
   default Class<? extends EntityManagerFactory> getEntityManagerFactoryInterface() {
      return EntityManagerFactory.class;
   }
   /**
    * 获取实体管理器接口
    */
   default Class<? extends EntityManager> getEntityManagerInterface() {
      return EntityManager.class;
```

```
    }
    /**
     * 对实体管理器工厂进行后置处理
     */
    default void postProcessEntityManagerFactory(EntityManagerFactory emf) {
    }
}
```

在 JpaVendorAdapter 接口定义中有大量的 JDK8 的特性代码，通过 JDK8 的特性简化子类的实现过程。在 spring-orm 模块中 JpaVendorAdapter 接口的类如图 19.1 所示。

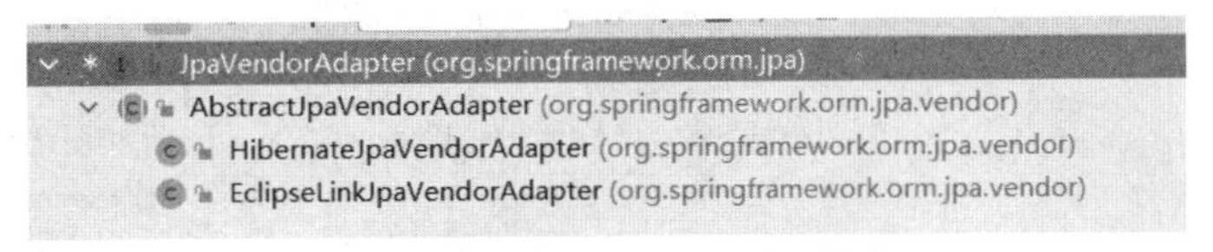

图 19.1　JpaVendorAdapter 接口的类

在本节后续内容中将会对图 19.1 中出现的三个类进行分析，下面将对 AbstractJpaVendorAdapter 类进行分析。

19.2.1　AbstractJpaVendorAdapter 类分析

本节将对 AbstractJpaVendorAdapter 类进行分析，首先需要关注的是这个类的成员变量，详细信息见表 19.2 所示的 AbstractJpaVendorAdapter 成员变量。

表 19.2　AbstractJpaVendorAdapter 成员变量

变量名称	变量类型	变量含义
database	Database	数据源
databasePlatform	String	数据库平台名称
generateDdl	boolean	是否生成 DDL 语句
showSql	boolean	是否显示 SQL 语句

在 AbstractJpaVendorAdapter 类中除了成员变量以外还有一些接口方法需要实现，这些接口方法在实现过程中并未添加复杂逻辑，因此在本节不做详细分析。19.2.2 节将对 HibernateJpaVendorAdapter 类进行分析。

19.2.2　HibernateJpaVendorAdapter 类分析

本节将对 HibernateJpaVendorAdapter 类进行分析，对于这个类首先需要关注成员变量，详细内容见表 19.3 所示的 HibernateJpaVendorAdapter 成员变量。

表 19.3　HibernateJpaVendorAdapter 成员变量

变量名称	变量类型	变量含义
jpaDialect	HibernateJpaDialect	JPA 方言，这里特定为 hibernateJPA 方言
persistenceProvider	PersistenceProvider	持久化提供者

续表

变量名称	变量类型	变量含义
entityManagerFactoryInterface	Class<? extends EntityManagerFactory>	实体管理器接口类
entityManagerInterface	Class<? extends EntityManager>	实体管理器接口类

介绍了 HibernateJpaVendorAdapter 类的成员变量后下面将开始方法的分析，在该类中主要对 buildJpaPropertyMap 方法进行分析，该方法适用于获取（创建）JPA 属性表，具体处理代码如下。

```
private Map<String, Object> buildJpaPropertyMap(boolean connectionReleaseOnClose) {
   // 创建结果集合
   Map<String, Object> jpaProperties = new HashMap<>();

   // 放入 hibernate.dialect 属性值
   if (getDatabasePlatform() != null) {
      jpaProperties.put(AvailableSettings.DIALECT, getDatabasePlatform());
   }
   else {
      Class<?> databaseDialectClass = determineDatabaseDialectClass(getDatabase());
      if (databaseDialectClass != null) {
         jpaProperties.put(AvailableSettings.DIALECT, databaseDialectClass.getName());
      }
   }

   // 放入 hibernate.hbm2ddl.auto 属性值
   if (isGenerateDdl()) {
      jpaProperties.put(AvailableSettings.HBM2DDL_AUTO, "update");
   }
   // 放入 hibernate.show_sql 属性值
   if (isShowSql()) {
      jpaProperties.put(AvailableSettings.SHOW_SQL, "true");
   }

   if (connectionReleaseOnClose) {
      try {
         // Try Hibernate 5.2
         AvailableSettings.class.getField("CONNECTION_HANDLING");
         jpaProperties.put("hibernate.connection.handling_mode", "DELAYED_ACQUISITION_
AND_HOLD");
      }
      catch (NoSuchFieldException ex) {
         try {
            AvailableSettings.class.getField("ACQUIRE_CONNECTIONS");
            jpaProperties.put("hibernate.connection.release_mode", "ON_CLOSE");
         }
         catch (NoSuchFieldException ex2) {
```

```
            }
        }
    }

    return jpaProperties;
}
```

在 buildJpaPropertyMap 方法中主要进行 JPA 属性表的初始化，在该方法中涉及的属性信息如下。

（1）hibernate.dialect 表示数据库方言对象。

（2）hibernate.hbm2ddl.auto 表示数据实体的更新策略。

（3）hibernate.show_sql 表示是否需要显示 SQL 语句。

（4）hibernate.connection.handling_mode 表示连接处理方式。

（5）hibernate.connection.release_mode 表示连接释放模式。

至此对 HibernateJpaVendorAdapter 类的分析告一段落，19.2.3 节将对 EclipseLinkJpaVendorAdapter 类进行分析。

19.2.3　EclipseLinkJpaVendorAdapter 类分析

本节将对 EclipseLinkJpaVendorAdapter 类进行分析，对于这个类首先需要关注成员变量，详细内容见表 19.4 所示的 EclipseLinkJpaVendorAdapter 成员变量。

表 19.4　EclipseLinkJpaVendorAdapter 成员变量

变 量 名 称	变 量 类 型	变 量 含 义
persistenceProvider	PersistenceProvider	持久化能力提供者接口
jpaDialect	EclipseLinkJpaDialect	JPA 方言，特指 EclipseLinkJpaDialect

介绍了 EclipseLinkJpaVendorAdapter 类的成员变量后下面将开始方法的分析，在该类中主要对 getJpaPropertyMap 方法进行分析，具体处理代码如下。

```
@Override
public Map<String, Object> getJpaPropertyMap() {
    // 创建返回值
    Map<String, Object> jpaProperties = new HashMap<>();

    // 设置 eclipselink.target-database 属性
    if (getDatabasePlatform() != null) {
        jpaProperties.put(PersistenceUnitProperties.TARGET_DATABASE, getDatabasePlatform());
    }
    else {
        String targetDatabase = determineTargetDatabaseName(getDatabase());
        if (targetDatabase != null) {
            jpaProperties.put(PersistenceUnitProperties.TARGET_DATABASE, targetDatabase);
        }
    }
```

```
        // 设置 eclipselink.ddl-generation 属性
        if (isGenerateDdl()) {
            jpaProperties.put(PersistenceUnitProperties.DDL_GENERATION,
                    PersistenceUnitProperties.CREATE_ONLY);
            jpaProperties.put(PersistenceUnitProperties.DDL_GENERATION_MODE,
                    PersistenceUnitProperties.DDL_DATABASE_GENERATION);
        }
        // 设置 eclipselink.logging.parameters
        // 设置 eclipselink.logging.level
        if (isShowSql()) {
            jpaProperties.put(PersistenceUnitProperties.CATEGORY_LOGGING_LEVEL_ +
                    org.eclipse.persistence.logging.SessionLog.SQL, Level.FINE.toString());
            jpaProperties.put(PersistenceUnitProperties.LOGGING_PARAMETERS, Boolean.TRUE
.toString());
        }

        return jpaProperties;
    }
```

在 getJpaPropertyMap 方法中主要进行了 JPA 属性表的初始化，在该方法中涉及的属性信息如下。

（1）eclipselink.target-database 表示数目标数据库产品名称。

（2）eclipselink.ddl-generation 表示 DDL 的使用策略。

（3）eclipselink.ddl-generation.output-mode 表示在哪里写入或生成 DDL。

（4）eclipselink.logging.parameters 表示日志记录参数。

（5）eclipselink.logging.level 表示日志级别。

19.3 ExtendedEntityManagerCreator 类分析

本节将对 ExtendedEntityManagerCreator 类进行分析，这个类主要用于创建 EntityManager 对象，在该类中对于 EntityManager 对象的创建都采用的是 JDK 代理类的形式，在 JDK 代理类的创建过程中最关键的是 InvocationHandler 接口的实现，在该接口中的实现类是 ExtendedEntity-ManagerInvocationHandler，关于 InvocationHandler 接口的实现代码如下。

```
@Override
@Nullable
public Object invoke(Object proxy, Method method, Object[] args) throws Throwable {
    // Invocation on EntityManager interface coming in

    if (method.getName().equals("equals")) {
        return (proxy == args[0]);
    }
    else if (method.getName().equals("hashCode")) {
        return hashCode();
    }
```

```
		else if (method.getName().equals("getTargetEntityManager")) {
			return this.target;
		}
		else if (method.getName().equals("unwrap")) {
			Class<?> targetClass = (Class<?>) args[0];
			if (targetClass == null) {
				return this.target;
			}
			else if (targetClass.isInstance(proxy)) {
				return proxy;
			}
		}
		else if (method.getName().equals("isOpen")) {
			if (this.containerManaged) {
				return true;
			}
		}
		else if (method.getName().equals("close")) {
			if (this.containerManaged) {
				throw new IllegalStateException("Invalid usage: Cannot close a 
container-managed EntityManager");
			}
			// 获取 EntityManager 对应的资源
			ExtendedEntityManagerSynchronization synch = 
(ExtendedEntityManagerSynchronization)
					TransactionSynchronizationManager.getResource(this.target);
			if (synch != null) {
				synch.closeOnCompletion = true;
				return null;
			}
		}
		else if (method.getName().equals("getTransaction")) {
			if (this.synchronizedWithTransaction) {
				throw new IllegalStateException(
						"Cannot obtain local EntityTransaction from a transaction-synchronized 
EntityManager");
			}
		}
		else if (method.getName().equals("joinTransaction")) {
			doJoinTransaction(true);
			return null;
		}
		else if (method.getName().equals("isJoinedToTransaction")) {
			if (!this.jta) {
				return TransactionSynchronizationManager.hasResource(this.target);
			}
		}

		if (this.synchronizedWithTransaction && method.getDeclaringClass().isInterface()) {
			doJoinTransaction(false);
```

```
        }

        try {
            return method.invoke(this.target, args);
        }
        catch (InvocationTargetException ex) {
            throw ex.getTargetException();
        }
    }
```

在 invoke 方法中对不同的方法名称进行了不同的处理，具体处理细节如下。

（1）方法名为 equals 时将判断代理对象是否和第一个参数相同。

（2）方法名为 hashCode 时将直接调用 hashCode 方法作为返回。

（3）方法名为 getTargetEntityManager 时将成员变量 target 返回。

（4）方法名为 unwrap 时会获取参数列表中的第一个元素的类型，如果该类型为空则将 target 返回。如果第一个元素的类型是代理对象的接口实现则返回代理对象。

（5）方法名为 isOpen 时会在成员变量 containerManaged 为 true 的情况下返回 true。

（6）方法名为 close 时会进行如下操作。

① 在成员变量 containerManaged 为真的情况下抛出异常。

② 获取成员变量 target 对应的资源对象。

③ 资源对象不为空将资源对象的 closeOnCompletion 变量设置为 true。

④ 返回 null。

（7）方法名为 getTransaction 时判断成员变量 synchronizedWithTransaction 是否为真，如果为真则抛出异常。

（8）方法名为 joinTransaction 时则进行 doJoinTransaction 方法调用。

（9）方法名为 isJoinedToTransaction 时在成员变量 jta 为假的情况下会进行 target 资源是否存在的判断，将结果作为返回值。

（10）当成员变量 synchronizedWithTransaction 为真，在方法所在的类是接口的情况下调用 doJoinTransaction 方法。

19.4 EntityManagerFactoryUtils 类分析

本节将对 EntityManagerFactoryUtils 类进行分析，对于这个类的分析将从方法和内部类进行，首先分析 findEntityManagerFactory 方法，该方法用于搜索实体管理器工厂，具体处理代码如下。

```
public static EntityManagerFactory findEntityManagerFactory(
        ListableBeanFactory beanFactory, @Nullable String unitName) throws
NoSuchBeanDefinitionException {

    Assert.notNull(beanFactory, "ListableBeanFactory must not be null");
    // 单元名称不为空的情况下
    if (StringUtils.hasLength(unitName)) {
        // 在 Bean 工厂中根据类型搜索对应的 Bean 名称
        String[] candidateNames =
```

```
            BeanFactoryUtils.beanNamesForTypeIncludingAncestors(beanFactory,
EntityManagerFactory.class);
        // 循环候选的 Bean 名称集合
        for (String candidateName : candidateNames) {
           // 从 Bean 工厂中根据 Bean 名称获取实例
           EntityManagerFactory emf = (EntityManagerFactory)
    beanFactory.getBean(candidateName);
           // 若类型是 EntityManagerFactoryInfo 并且单元名称相同则返回
           if (emf instanceof EntityManagerFactoryInfo &&
                 unitName.equals(((EntityManagerFactoryInfo) emf).getPersistenceUnitName())) {
              return emf;
           }
        }
        // 通过类型在 Bean 工厂中搜索
        return beanFactory.getBean(unitName, EntityManagerFactory.class);
     }
     else {
        // 通过类型在 Bean 工厂中搜索
        return beanFactory.getBean(EntityManagerFactory.class);
     }
  }
```

在 findEntityManagerFactory 方法中主要处理流程如下：判断是否单元名称是否存在，如果不存在则通过类型在 Bean 工厂中进行搜索。如果存在则进行如下操作。

（1）在 Bean 工厂中根据类型搜索对应的 Bean 名称。

（2）迭代处理每个 Bean 名称，在 Bean 工厂中搜索对应的 Bean 实例，如果这个实例的类型是 EntityManagerFactoryInfo 并且单元名称相同则直接返回。

（3）在处理了所有候选 Bean 名称集合后没有得到结果，将从 Bean 工厂中根据类型搜索对应实例返回。

在 EntityManagerFactoryUtils 类中除了 findEntityManagerFactory 方法还需要关注 doGetTransactionalEntityManager 方法，该方法用于从 EntityManagerFactory 类中获取 EntityManager 对象，具体处理代码如下。

```
@Nullable
public static EntityManager doGetTransactionalEntityManager(
      EntityManagerFactory emf, @Nullable Map<?, ?> properties, boolean
synchronizedWithTransaction)
      throws PersistenceException {

   Assert.notNull(emf, "No EntityManagerFactory specified");

   // 获取实体管理工厂对应的资源
   EntityManagerHolder emHolder =
         (EntityManagerHolder) TransactionSynchronizationManager.getResource(emf);
   if (emHolder != null) {
      // 判断是否使用同步事务
      if (synchronizedWithTransaction) {
```

```
            // 判断是否是一个同步事务
            if (!emHolder.isSynchronizedWithTransaction()) {
               if (TransactionSynchronizationManager.isActualTransactionActive()) {
                  try {
                     // 加入事务
                     emHolder.getEntityManager().joinTransaction();
                  }
                  catch (TransactionRequiredException ex) {
                     logger.debug("Could not join transaction because none was actually
active", ex);
                  }
               }
               // 判断事务是否属于活动状态
               if (TransactionSynchronizationManager.isSynchronizationActive()) {
                  // 解析事务对象
                  Object transactionData =
    prepareTransaction(emHolder.getEntityManager(), emf);
                  // 注册同步事务
                  TransactionSynchronizationManager.registerSynchronization(
                        new TransactionalEntityManagerSynchronization(emHolder, emf,
transactionData, false));
                  // 设置同步事务标记为 true
                  emHolder.setSynchronizedWithTransaction(true);
               }
            }
            // 进行累加 1 操作
            emHolder.requested();
            // 获取实体管理器
            return emHolder.getEntityManager();
         }
         else {
            if (emHolder.isTransactionActive() && !emHolder.isOpen()) {
               if (!TransactionSynchronizationManager.isSynchronizationActive()) {
                  return null;
               }
               // 资源解绑
               TransactionSynchronizationManager.unbindResource(emf);
            }
            else {
               // 获取实体管理器
               return emHolder.getEntityManager();
            }
         }
      }
      else if (!TransactionSynchronizationManager.isSynchronizationActive()) {
         return null;
      }
```

```
      logger.debug("Opening JPA EntityManager");
      EntityManager em = null;
      if (!synchronizedWithTransaction) {
         try {
            // 创建实体管理器
            em = emf.createEntityManager(SynchronizationType.UNSYNCHRONIZED,
   properties);
         }
         catch (AbstractMethodError err) {
   provider:
         }
      }
      if (em == null) {
         // 创建实体管理器,创建方式有两个
         // 1. 携带属性表的创建
         // 2. 不携带属性表的创建
         em = (!CollectionUtils.isEmpty(properties) ? emf.createEntityManager(properties) :
emf.createEntityManager());
      }

      try {
         // 创建实体管理器持有对象
         emHolder = new EntityManagerHolder(em);
         if (synchronizedWithTransaction) {
            // 解析事务对象
            Object transactionData = prepareTransaction(em, emf);
            // 注册同步事务
            TransactionSynchronizationManager.registerSynchronization(
                  new TransactionalEntityManagerSynchronization(emHolder, emf,
   transactionData, true));
            // 设置同步事务标记为 true
            emHolder.setSynchronizedWithTransaction(true);
         }
         else {
            // 注册同步事务
            TransactionSynchronizationManager.registerSynchronization(
                  new TransactionScopedEntityManagerSynchronization(emHolder, emf));
         }
         // 资源绑定
         TransactionSynchronizationManager.bindResource(emf, emHolder);
      }
      catch (RuntimeException ex) {
         // 关闭事务管理器
         closeEntityManager(em);
         throw ex;
      }

      return em;
   }
```

在上述代码中主要处理流程如下。

（1）获取实体管理器工厂对应的资源，资源是实体管理器持有者。

（2）资源对象不为空的情况下进行如下操作。

① 判断是否使用同步事务，如果使用则进行如下操作。

a. 通过实体管理器持有者获取实体管理器并加入事务中。

b. 判断事务是否处于活动状态，如果是解析事务，解析完成事务对象后将注册同步事务并且将同步事务标记设置为 true。

c. 为实体管理器持有者进行累加 1 操作。

d. 从实体管理器持有者中获取实体管理器返回。

② 判断是否使用同步事务，如果不使用则进行如下操作。

a. 判断事务是否处于活跃状态，并且实体管理器持有者并未开启，如果不满足条件时将从实体管理器持有者中获取实体管理器返回，满足这两个条件会进行如下操作。

b. 判断事务是否同步处于活动状态，如果不是则返回 null。

c. 进行资源解绑操作。

（3）如果事务不是一个同步事务则会通过实体管理器工厂创建实体管理器。创建参数是同步类型和属性表。如果创建结果为 null 则会进行下面两种方式的实体管理器创建。

① 通过属性表进行创建，对应代码为 emf.createEntityManager(properties)。

② 无参创建，对应代码为 emf.createEntityManager()。

（4）将实体管理器放入实体管理器持有者对象中。

（5）如果是同步事务则进行事务对象解析，将解析后的事务对象进行注册，设置同步事务标记为 true。

（6）如果不是同步事务则直接进行事务注册。

（7）进行资源绑定，绑定双方是实体管理器工厂和实体管理器持有者。

至此对 EntityManagerFactoryUtils 类中重点方法已经分析完成，下面将对两个内部类进行成员变量说明，首先是 TransactionalEntityManagerSynchronization 类的成员变量说明，详细内容见表 19.5 所示的 TransactionalEntityManagerSynchronization 成员变量。

表 19.5　TransactionalEntityManagerSynchronization 成员变量

变 量 名 称	变 量 类 型	变 量 含 义
transactionData	Object	事务数据
jpaDialect	JpaDialect	JPA 方言
newEntityManager	boolean	是否是一个新的实体管理器

在 TransactionalEntityManagerSynchronization 类中还有一些方法，这些方法的处理难度不高，本节不做分析。接下来对另一个内部类进行说明，TransactionScopedEntityManagerSynchronization 类并未存在成员变量，对于该类主要关注 releaseResource 方法，该方法用于释放资源，具体处理代码如下。

```
@Override
protected void releaseResource(EntityManagerHolder resourceHolder, EntityManagerFactory
resourceKey) {
   closeEntityManager(resourceHolder.getEntityManager());
}
```

19.5　总结

本章对 spring-orm 模块中关于 JPA 中的核心对象进行分析，主要分析的核心对象有四个。

（1）AbstractEntityManagerFactoryBean，抽象类，主要用于创建 EntityManagerFactory 接口对象。

（2）JpaVendorAdapter，spring-orm 模块中的 JPA 适配器接口，用于适配 EntityManagerFactory。

（3）ExtendedEntityManagerCreator，用于和持久化上下文进行交互，更多的用于创建 EntityManager 对象。

（4）EntityManagerFactoryUtils，工具类，提供了 EntityManager 对象的处理方法和异常转换方法。

第20章

spring-oxm分析

本章开始将进行 spring-oxm 相关的源码分析，在本章中会进行 spring-oxm 测试环境搭建及其涉及的源码分析。

20.1 spring-oxm 测试环境搭建

本节将进行 spring-oxm 测试环境搭建，首先需要引入依赖，由于本环境搭建是在 Spring 源码工程中进行的，因此 spring-oxm 的版本不需要填写，读者自行搭建的话需要进行版本号填写，具体版本号为 5.2.3.release，具体的依赖如下。

```
compile(project(":spring-oxm"))
implementation 'com.thoughtworks.xstream:xstream:1.4.11.1'
implementation 'xmlpull:xmlpull:1.1.3.1'
```

完成依赖引入后下面开始进行 Java 实体对象的编写，创建一个类名为 Customer 的对象，该对象用于存储数据，具体代码如下。

```
public class Customer {

  private String name = "huifer";

  public String getName() {
    return name;
  }

  public void setName(String name) {
    this.name = name;
  }
}
```

完成 Java 实体对象的编写后来编写具体的处理类，类名为 SpringOXMApp，具体处理代码如下。

```
public class SpringOXMApp {
```

```
    private static final String FILE_NAME = "Customer.xml";
    private Customer customer = new Customer();
    private Marshaller marshaller;
    private Unmarshaller unmarshaller;

    public void setMarshaller(Marshaller marshaller) {
      this.marshaller = marshaller;
    }

    public void setUnmarshaller(Unmarshaller unmarshaller) {
      this.unmarshaller = unmarshaller;
    }

    public void saveSettings() throws IOException {
      try (FileOutputStream os = new FileOutputStream(FILE_NAME)) {
        this.marshaller.marshal(customer, new StreamResult(os));
      }
    }

    public void loadSettings() throws IOException {
      try (FileInputStream is = new FileInputStream(FILE_NAME)) {
        this.customer = (Customer) this.unmarshaller.unmarshal(new StreamSource(is));
      }
    }

    public static void main(String[] args) throws IOException {
      ApplicationContext appContext =
           new ClassPathXmlApplicationContext("spring-oxm.xml");
      SpringOXMApp application =
  appContext.getBean("application",SpringOXMApp.class);
      application.saveSettings();
      application.loadSettings();
    }
  }
```

在 SpringOXMApp 类中主要定义了两个核心方法。

（1）saveSettings 方法，用于将成员变量 customer 保存到 Customer.xml 文件中。

（2）loadSettings 方法，用于将 Customer.xml 文件中的数据读取到成员变量 customer 中。

在 SpringOXMApp 类中还需要使用 SpringXML 配置文件，文件名为 spring-oxm.xml，具体处理代码如下。

```
<?xml version="1.0" encoding="UTF-8"?>
<beans xmlns="http://www.springframework.org/schema/beans"
      xmlns:xsi="http://www.w3.org/2001/XMLSchema-instance"
      xsi:schemaLocation="http://www.springframework.org/schema/beans http://www.
springframework.org/schema/beans/spring-beans.xsd">
    <beans>
      <bean id="application"
class="com.github.source.hot.data.oxxm.SpringOXMApp">
        <property name="marshaller" ref="xstreamMarshaller" />
        <property name="unmarshaller" ref="xstreamMarshaller" />
      </bean>
```

```
        <bean id="xstreamMarshaller"
class="org.springframework.oxm.xstream.XStreamMarshaller">
            <property name="streamDriver" ref="driver"/>
        </bean>
        <bean id="driver" class="com.thoughtworks.xstream.io.xml.DomDriver"/>
    </beans>
</beans>
```

完成上述所有内容编写后就可以开始进行调试，首先执行 saveSettings 方法，在方法执行后会在项目根路径中看到 Customer.xml 的文件，文件内容如下：

```
<com.github.source.hot.data.oxxm.Customer><name>huifer</name></com.github.source
.hot.data.oxxm.Customer>
```

完成 saveSettings 方法的执行后再执行 loadSettings 方法，通过调试查看成员变量 customer，详细信息如图 20.1 所示。

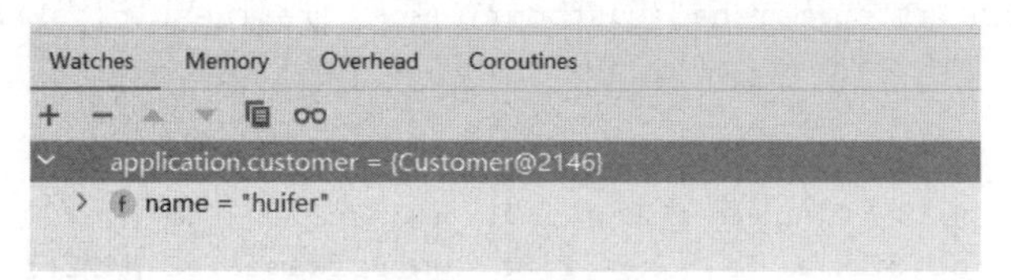

图 20.1　执行结果

20.2　AbstractMarshaller 类分析

在 20.1 节搭建 spring-oxm 测试环境时在 SpringXML 配置文件中使用类 XStreamMarshaller 作为 Marshaller 接口和 Unmarshaller 接口的实现类。在 spring-oxm 中 XStreamMarshaller 类是 AbstractMarshaller 类的子类，本节将对 AbstractMarshaller 类进行分析。首先需要关注 AbstractMarshaller 类的成员变量，详细信息见表 20.1 所示的 AbstractMarshaller 成员变量。

表 20.1　AbstractMarshaller 成员变量

变量名称	变量类型	变量含义
NO_OP_ENTITY_RESOLVER	EntityResolver	实体解析器
documentBuilderFactoryMonitor	Object	文档生成器工厂的锁
supportDtd	boolean	是否支持 DTD 文件描述
processExternalEntities	boolean	是否处理外部实体
documentBuilderFactory	DocumentBuilderFactory	文档生成工厂

在成员变量中 documentBuilderFactoryMonitor 变量会在构建文档接口时进行使用，关于构建文档接口的代码如下。

```
protected Document buildDocument() {
   try {
      DocumentBuilder documentBuilder;
      synchronized (this.documentBuilderFactoryMonitor) {
         if (this.documentBuilderFactory == null) {
            this.documentBuilderFactory = createDocumentBuilderFactory();
         }
```

```
            // 创建文档构建器
            documentBuilder = createDocumentBuilder(this.documentBuilderFactory);
         }
         // 构建文档对象
         return documentBuilder.newDocument();
      }
      catch (ParserConfigurationException ex) {
         throw new UnmarshallingFailureException("Could not create document placeholder: " +
ex.getMessage(), ex);
      }
   }
```

在 buildDocument 方法中主要处理流程如下。

（1）如果成员变量 documentBuilderFactory 为空则进行 documentBuilderFactory 对象的初始化。

（2）创建文档构建器。

（3）通过文档构建器创建文档对象。

在 AbstractMarshaller 类中除了构建文档方法外还有关于文档解析成对象的方法，具体处理代码如下。

```
@Override
public final Object unmarshal(Source source) throws IOException, XmlMappingException {
   if (source instanceof DOMSource) {
      // 处理 DOMSource 的模板方法
      return unmarshalDomSource((DOMSource) source);
   }
   else if (StaxUtils.isStaxSource(source)) {
      // 处理 StaxSource 的模板方法
      return unmarshalStaxSource(source);
   }
   else if (source instanceof SAXSource) {
      // 处理 SAXSource 的模板方法
      return unmarshalSaxSource((SAXSource) source);
   }
   else if (source instanceof StreamSource) {
      // 处理 StreamSource 的模板方法
      return unmarshalStreamSource((StreamSource) source);
   }
   else {
      throw new IllegalArgumentException("Unknown Source type: " +
source.getClass());
   }
}
```

在 unmarshal 方法中提供了多种数据类型的处理方式，具体包含如下 4 种类型。

（1）DOMSource。

（2）StaxSource

（3）SAXSource。

（4）StreamSource。

最后在 AbstractMarshaller 类中还有关于写出操作的实现，具体处理代码如下。

```
@Override
```

```
public final void marshal(Object graph, Result result) throws IOException,
XmlMappingException {
   if (result instanceof DOMResult) {
      // 处理 DOMResult 的模板方法
      marshalDomResult(graph, (DOMResult) result);
   }
   else if (StaxUtils.isStaxResult(result)) {
      // 处理 StaxResult 的模板方法
      marshalStaxResult(graph, result);
   }
   else if (result instanceof SAXResult) {
      //处理 SAXResult 的模板方法
      marshalSaxResult(graph, (SAXResult) result);
   }
   else if (result instanceof StreamResult) {
      // 处理 StreamResult 的模板方法
      marshalStreamResult(graph, (StreamResult) result);
   }
   else {
      throw new IllegalArgumentException("Unknown Result type: " + result.getClass());
   }
}
```

在 marshal 方法中提供了多种数据类型的处理方式，具体包含如下 4 种类型。

（1）DOMResult。

（2）StaxResult。

（3）SAXResult。

（4）StreamResult。

在 AbstractMarshaller 中针对 marshal 方法和 unmarshal 方法都提出了模板方法，这些模板方法的具体实现会在 20.3 节进行介绍。

20.3 XStreamMarshaller 类分析

本节将对 XStreamMarshaller 类进行分析，主要分析目标有两个。

（1）XStreamMarshaller 是如何写出文件的。

（2）XStreamMarshaller 是如何将文件读取后转换为 Java 对象的。

首先回到 SpringOXMApp 中查看写出文件的 saveSettings 方法，具体处理代码如下。

```
public void saveSettings() throws IOException {
   try (FileOutputStream os = new FileOutputStream(FILE_NAME)) {
      this.marshaller.marshal(customer, new StreamResult(os));
   }
}
```

在这段代码中可以发现，写出的类型是 StreamResult，具体的调用链路如下。

（1）org.springframework.oxm.support.AbstractMarshaller#marshal。

（2）org.springframework.oxm.support.AbstractMarshaller#marshalStreamResult。

（3）org.springframework.oxm.support.AbstractMarshaller#marshalOutputStream。

在上述调用链路中第三个方法是一个抽象方法，它会由 XStreamMarshaller 对象进行实现，具体实现代码如下。

```
@Override
public void marshalOutputStream(Object graph, OutputStream outputStream) throws
XmlMappingException, IOException {
  marshalOutputStream(graph, outputStream, null);
}

public void marshalOutputStream(Object graph, OutputStream outputStream, @Nullable
DataHolder dataHolder)
    throws XmlMappingException, IOException {

  if (this.streamDriver != null) {
    doMarshal(graph, this.streamDriver.createWriter(outputStream), dataHolder);
  }
  else {
    marshalWriter(graph, new OutputStreamWriter(outputStream, this.encoding),
dataHolder);
  }
}
```

由于 spring-oxm 测试环境搭建过程中设置了 streamDriver，因此会调用 doMarshal 方法，后续具体的写出文件过程不做分析。最后对 SpringOXMApp 类中的 loadSettings 方法进行分析，具体处理代码如下。

```
public void loadSettings() throws IOException {
  try (FileInputStream is = new FileInputStream(FILE_NAME)) {
    this.customer = (Customer) this.unmarshaller.unmarshal(new StreamSource(is));
  }
}
```

在这段代码中可以发现，转换的参数类型是 StreamSource，具体的调用链路如下。

（1）org.springframework.oxm.support.AbstractMarshaller#unmarshal。

（2）org.springframework.oxm.support.AbstractMarshaller#unmarshalStreamSource。

上述调用链路中第二个调用方法是一个抽象方法，需要由子类实现，具体实现代码如下。

```
@Override
protected Object unmarshalStreamSource(StreamSource streamSource) throws
XmlMappingException, IOException {
  if (streamSource.getInputStream() != null) {
    return unmarshalInputStream(streamSource.getInputStream());
  }
  else if (streamSource.getReader() != null) {
    return unmarshalReader(streamSource.getReader());
  }
  else {
    throw new IllegalArgumentException("StreamSource contains neither InputStream
nor Reader");
  }
}
```

在这个方法中提供了两种 StreamSource 转换为 Java 对象的方法。

（1）通过 java.io.Reader 进行转换。

（2）通过 java.io.InputStream 进行转换。

20.4 总结

在本章中介绍 spring-oxm 的环境搭建并对其涉及的源码进行了分析，在环境搭建中演示了 Java 对象转换为 XML 文件和 XML 文件转换为 Java 对象。同时对 spring-oxm 中常用的 AbstractMarshaller 类和 XStreamMarshaller 类进行了分析，分析主要着重于转换的过程处理，并未对实际写出的和实际读取的流程进行分析。

图书资源支持

感谢您一直以来对清华版图书的支持和爱护。为了配合本书的使用，本书提供配套的资源，有需求的读者请扫描下方的“书圈”微信公众号二维码，在图书专区下载，也可以拨打电话或发送电子邮件咨询。

如果您在使用本书的过程中遇到了什么问题，或者有相关图书出版计划，也请您发邮件告诉我们，以便我们更好地为您服务。

我们的联系方式：

地　　址：北京市海淀区双清路学研大厦 A 座 714

邮　　编：100084

电　　话：010-83470236　010-83470237

客服邮箱：2301891038@qq.com

QQ：2301891038（请写明您的单位和姓名）

资源下载：关注公众号“书圈”下载配套资源。

资源下载、样书申请

书圈

图书案例

清华计算机学堂

观看课程直播